国家出版基金项目
NATIONAL PUBLICATION FOUNDATION

"十三五"国家重点出版物出版规划项目

光电子科学与技术前沿丛书

有机二阶非线性光学材料

李　振　李倩倩　等/编著

科学出版社
北　京

内 容 简 介

本书介绍了有机二阶非线性光学材料的基本概念、设计理念、性能测试和潜在应用。第1、2章介绍了二阶非线性光学的一些相关研究背景和基本理论。在此基础上，第3、4章详细叙述了作为核心关键结构的有机二阶非线性光学生色团的设计理念、构性关系，以及引入高分子的不同方式和高分子类型与拓扑结构对性能的影响。第5章列举了各种二阶非线性光学性能测试的方法及其优缺点，并在第6章中描述了二阶非线性光学材料的各种应用。

本书较为全面、系统地阐述了有机二阶非线性光学材料，涉及化学、光学、物理、材料等学科，可以为光电功能材料及相关研究领域的学生、教师和研究人员提供有益的参考。

图书在版编目(CIP)数据

有机二阶非线性光学材料/李振等编著. —北京：科学出版社，2020.10
（光电子科学与技术前沿丛书）

"十三五"国家重点出版物出版规划项目　国家出版基金项目

ISBN 978-7-03-066016-9

Ⅰ. 有…　Ⅱ. 李…　Ⅲ. 非线性光学-光学材料-研究　Ⅳ. TB34

中国版本图书馆 CIP 数据核字 (2020) 第 167896 号

责任编辑：张 析 张淑晓 孙 曼/责任校对：杜子昂
责任印制：吴兆东/封面设计：黄华斌

科学出版社 出版
北京东黄城根北街 16 号
邮政编码：100717
http://www.sciencep.com

北京虎彩文化传播有限公司 印刷
科学出版社发行　各地新华书店经销

*

2020 年 10 月第 一 版　开本：720×1000　1/16
2022 年 1 月第二次印刷　印张：17 1/4
字数：345 000

定价：138.00 元

（如有印装质量问题，我社负责调换）

丛书序

光电子科学与技术涉及化学、物理、材料科学、信息科学、生命科学和工程技术等多学科的交叉与融合，涉及半导体材料在光电子领域的应用，是能源、通信、健康、环境等领域现代技术的基础。光电子科学与技术对传统产业的技术改造、新兴产业的发展、产业结构的调整优化，以及对我国加快创新型国家建设和建成科技强国将起到巨大的促进作用。

中国经过几十年的发展，光电子科学与技术水平有了很大程度的提高，半导体光电子材料、光电子器件和各种相关应用已发展到一定高度，逐步在若干方面赶上了世界水平，并在一些领域实现了超越。系统而全面地整理光电子科学与技术各前沿方向的科学理论、最新研究进展、存在问题和前景，将为科研人员以及刚进入该领域的学生提供多学科、实用、前沿、系统化的知识，将启迪青年学者与学子的思维，推动和引领这一科学技术领域的发展。为此，我们适时成立了"光电子科学与技术前沿丛书"专家委员会，在丛书专家委员会和科学出版社的组织下，邀请国内光电子科学与技术领域杰出的科学家，将各自相关领域的基础理论和最新科研成果进行总结梳理并出版。

"光电子科学与技术前沿丛书"以高质量、科学性、系统性、前瞻性和实用性为目标，内容既包括光电转换导论、有机自旋光电子学、有机光电材料理论等基础科学理论，也涵盖了太阳电池材料、有机光电材料、硅基光电材料、微纳光子材料、非线性光学材料和导电聚合物等先进的光电功能材料，以及有机/聚合物光电子器件和集成光电子器件等光电子器件，还包括光电子激光技术、飞秒光谱技术、太赫兹技术、半导体激光技术、印刷显示技术和荧光传感技术等先进的光电子技术及其应用，将涵盖光电子科学与技术的重要领域。希望业内同行和读者不吝赐教，帮助我们共同打造这套丛书。

在丛书编委会和科学出版社的共同努力下，"光电子科学与技术前沿丛书"获得 2018 年度国家出版基金支持，并入选了"十三五"国家重点出版物出版规划项目。

我们期待能为广大读者提供一套高质量、高水平的光电子科学与技术前沿著作，希望丛书的出版为助力光电子科学与技术研究的深入，促进学科理论体系的建设，激发创新思想，推动我国光电子科学与技术产业的发展，做出一定的贡献。

最后，感谢为丛书付出辛勤劳动的各位作者和出版社的同仁们！

"光电子科学与技术前沿丛书"编委会

2018 年 8 月

前　言

　　一束近红外光穿过普通的透明介质，还是近红外光；而如果穿过的是一种特殊的透明材料，再把光加亮至太阳光的几千倍甚至几万倍，近红外光会奇迹般地变成绿光。这种我们日常生活中罕见的神奇现象，就是二阶非线性光学效应中的倍频效应。二阶非线性光学打开了光学的奇幻之门，使得越来越多的研究人员进入到光与物质相互作用的领域，具有重要的科学意义和广阔的应用前景。

　　寻找与合成性能优异的新型二阶非线性光学材料是此领域的重要研究方向。我国学者陈创天等在 20 世纪 80 年代发现了被誉为"中国牌晶体"的二阶非线性光学晶体，可用于深紫外波段，实现了 170 nm 的倍频波长输出，这也是少有的、困惑了美国十五年之久的、我国对美国等国家实行技术封锁的"卡脖子技术"之一。与无机晶体相比，有机二阶非线性光学材料以其超快响应速度、较强的非线性光学效应、高的光学损伤阈值、优异的加工性能和低介电常数等优点而受到了科学家的高度重视。

　　本书概述了二阶非线性光学现象(第 1 章)和相关分子设计模型和理论(第 2 章)，系统介绍了有机二阶非线性光学材料的核心成分生色团的设计与合成，包括不同类型生色团的特点和设计理念(第 3 章)，以及其引入到高分子体系中的不同途径和结构优化方式，重点阐述了电光高分子的结构、性质和制备方法(第 4 章)，并简要介绍了有机二阶非线性光学材料性能的测试方法(第 5 章)，以及它们在光学频率转换和电光波导中的应用(第 6 章)。

　　本书由李振和李倩倩共同主持撰写，参与撰写的有：李倩倩(第 1 章和第 2 章)，陈鹏宇(第 3 章)，武文博、程梓瑶和唐润理(第 4 章)，李忠安(第 5 章)，刘广超和朱志超(第 6 章)等。全书由李振制定撰写大纲、统稿、修改和定稿。

有机二阶非线性光学材料领域中完备的知识体系，从精确的理论指导，到系统的分子设计，以及聚集态分子排列的有效调控和精细的测试手段，为后续光电领域的发展奠定了坚实的基础，并提供了导向性的分子设计策略，值得广大科研工作者全面了解和深入探讨。其分子设计理念和聚集态分子排列调控为各学科交叉、融合、形成新的前沿研究领域，提供了重要的思路。

本书相关研究工作得到了国家自然科学基金委员会、科技部、湖北省科学技术厅和武汉大学的资助与支持，非线性光学性能测试方面得到叶成研究员的指点与帮助，在此表示衷心的感谢。书稿形成过程中，作者的博士研究生、硕士研究生和实验室研究人员对本书的内容和定稿做出了重要的贡献。此外，感谢秦金贵教授将作者领入非线性光学材料的世界，感谢科学出版社对本书出版工作的大力支持。

由于作者知识面和专业水平所限，书中难免存在不妥和疏漏之处，恳请各位专家学者和广大读者批评指正！

编著者

2020 年 3 月

目　录

第1章

二阶非线性光学简介

美籍华人学者、非线性光学专家沈元壤先生曾说过,"混沌初开,世界就是非线性的,线性简化了复杂的世界,但世界线性化损失了许多有趣的现象,而非线性现象是世界进展的因素"。与其他任何物理现象一样,光学现象从根本上说也是非线性的。

在激光出现之前,光学研究的是弱光束在介质中的传播规律。光与物质相互作用产生了大量的光学现象,如光的透射、反射、折射、干涉、衍射、吸收和散射等,它们仅与入射光的波长相关而与光强无关,并满足波的线性叠加原理,用数学形式表示时具有线性的关系,相应地,研究此类光学现象的科学称为线性光学。激光的发现给光学带来巨大的变化,当高能量的激光在介质中传播时,强光首先在介质内感应出非线性光学响应,然后介质在产生反作用时非线性地改变该光场,使得出射光的相位、频率、振幅及其他一些传输特性发生变化,这些变化的程度是入射光强度的函数。这种现象属于非线性光学现象,研究这种使光发生调制的相互作用的科学称为非线性光学,它反映了介质与强激光束相互作用的基本规律[1-6]。

非线性光学的发展大体可划分为三个阶段:第一阶段为 20 世纪 60 年代初,这一阶段大量非线性光学效应被发现,如光学谐波、光学和频与差频、光参量振荡与放大、多光子吸收、光学自聚焦以及受激光散射等都是这个时期发现的;第二阶段为 60 年代后期,这一阶段一方面还在继续发现新的非线性光学效应,另一方面则主要致力于对已发现的现象进行更深入的研究,以及发展相应的非线性光学器件;第三阶段是 70 年代至今,这一阶段非线性光学研究日趋成熟,已有的研究成果被应用到不同技术领域并渗透到其他相关学科(如凝聚态物理、无线电物理、声学、有机化学和生物物理学)的研究中。迄今,非线性光学的研究在激光技术、光纤通信、信息和图像的处理与存储、光计算等方面已经发挥了重要的作用,更多的应用价值和科学意义仍在研发中。

1.1 光场与介质相互作用的基本理论

1.1.1 介质的非线性电极化理论

很多典型的光学效应均可采用介质在光场作用下的电极化理论予以解释。在入射光场作用下，组成介质的原子、分子或离子的运动状态和电荷分布都会发生一定形式的变化，形成电偶极子，从而引起光场感应的电偶极矩，进而辐射出新的光波。在此过程中，介质的电极化强度矢量 P 是一个重要的物理量，它被定义为介质单位体积内感应电偶极矩的矢量和：

$$P = \lim_{\Delta V \to 0} \frac{\sum_i p_i}{\Delta V} \tag{1-1}$$

式中，p_i 为第 i 个原子或分子的电偶极矩。

在弱光场的作用下，电极化强度矢量 P 与入射光矢量 E 呈简单的线性关系，满足

$$P = \varepsilon_0 \chi_1 E \tag{1-2}$$

式中，ε_0 为真空介电常数；χ_1 为介质的线性电极化率。根据这一假设，可以解释介质对入射光波的反射、折射、散射及色散等现象，并可得到单一频率的光入射到不同介质中其频率不发生变化以及光的独立传播原理等为普通光学实验所证实的结论。

然而在激光出现后不到一年时间（1961 年），弗兰肯（P. A. Franken）等将红宝石激光器输出的 694.3 nm 强激光束聚焦到石英晶片（也可用染料盒代替）上[7]，在石英的输出光束中发现了另一束波长为 347.2 nm 的倍频光，这一现象是普通光学中的线性关系所无法解释的。为此，必须假设介质的电极化强度矢量 P 与入射光矢量 E 之间是更普适的非线性关系，即

$$P = \varepsilon_0 (\chi_1 E + \chi_2 EE + \chi_3 EEE + \cdots) \tag{1-3}$$

式中，χ_1、χ_2、χ_3 分别称为介质的一阶（线性）、二阶（非线性）、三阶（非线性）极化率。研究表明，χ_1、χ_2、χ_3、$\cdots$ 依次减弱，且相邻电极化率的数量级之比近似为

$$\frac{|\chi_n|}{|\chi_{n-1}|} \approx \frac{1}{|E_0|} \tag{1-4}$$

式中，$|E_0|$ 为原子内平均电场强度的大小（其数量级约为 $10^{11}\mathrm{V/m}$）。可见，在普通弱光入射情况下，$|E| \ll |E_0|$，二阶以上的电极化强度均可忽略，介质只表现出线性光学性质。而用单色强激光入射，光场强度 $|E|$ 的数量级可与 $|E_0|$ 相比或者接近，因此二阶或三阶电极化强度的贡献不可忽略，这就是许多非线性光学现象的物理根源。

1.1.2　光与介质非线性作用的波动方程

光与介质相互作用的问题在经典理论中可以通过麦克斯韦方程组推导出波动方程求解。对于非磁性绝缘透明光学介质而言，麦克斯韦方程组为

$$\nabla \times H = \frac{\partial D}{\partial t} \tag{1-5}$$

$$\nabla \times E = -\mu_0 \frac{\partial H}{\partial t} \tag{1-6}$$

$$\nabla \cdot B = 0 \tag{1-7}$$

$$\nabla \cdot D = 0 \tag{1-8}$$

式 (1-5) 和式 (1-8) 中的电位移矢量 $D = \varepsilon_0 E + P$，代入式 (1-5) 有

$$\nabla \times H = \varepsilon_0 \frac{\partial E}{\partial t} + \frac{\partial P}{\partial t}$$

两端对时间求导，有

$$\nabla \times \frac{\partial H}{\partial t} = \varepsilon_0 \frac{\partial^2 E}{\partial t^2} + \frac{\partial^2 P}{\partial t^2} \tag{1-9}$$

对式 (1-6) 两端求旋度，有

$$\nabla \times (\nabla \times E) = -\mu_0 \nabla \times \frac{\partial H}{\partial t}$$

将矢量公式 $\nabla \times (\nabla \times E) = \nabla(\nabla \cdot E) - (\nabla \cdot \nabla)E = -\nabla^2 E$ 代入式 (1-9) 有

$$\nabla^2 E = \mu_0 \varepsilon_0 \frac{\partial^2 E}{\partial t^2} + \mu_0 \frac{\partial^2 P}{\partial t^2} \tag{1-10}$$

式(1-10)表明：当介质的电极化强度矢量 P 随时间变化且 $\dfrac{\partial^2 P}{\partial t^2} \neq 0$ 时，介质就像一个辐射源，向外辐射新的光波，新光波的光矢量 E 由式(1-10)决定。

传统的非线性光学研究方法都是采用上述公式，先给出介质在光场作用下的非线性极化率，再将非线性极化耦合到麦克斯韦方程组，通过求解波动方程来描述非线性光学过程。由于物质非线性作用的特殊性，越是高阶的非线性光学效应，其研究越困难，但随着研究手段的不断改进，五阶、七阶等高阶效应已经有相应报道，但是迄今研究最深入、最系统也最成熟的还是二阶和三阶非线性光学现象。如果根据非线性光学的现象来划分，重要的二阶非线性光学效应有变频(包括倍频、和频和差频)、线性电光效应和光整流等[8-12]。接下来，就针对这一有趣的光学现象和应用，进行具体阐述。

1.2 二阶非线性光学效应和应用

1.2.1 和频与倍频效应

和频产生(sum frequency generation, SFG)是指当两束频率分别为 ω_1 和 ω_2 的入射光，在满足相位匹配的条件下照射二阶非线性光学材料后，产生频率为 $\omega = \omega_1 + \omega_2$ 信号的现象[图 1-1(a)]。当两个入射光波的频率相同，即 $\omega_1 = \omega_2$ 时，它们将产生一束频率为入射光 2 倍的光波，即倍频效应，也被称为光学二次谐波产生(second harmonic generation, SHG)。

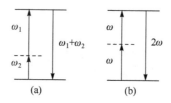

图 1-1 和频(a)与倍频(b)产生的定性描述

光学倍频现象的量子图像是在非线性介质内两个基频入射光子的湮灭和一个倍频光子的产生，如图 1-1(b)所示。整个过程由两个阶段组成：第一阶段，两个基频入射光子湮灭，同时组成介质的一个分子(或原子)离开所处能级(通常为基态能级)而与光场共处于某种中间状态(用虚能级表示)；第二阶段，介质的分子重新跃迁回到其初始能级并同时发射出一个倍频光子。由于分子在中间状态停留的时间为无穷小，因此上述两个阶段实际上是几乎同时发生的，介质分子的状态并未发生变化，即分子的动量和能量守恒。

倍频波的二阶非线性电极化强度矢量 P 通常可写成：

$$P_i(2\omega) = \frac{1}{2}\varepsilon_0 \chi_{ijk}^{(2)}(-2\omega,\omega,\omega)E_j(\omega)E_k(\omega) \tag{1-11}$$

式中，ε_0 为真空条件下的介电常数。在实验中往往写成如下形式：

$$P_i(2\omega) = \varepsilon_0 d_{ijk}(-2\omega,\omega,\omega)E_j(\omega)E_k(\omega) \tag{1-12}$$

即定义

$$d_{ijk} = \frac{1}{2}\chi_{ijk}^{(2)} \tag{1-13}$$

式中，d_{ijk} 被称为二次谐波产生系数、倍频系数或二阶非线性光学系数。因为它具有 $d_{ijk}=d_{ikj}$ 的对称性，取 $d_{ijk} = d_{ij}$，则二阶非线性光学系数可以用矩阵形式表示为

$$d_{ij} = \begin{bmatrix} d_{11} & d_{12} & d_{13} & d_{14} & d_{15} & d_{16} \\ d_{21} & d_{22} & d_{23} & d_{24} & d_{25} & d_{26} \\ d_{31} & d_{32} & d_{33} & d_{34} & d_{35} & d_{36} \end{bmatrix} \tag{1-14}$$

相应的倍频表达式可以写为

$$\begin{bmatrix} P_x(2\omega) \\ P_y(2\omega) \\ P_z(2\omega) \end{bmatrix} = \varepsilon_0 \begin{bmatrix} d_{11} & d_{12} & d_{13} & d_{14} & d_{15} & d_{16} \\ d_{21} & d_{22} & d_{23} & d_{24} & d_{25} & d_{26} \\ d_{31} & d_{32} & d_{33} & d_{34} & d_{35} & d_{36} \end{bmatrix} \begin{bmatrix} E_x(\omega)^2 \\ E_y(\omega)^2 \\ E_z(\omega)^2 \\ 2E_y(\omega)E_z(\omega) \\ 2E_z(\omega)E_x(\omega) \\ 2E_x(\omega)E_y(\omega) \end{bmatrix} \tag{1-15}$$

相对于各种材料，与二阶非线性光学系数相对应的参量矩阵的独立元素还会随介质的对称类型增加而进一步减少。

倍频技术经常用于产生短波长电磁波。例如，532 nm 的绿色激光可由钕激光器或镱激光器的 1064 nm 激光倍频得到。绿色的激光笔常常基于这种机理。许多蓝色激光由 0.9 μm 区的激光(如 Nd：YVO$_4$ 激光器的 914 nm 激光)倍频得到。进一步倍频(或和频)可以获得更短波长的紫外激光。目前主要的问题在于：介质对紫外光的透过性较差，非线性光学材料的耐久性不够，较强的色散现象(有时会阻

碍相位匹配，至少会阻碍大的相位匹配带宽的形成）。

1.2.2　差频的产生、光参量放大和振荡

差频的产生定义为两束频率分别为 ω_1 和 ω_3 的光同时作用在非线性光学材料上，极化产生频率变化，$\omega_2 = \omega_3 - \omega_1$，差频的强度与二阶非线性光学系数有关，可表述为

$$P_i(\omega_2) = \varepsilon_0 \chi_{ijk}^{(2)}(-\omega_2, \omega_3, \omega_1) E_j(\omega_3) E_k(\omega_1) \tag{1-16}$$

光参量放大（optical parametric amplification，OPA）过程实质上是差频产生的三波混频过程。根据曼利-罗功率关系可知，在差频产生过程中，每湮灭一个最高频率的光子。同时要产生两个低频光子。图1-2*形象地描述了光参量放大的过程。它是由高频率的泵浦光 $\omega_{\mathrm{p}}(\omega_{\mathrm{p}} = \omega_{\mathrm{s}} + \omega_{\mathrm{i}})$、低频率的信号光（$\omega_{\mathrm{s}}$）和空闲光（$\omega_{\mathrm{i}}$）通过非线性光学材料极化相互作用，将高能泵浦光能量转换为信号光能量，使微弱的信号光获得高倍放大。

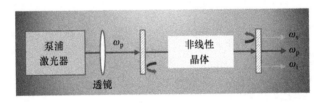

图1-2　光参量放大和振荡过程示意图

如果把非线性光学介质放在光学共振腔内，让泵浦光波、信号光波及空闲光波多次往返通过非线性光学介质，当信号光波和空闲光波由于光参量放大得到的增益大于它们在共振腔内的损耗时，便在共振腔内形成激光振荡。这就是光参量振荡器（optical parametric oscillator，OPO）。光参量振荡器一个很大的优势在于其信号光和空闲光可以在很大范围内变化，二者之间的关系由相位匹配条件决定。因此可以得到普通激光器很难或者不能产生的波长（如中红外、远红外或者太赫兹光谱区域），并且也可以实现很大范围的波长调谐（通常通过改变相位匹配条件），特别适用于激光光谱学。

1.2.3　电光效应

物质的折射率因外加电场变化而发生变化的现象称为电光效应，包括泡克耳

---

* 扫描封底二维码可见本书全部彩图。

斯(Pockels)效应和克尔(Kerr)效应。若物质的折射率与所加电场强度的一次方成正比，则称为 Pockels 效应或线性电光效应，这是由德国物理学家 Pockels 于 1893 年发现的；若物质的折射率与所加电场强度的二次方成正比，则称为 Kerr 效应或二次电光效应，由英国物理学家 Kerr 于 1875 年发现。二次电光效应存在于任何介质中，而线性电光效应只有在空间非对称的介质中才可以存在。在线性电光效应存在的情况下，二次电光效应很微弱，通常被线性电光效应掩盖，因此，线性电光效应得到了更广泛的应用，常见的电光调制器、电光开关等就是利用了材料的这种线性电光效应。

在各向异性的光学材料中，当没有外加电场时，在主轴坐标系 O-xyz 中折射率椭球可表示为

$$\frac{1}{n_1^2}x^2 + \frac{1}{n_2^2}y^2 + \frac{1}{n_3^2}z^2 = 1 \tag{1-17}$$

式中，x、y、z 为晶体的介电主轴坐标系；n_1、n_2、n_3 为晶体的三个主折射率值。

对于线性电光效应，其折射率的变化与外加电场强度的关系为

$$\Delta\left(\frac{1}{n^2}\right)_{ij} = \sum_{k=1}^{3}\gamma_{ijk}E_k \quad (i,j = 1, 2, 3) \tag{1-18}$$

式中，$\Delta\left(\dfrac{1}{n^2}\right)$ 为一个二阶张量；E_k 为一个一阶张量；γ_{ijk} 称为晶体的线性电光张量元，它是一个三阶张量，共有 27 个矩阵元，根据电光张量的对称性和 γ_{ijk} 下标 ij 的互换对称性，可以采用简化描述方法对矩阵元进行重新编号，得到的就是常用的电光系数矩阵[式(1-19)]，其矩阵元称为电光系数。

$$\gamma = \begin{bmatrix} \gamma_{11} & \gamma_{12} & \gamma_{13} \\ \gamma_{21} & \gamma_{22} & \gamma_{23} \\ \gamma_{31} & \gamma_{32} & \gamma_{33} \\ \gamma_{41} & \gamma_{42} & \gamma_{43} \\ \gamma_{51} & \gamma_{52} & \gamma_{53} \\ \gamma_{61} & \gamma_{62} & \gamma_{63} \end{bmatrix} \tag{1-19}$$

在式(1-18)中，二阶张量 $\Delta\left(\dfrac{1}{n^2}\right)$ 是一个 3 行 3 列的对称矩阵，它的 9 个矩阵元中只有 6 个是独立的，利用同样的简化方法可将二阶张量的 9 个矩阵元简化为 6 个。则经过上述处理后，$\Delta\left(\dfrac{1}{n^2}\right)$ 与电场强度 E 的关系式则可写为

$$\Delta\left(\frac{1}{n^2}\right)_i = \sum_{j=1}^{3}\gamma_{ij}E_j \quad (i = 1, 2, 3, 4, 5, 6) \tag{1-20}$$

式(1-20)用矩阵形式表示，则可得到描述电光效应的矩阵公式为

$$\begin{bmatrix}\Delta\left(\dfrac{1}{n^2}\right)_1\\[2mm]\Delta\left(\dfrac{1}{n^2}\right)_2\\[2mm]\Delta\left(\dfrac{1}{n^2}\right)_3\\[2mm]\Delta\left(\dfrac{1}{n^2}\right)_4\\[2mm]\Delta\left(\dfrac{1}{n^2}\right)_5\\[2mm]\Delta\left(\dfrac{1}{n^2}\right)_6\end{bmatrix} = \begin{bmatrix}\gamma_{11} & \gamma_{12} & \gamma_{13}\\\gamma_{21} & \gamma_{22} & \gamma_{23}\\\gamma_{31} & \gamma_{32} & \gamma_{33}\\\gamma_{41} & \gamma_{42} & \gamma_{43}\\\gamma_{51} & \gamma_{52} & \gamma_{53}\\\gamma_{61} & \gamma_{62} & \gamma_{63}\end{bmatrix}\begin{bmatrix}E_1\\E_2\\E_3\end{bmatrix} \tag{1-21}$$

由于极化薄膜具有对称性，且可以对其张量进行交换，因此取与薄膜表面垂直的极化电场方向为 z 方向时，则可推导出极化后薄膜的电光系数矩阵：

$$\gamma = \begin{bmatrix}0 & 0 & \gamma_{13}\\0 & 0 & \gamma_{13}\\0 & 0 & \gamma_{33}\\0 & \gamma_{13} & 0\\\gamma_{13} & 0 & 0\\0 & 0 & 0\end{bmatrix} \tag{1-22}$$

假设对薄膜施加一个与极化方向同向的电场，即

$$E = E_k = \begin{bmatrix}E_x\\E_y\\E_z\end{bmatrix} \tag{1-23}$$

则聚合物薄膜的折射率变化可表示为

$$
\begin{bmatrix}
\Delta\left(\dfrac{1}{n^2}\right)_1 \\[2mm]
\Delta\left(\dfrac{1}{n^2}\right)_2 \\[2mm]
\Delta\left(\dfrac{1}{n^2}\right)_3 \\[2mm]
\Delta\left(\dfrac{1}{n^2}\right)_4 \\[2mm]
\Delta\left(\dfrac{1}{n^2}\right)_5 \\[2mm]
\Delta\left(\dfrac{1}{n^2}\right)_6
\end{bmatrix}
=
\begin{bmatrix}
0 & 0 & \gamma_{13} \\
0 & 0 & \gamma_{13} \\
0 & 0 & \gamma_{33} \\
0 & \gamma_{13} & 0 \\
\gamma_{13} & 0 & 0 \\
0 & 0 & 0
\end{bmatrix}
\begin{bmatrix}
E_x \\ E_y \\ E_z
\end{bmatrix}
=
\begin{bmatrix}
\gamma_{13}E_z \\
\gamma_{13}E_z \\
\gamma_{33}E_z \\
\gamma_{13}E_y \\
\gamma_{13}E_x \\
0
\end{bmatrix}
\tag{1-24}
$$

式中，γ_{33}：$\gamma_{13} \geqslant 3:1$。由于 γ_{33} 数值最大，所以在器件设计过程中，一般考虑利用这个方向的电光系数（γ_{33}）。因此，一般用 γ_{33} 来表征宏观（材料）的电光活性的大小。

1.3　二阶非线性光学材料

为实现这些二阶非线性光学效应和应用，特别是全光开关、各种空间调制解调器等，对材料的光学特性提出了较为实际的要求。作为一种较好的二阶非线性光学材料，必须满足以下几个条件[13,14]：

(1) 具有适当的非线性光学系数；

(2) 在工作波长具有相当的透明度（一般吸收系数 $\alpha<0.01$）；

(3) 在工作波长可以实现相位匹配；

(4) 具有较高的光损伤阈值；

(5) 能制成具有足够尺寸、光学均匀的块体；

(6) 物质性能稳定，易于进行各种加工。

早期二阶非线性光学材料的研究主要集中在无机晶体方面，例如，磷酸二氢钾（KDP）、铌酸锂（$LiNbO_3$）、磷酸氧钛钾（KTP）等晶体在激光倍频方面都得到了广泛的应用，并且在光波导、光参量振荡和放大等方面正向实用化发展。我国在无机非线性光学晶体材料研究领域处于国际领先地位，发现了一些具有优异性能的被誉为 "中国牌晶体" 的晶体材料，如 BBO（$\beta\text{-}BaB_2O_4$）[15]、LBO（LiB_3O_5）[16]、CBO（CsB_3O_5）[17]等。这些无机晶体的主要优点是其综合物理化学性能较好，如激光损伤阈值较高、可相位匹配、光学均匀性好、透光范围适当、易生长大尺寸晶体、熔点高、化学稳定性好等。这些都是作为实用型非线性光学材料的重要基本条件。不足之处是上述无机材料倍频系数尚不够高，不能高效地实现小功率激光的倍频效应。目前对无机倍频晶体材料的性能研究仍在进行[18-20]。

从 20 世纪 60 年代中期起，人们就发现一些有机分子(主要是体系两端分别连有拉电子基团和推电子基团的大 π 共轭分子)具有很强的倍频效应，其倍频系数值往往比无机晶体高，其倍频光强度甚至是无机化合物的几百乃至上千倍。而且，有机化合物的分子结构多变、可随意"裁剪"，因此，国际上对于有机二阶非线性光学材料从理论和实验两方面开展了大量的研究，并取得了快速的进展[21-26]。不过，大多数有机化合物*在成为实用型非线性光学晶体材料方面进展并不顺利，主要问题是不易生长出大尺寸的、光学均匀的、各项综合物理化学性能均好的单晶。高分子材料的开发则较好地弥补了这些不足，其在高速电光器件方面显示出极大的优势，成为极具开发和应用前景的二阶非线性光学材料[27-35]。近年来，从理论研究到应用开发，从材料的合成到器件的制备与测试等各个方面，都取得了长足的进步，并且所制备器件显示出广阔的市场应用前景。

金属有机化合物由金属原子（或离子）和有机分子配体通过化学键连接而成，兼具无机化合物和有机化合物两者的特点[36]。第一篇报道金属有机化合物二阶非线性光学效应的文章发表于 1986 年。从结构类型看，金属有机化合物大体可分为三类：第一类是严格意义上的金属有机化合物，即含有 C—M 键；第二类是金属原子(或离子)和有机配体通过 C—N 键、C—S 键或 C—O 键连接起来的配位化合物，可看作广义的金属有机化合物；第三类是金属有机包结络合物。但遗憾的是，有些金属有机化合物，虽然其非线性效应很好，但是其材料的透光性不好。总体来说，金属有机化合物的非线性效应介于有机和无机非线性光学材料之间，不过，希望兼具有机和无机优势于一身的设计思想，对科学家们在改进二阶非线性光学材料的性质方面具有很大启发性。

总之，二阶非线性光学研究具有极大的科学意义和技术价值，人们在研究光学现象的基础上，发展了许多实际可用的新方法和新技术，并为今后一些长远的技术应用打下了物理基础[37]。二阶非线性光学对其他学科也有很大影响，它促进了等离子体物理、声学和无线电物理学中对非线性波现象的研究，最近又有学者利用二阶非线性光学效应研究固体表面，将二阶非线性光学和表面物理结合起来。二阶非线性光学与凝聚态物理、有机化学、高分子材料以及生物物理学等学科相互结合，使很多新的交叉学科领域迅速发展起来，如有机高分子光子学、飞秒化学、飞秒生物学等。当前，尽管此领域没有 20 世纪末期引人注目，二阶非线

---

* 在本书中指有机小分子和树枝状大分子。

性光学仍然显示出极其丰富的内容和极为活跃的创新，并促进相关光电功能材料的研发。

参 考 文 献

[1] Butcher P N, Cotter D. The Elements of Nonlinear Optics. Cambridge: Cambridge University Press, 1990.

[2] Saleh B E A, Teich M C. Fundamentals of Photonics. New York: John Wiley & Sons, Inc., 1991.

[3] Yariv A. Quantum Electronics. 3rd ed. New York: John Wiley & Sons Inc., 1989.

[4] Shen Y R. The Principles of Nonlinear Optics. New York: John Wiley & Sons, Inc., 2003.

[5] Boyd R W. Nonlinear Optics. 3rd ed. San Diego: Academic Press, 2008.

[6] Dalton L R, Gűnter P, Jazbinsek M, Kwon O P, Sunllivan P A. Organic Electro-Optics and Photonics. Cambridge: Cambridge University Press, 2015.

[7] Franken P A, Hill A E, Peters C W, Weinreich G. Generation of optical harmonics. Phys Rev Lett, 1961, 7: 118-119.

[8] Lambert A G, Davies P B, Neivandt D J. Implementing the theory of sum frequency generation vibrational spectroscopy: A tutorial review. Appl Spectrosc Rev, 2005, 40: 103-145.

[9] Jie L, Hua Z, Nan Z, Xing P. All-optical single-photon wavelength conversion based on cascaded sum-frequency generation and difference-frequency generation. Acta Photon Sin, 2013, 42: 764-767.

[10] Akhmanov S A, Khokholov R V. Problems of Nonlinear Optics. New York: Gordon and Breach, 1972.

[11] Bloembergen N. Nonlinear Optics. New York: W. A. Benjamin Inc., 1965.

[12] Zernike F, Midwinter J E. Applied Nonlinear Optics. New York: John Wiley &Sons, Inc., 1973.

[13] 张克从, 张乐惠. 晶体生长科学与技术: 下册. 2 版. 北京: 科学出版社, 1997.

[14] 闵乃本, 王继杨, 许东, 邵宗书. 探索新晶体: 光电功能材料的结构、性能、分子设计及制备过程的研究. 长沙: 湖南科学技术出版社, 1998.

[15] Chen C, Wu B, Jiang A, You G. A new-type ultraviolet SHG crystal β-BaB$_2$O$_4$. Sci Sin Ser B, 1985, 28: 235-243.

[16] Chen C T, Wu Y C, Jiang A, Wu B, You G, Li R, Lin S. New nonlinear-optical crystal: LiB$_3$O$_5$. J Opt Soc Am, 1989, B6: 616-621.

[17] Wu Y C, Sasaki T, Nakai S. CsB$_3$O$_5$: A new nonlinear optical crystal. Appl Phys Lett, 1993, 62: 2614.

[18] Shi G, Wang Y, Zhang F, Zhang B, Yang Z, Hou X, Pan S, Poeppelmeier K R. Finding the next deep-ultraviolet nonlinear optical material: NH$_4$B$_4$O$_6$F. J Am Chem Soc, 2017, 139: 10645-10648.

[19] Wu Q, Meng X, Zhong C, Chen X, Qin J. Rb$_2$CdBr$_2$I$_2$: A new IR nonlinear optical material with a large laser damage threshold. J Am Chem Soc, 2014, 136: 5683-5686.

[20] Zhang G, Li Y, Jiang K, Zeng H, Liu T, Chen X, Qin J, Lin Z, Fu P, Wu Y, Chen C. A new mixed halide, Cs$_2$HgI$_2$Cl$_2$: Molecular engineering for a new nonlinear optical material in the

infrared region. J Am Chem Soc, 2012, 134: 14818-14822.

[21] Verbiest T, Houbrechts S, Kauranen M, Clays K, Persoons A. Second-order nonlinear optical materials: Recent advances in chromophore design. J Mater Chem, 1997, 7: 2175-2189.

[22] Zyss J, Ledoux I. Nonlinear optics in multipolar media: Theory and experiments. Chem Rev, 1994, 94: 77-105.

[23] Christopher R M, Ermer S, Steven M L, McComb I H, Leung D S, Wortmann R, Prdmer K, Twieg R J. (Dicyanomethylene)pyran derivatives with C_{2v} symmetry: An unusual class of nonlinear optical chromophores. J Am Chem Soc, 1996, 118: 12950-12955.

[24] Marks T J, Ratner M A. Design, synthesis, and properties of molecule-based assemblies with large second-order optical nonlinearities. Angew Chem Int Ed, 1995, 34: 155-173.

[25] Wong M S, Bosshard C, Pan F, Gunter P. Non-classical donor-acceptor chromophores for second order nonlinear optics. Adv Mater, 1996, 8: 677-680.

[26] Chemla D S, Zyss J. Nonlinear Optical Properties of Organic Molecules and Crystals. New York: Academic Press, 1987.

[27] Prasad P N, Williams D J. Introduction to Nonlinear Optical Effects in Molecules and Polymers. New York: John Wiley & Sons, Inc., 1991.

[28] Jen A K Y, Chen T, Rao V, Cai Y, Liu Y, Dalton L R. High performance chromophores and polymers for electro-optic applications. Adv Nonlinear Opt, 1997, 4: 237-249.

[29] Dalton L R, Harper A W, Robinson B H. The role of London forces in defining noncentrosymmetric order of high dipole moment-high hyperpolarizability chromophores in electrically poled polymeric thin films. Proc Natl Acad Sci, 1997, 94: 4842-4847.

[30] Kauranen M, Verbiest T, Boutton C, Teeren M N, Clay K, Schouten A J, Nolte R J M, Persoons A. Supramolecular second-order nonlinearity of polymers with orientationally correlated chromophores. Science, 1995, 270: 966-969.

[31] Ma H, Liu S, Luo J, Suresh S, Liu L, Kang S H, Haller M, Sassa T, Dalton L R, Jen A K Y. Highly efficient and thermally stable electro-optical dendrimers for photonics. Adv Funct Mater, 2002, 12: 565-574.

[32] Moerner W E, Silence S M. Polymeric photorefractive materials. Chem Rev, 1994, 94: 127-155.

[33] Xie X N, Deng M, Xu H, Yang S W, Qi D C, Gao C Y, Chung H J, Sow C H, Tan V B C, Wee T S. Creating polymer structures of tunable electric functionality by nanoscale discharge-assisted cross-linking and oxygenation. J Am Chem Soc, 2006, 128: 2738-2744.

[34] Wu W, Tang R, Li Q, Li Z. Functional hyperbranched polymers with advanced optical, electrical and magnetic properties. Chem Soc Rev, 2015, 44: 3997-4022.

[35] Li Z, Wu W, Li Q, Yu G, Xiao L, Liu Y, Ye C, Qin J, Li Z. High-generation second-order nonlinear optical (NLO)dendrimers: Convenient synthesis by click chemistry and the increasing trend of NLO effects. Angew Chem Int Ed, 2010, 49: 2763-2767.

[36] 生瑜, 章文贡. 金属有机非线性光学材料. 功能材料, 1995, 26: 91-93.

[37] 张粉英, 张勇. 非线性光学效应及其应用. 物理与工程, 2004, 14: 35-39.

第 2 章

有机二阶非线性光学材料的相关理论

自 1961 年 Franken 发现了二阶非线性光学现象后，新型二阶非线性光学材料被不断地研究和发现。科学家们在探索新型二阶非线性光学材料的合成和性能的同时，也在进行着相关的理论研究，期望能建立相应的基础理论并提供更好的材料设计理念和规则。目前，多种理论相继被提出，如非谐振子模型[1,2]、双能级模型[3]、键电荷模型[4,5]、键参数模型[6]、电荷转移理论[7]、阴离子基团理论[8,9]等。

对于有机高分子材料而言，其效应产生的本质是强光场与具有二阶非线性光学效应的介质材料发生相互作用，使光波和介质材料的性质都发生改变。其中，介质中偶极分子的存在是二阶非线性光学效应产生的关键[10-17]。这些偶极分子的共同特征就是具有推拉电子结构，一般由电子给体(donor，D)、共轭桥(conjugated bridge，π)和电子受体(acceptor，A)三部分组成，根据连接方式的不同，可以设计多种不同结构和形状的分子(图 2-1)。这类具有 D-π-A 结构的生色团，分子内能够发生强烈的电荷转移(charge transfer，CT)作用，导致正负电荷的分布不重合而使分子具有极性，分子极性大小由电荷电量及正负电荷中心的间距所决定，可以用分子偶极矩(μ)表示，并定义分子偶极方向为由 A 指向 D。由分子极性所产生的电荷不对称分布以及分子内电荷转移的程度与效率，对二阶非线性光学效应具有至关重要的影响。为系统探讨这些相互作用与联系，科学家们从理论和实验上进行了详细的研究，提出了多种分子模型和理论，如双能级模型、键长交替/键级交替理论、电子完全得失理论以及由八极体系发展起来的三能级模型等，试图从非线性微观起源上阐明分子的结构和性能之间的关系，以用于指导新材料的设计和合成，在实验上获得了重要的开拓性进展[18]。下面详细介绍各种理论的提出以及对生色团分子设计的相应指导。

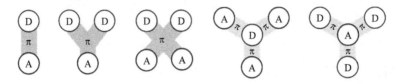

图 2-1　具有 D-π-A 结构的生色团分子结构示意图

2.1　双能级模型理论

为解释有机生色团分子二阶非线性光学系数(也称"一阶超极化率")的变化规律，1975 年，Oudar 等提出了等价场模型(equivalent field model)[19-21]，将分子二阶非线性光学效应的产生归因于取代基的变化所引起的分子基态 π 电子的重新分布。这一模型能较好地解释单取代 π 电子共轭体系二阶非线性光学系数的变化规律，并且基于此模型所获得的二阶非线性光学系数与实验结果非常接近，遗憾的是，其局限性在于只能用于单取代化合物二阶非线性光学系数的计算。

为研究复杂生色团分子的结构与性能，1977 年，Oudar 在等价场模型的基础上提出了加和模型，以解释双取代化合物中二阶非线性光学系数的变化规律[22]。在此模型中，二阶非线性光学系数可以表示为两个部分的加和，见式(2-1):

$$\beta = \beta_{add} + \beta_{CT} \tag{2-1}$$

式中，β_{add} 为分子中取代基的加和效应，代表各个取代基与 π 电子共轭骨架间相互作用对二阶非线性光学系数的贡献之和；CT 表示电荷转移，β_{CT} 为给体和受体之间相互作用引起的电荷转移对二阶非线性光学系数的贡献。对于双取代给体-受体结构的生色团分子，分子内的电荷转移方向是从给体到受体，与基态偶极矩的方向基本一致，因此，二阶非线性光学系数的主要贡献来自 β_{CT}。

接下来我们以最简单的硝基苯胺为例(图 2-2)，来证明分子内电荷转移的主导作用。硝基苯胺中，氨基为电子给体(D)，硝基为电子受体(A)，苯环为共轭桥(π)。当氨基和硝基分别位于苯环的邻位(o-)、间位(m-)和对位(p-)时，所得的二阶非线性光学系数顺序为: p-NA > o-NA > m-NA(表 2-1)，说明当硝基和氨基处于对位时，二阶非线性光学效应最强。根据式(2-1)，由于三个分子的组成相同，仅为位置异构，故 β_{add} 值相近，因此，生色团 p-NA 二阶非线性光学效应的增强主要归因于 β_{CT} 的提高，说明电子给体和受体连接方式的不同，对分子内电荷转移有很大的影响[23]。电荷转移程度的增加，有利于分子内电子云的不对称分布，对于具有最高 β 值的分子 p-NA 而言，其 β_{CT} 值(19.6×10^{-30} esu)占整个分子二阶非线性光学系数 β_T(23×10^{-30} esu)的 85%，充分体现了 β_{CT} 的主要贡献。

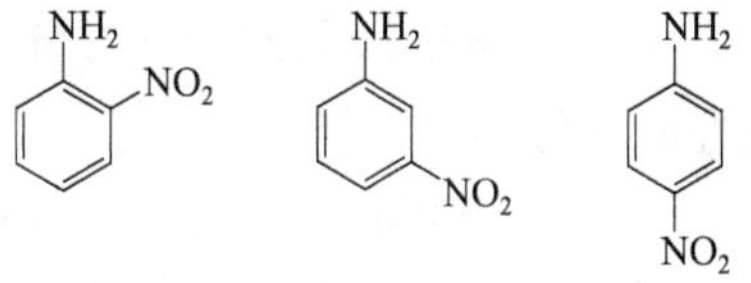

图 2-2　邻、间和对硝基苯胺的分子结构

表 2-1　邻、间和对硝基苯胺的二阶非线性光学效应相关参数对比

生色团	β_{add}/($\times10^{-30}$ esu)	β_{CT}/($\times10^{-30}$ esu)	β_{T}/($\times10^{-30}$ esu)	β_{E}/($\times10^{-30}$ esu)	W/eV	f	$\Delta\mu_{ex}$/deb
o-NA	2	10.9	12.7	10.2	3.51	0.14	10
m-NA	3.1	4	7	6	3.67	0.08	12.1
p-NA	3.5	19.6	23	34.5	3.86	0.51	12.3

注：β_{add} 为硝基苯和苯胺的二阶非线性光学系数的叠加；β_{CT} 为分子内电荷转移所贡献的二阶非线性光学系数；β_{T} 和 β_{E} 分别为二阶非线性光学系数的理论值和实验值；W 和 f 分别为第一激发态的能量和振子强度（主要由分子内电荷转移所致）；$\Delta\mu_{ex}$ 为激发态和基态之间的偶极矩之差，单位为德拜(deb)，1deb=3.33564×10^{-30}C·m。

　　鉴于分子的电荷转移程度对二阶非线性光学效应的重要作用，科学家们详细研究了上述三个生色团的紫外-可见吸收光谱，发现分子 o-NA 和 m-NA 具有四个吸收峰，而 p-NA 仅有两个吸收峰，且长波长吸收峰的位置会随着外界环境和氨基与硝基的相对位置的不同相应变化。此结果表明，长波长吸收峰是由分子内电荷转移所产生，其第一激发态的能量(W)位于 3.7 eV 左右（表 2-1），并按 $E_p > E_m > E_o$ 的顺序递减，而相应的振子强度则是 $f_m \approx 1/2\,f_o \approx 1/6\,f_p$。$p$-NA 具有最高的能量和最大的振子强度，进一步证实三者中其具有最高的分子内电荷转移程度。

　　基于分子内电荷转移的主要贡献，Oudar 和 Chemla[24]提出了著名的双能级模型[25]，用来描述一维电荷转移分子的二阶非线性光学系数，见式(2-2)：

$$\beta_{CT} = \frac{3e^2\hbar^2}{2m} \frac{W}{[W^2 - (2\hbar\omega)^2][W^2 - (\hbar\omega)^2]} f\Delta\mu_{ex} \tag{2-2}$$

式中，$\hbar\omega$ 为激光的能量；$\Delta\mu_{ex}$ 为激发态和基态之间的偶极矩之差。可以看出，β_{CT} 的大小，与激发态的能量(W)和振子强度(f)，以及从基态到激发态偶极矩的变化量密切相关。频率为 ω 时的二阶非线性光学系数 β_ω 与 ω=0 时的二阶非线性光学系数 β_0(静态二阶非线性光学系数)之间的关系见式(2-3)：

$$\beta_\omega = \beta_0 \frac{\omega_{ge}^4}{\left[\left(\hbar\omega_{ge}\right)^2 - \left(\hbar\omega\right)^2\right]\left[\left(\hbar\omega_{ge}\right)^2 - \left(2\hbar\omega\right)^2\right]} \tag{2-3}$$

由于静态二阶非线性光学系数与基频无关，只与分子的特性有关，因此，β_0更能反映分子的二阶非线性光学性能。

根据双能级模型，发生分子内电荷转移的所有电子状态中，两种共振极限式（中性式和电荷分离式）对二阶非线性光学系数的贡献最大，故可以简化为式(2-4)：

$$\beta \propto \frac{\mu_{ge}^2\left(\mu_{ee}-\mu_{gg}\right)}{E_{ge}^2} \tag{2-4}$$

式中，μ_{ee}、μ_{gg}和μ_{ge}分别为第一电荷转移激发态偶极矩、分子基态偶极矩和跃迁偶极矩；E_{ge}是跃迁能量；$\mu_{ee}-\mu_{gg}$表示在外界光场的作用下，分子由基态到第一电荷转移激发态偶极矩的变化量。

在这一理论的指导下，大量的生色团分子被合成和报道出来，通过增大分子的共轭体系，增强电子给体和受体的推拉电子能力以提高分子内电荷转移的程度，从而增大生色团的二阶非线性光学系数。

科学家们通过溶致变色效应和偶极矩的测试，系统研究了生色团分子结构的变化对分子内电荷转移以及二阶非线性光学系数的影响[26-29]。如图 2-3 所示，当共轭桥是联苯体系时，增加苯环的个数并不能有效地增强分子内共轭作用，部分体系甚至会由于分子的扭曲（苯环之间存在一定的二面角）而产生吸收光谱蓝移的现象。因此，通过并环芴和苯环间双键的引入以增强共轭桥的平面性，可以实现共轭桥的延长，有利于电荷从给体到受体的有效转移，从而具有较高的二阶非线性光学系数。当以苯乙烯作为共轭桥时，电子给体和受体结构的变化会对吸收光谱产生明显的影响，说明此共轭桥可以实现电荷的有效传输。当增加双键的个数时，相应生色团的吸收光谱会发生明显红移，表明共轭长度的增加可进一步增强分子内电荷转移。

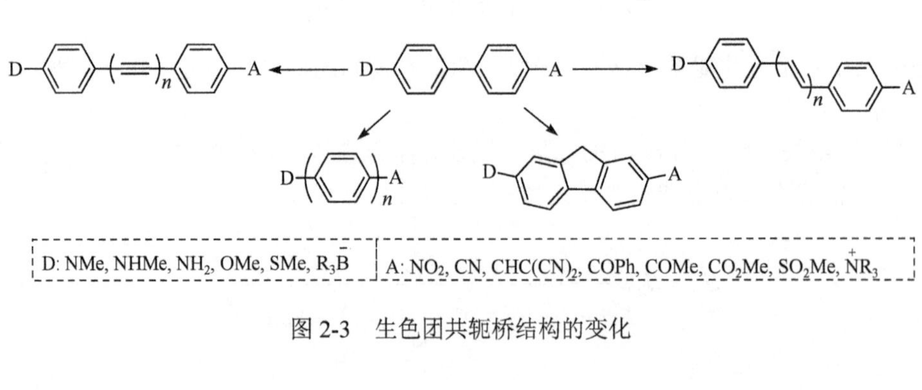

图 2-3　生色团共轭桥结构的变化

　　简单的电子给体和受体的变化对生色团二阶非线性光学效应的影响见表 2-2。对比电子给体甲氧基($-OCH_3$)和氨基($-NH_2$)，氨基较强的推电子效应有利于分子 β 值的提高。而对于电子受体硝基($-NO_2$)和氰基($-CN$)而言，硝基强的拉电子作用体现出较大的优势。因此，通常情况下强电子给体和受体的引入，对分子内电荷转移均可以起到良好的促进作用。

表 2-2　电子给体和受体的强弱对生色团二阶非线性光学效应的影响

生色团	$\beta_T/(\times 10^{-30}\,esu)$	$\beta_E/(\times 10^{-30}\,esu)$
$H_2N-\!\!\bigcirc\!\!-NO_2$	34.4	16.2~47.7
$H_3CO-\!\!\bigcirc\!\!-NO_2$	11.7	14.3~17.5
$H_2N-\!\!\bigcirc\!\!-CN$	13.26	13.4
$\begin{array}{c}O_2N\\H_2N-\!\!\bigcirc\!\!-NO_2\end{array}$	29.3	21
$\begin{array}{c}H_3C\\H_2N-\!\!\bigcirc\!\!-NO_2\end{array}$	36.3	16~42

　　双能级模型的定性分析，强调分子内电荷转移作用的重要性，并成功地应用于指导优秀二阶非线性光学生色团的设计。其中，以叔胺基为给体、硝基为受体、二苯乙烯为共轭桥的生色团 4-(N,N-二甲基氨基)-4-硝基芪(简称 DANS，图 2-4)受到较大关注，经常作为评价生色团性能优劣的参照($\mu\beta = 482\times10^{-48}esu$)。随着研究越来越深入和系统，更多优秀的生色团被不断报道，相应地，生色团构性关系的定量分析需求逐渐凸显。可是，简单的双能级模型难以满足量化要求，从而促发生色团新理论的探索。

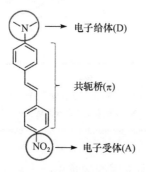

图 2-4　生色团 DANS 的结构

2.2 键长交替/键级交替理论

　　进一步分析由双能级模型推导的式(2-4)，伴随电子给体和受体强弱的变化，以及共轭桥的改变，各参数体现出不一样的变化趋势，如图 2-5 所示。以分子 π 共轭体系的线性组合为出发点，中性态时，电荷均匀分布在大 π 键的电子离域系统中；电荷分离态时，则体现出完全相反的趋势，正负电荷会分别集中在电子给体和受体端。一般情况下，电荷在大 π 键离域系统中分布并不均匀，电子给体端呈现高负电荷密度，电子受体端则为缺电荷状态。对于具有弱电子推拉作用的共轭体系来说，电中性结构对分子基态波函数的贡献更大，当给出和接受电子的能力增加时，电荷分离结构的贡献逐渐增加，共轭桥部分的电子耦合作用减弱，μ_{ge}^2 和 $1/E_{ge}^2$ 均出现下降的趋势。而第一电荷转移激发态和基态的偶极矩之差（$\mu_{ee} - \mu_{gg}$）则呈现出类似抛物线的变化趋势，即先增加后减少，说明二阶非线性光学系数 β 和分子的基态极化程度有关。因此，要提高生色团的 β 值，在增加给受体强度以分离最高占据分子轨道(HOMO)和最低未占分子轨道(LUMO)的同时，还需保证它们在共轭桥部分有强的电子耦合作用，以确保更好地实现分子内的电荷转移和极化。

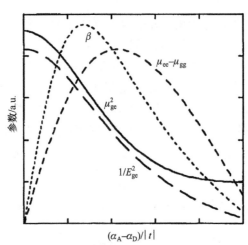

图 2-5　式(2-4)中各参数随 $(\alpha_A - \alpha_D)/|t|$ 的不同所体现的变化趋势[30]

α_A 和 α_D 分别代表电子受体和给体的库仑能；t 代表电子云在共轭桥部分的耦合程度，通过四轨道独立电子计算 (four-orbital independent electron calculation)得出

　　早期生色团分子的设计所采用的构筑单元大部分是芳香环(如苯环)，其对应的电荷转移态主要为醌式结构(图 2-6)，稳定性较差和能量较高，在一定程度上

限制了高压电场下分子内电子的极化作用。当共轭桥部分由芳香环更换为非芳香体系(如多烯结构)时,无需克服额外的共振能,可有效降低中性态和电荷分离态之间的能量差($A>B$),有利于增强分子内电荷转移作用。二阶非线性光学测试结果也表明,对于具有相同给体(—NH$_2$)和受体(—NO$_2$)的生色团分子,以对硝基苯胺为参照,具有多烯共轭桥的生色团体现出更高的 $\mu\beta$ 值(图 2-7)。由此可见,二阶非线性光学效应的强弱,与中性态和电荷分离态之间的能量差密切相关,降低二者的能量差可有效提高生色团的 β 值。

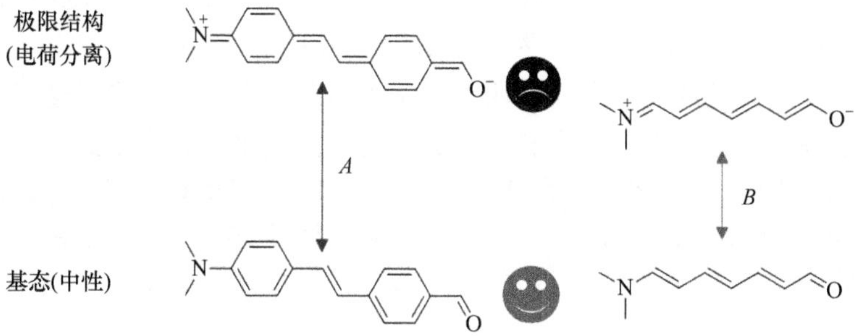

图 2-6　共轭桥芳香性的改变对生色团中性态和电荷分离态的能量差异的影响

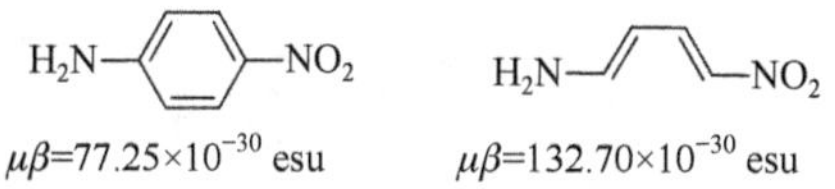

$\mu\beta=77.25\times10^{-30}$ esu　　　$\mu\beta=132.70\times10^{-30}$ esu

图 2-7　共轭桥芳香性的改变对生色团二阶非线性光学效应的影响

从此思路出发,进一步降低中性态和电荷分离态之间的能量差,削弱芳香性的影响,可设计如图 2-8 所示的生色团 DIA。基态时,分子中的两个环分别为苯环和醌式结构;电荷分离态时,苯环和醌式结构发生了互换,整个分子的能量改变不大,从而大大降低了中性态和电荷分离态之间的能量差,有利于分子内电荷转移。如图 2-8 所示,生色团 DIA 的最大吸收波长(λ_{max})相对于 DANS 红移了 160 nm,

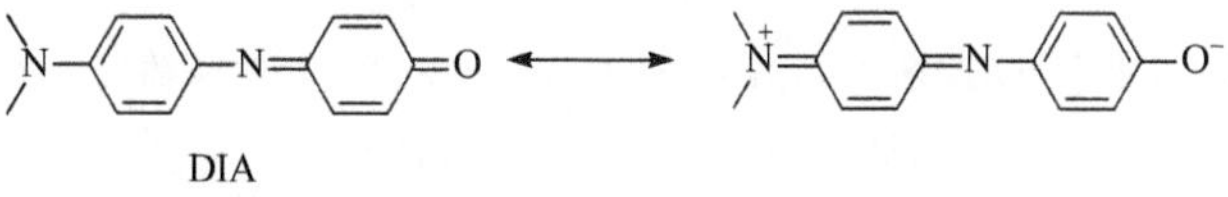

DIA

生色团	$\beta/(\times10^{-30}$ esu)	$\beta_0/(\times10^{-30}$ esu)	λ_{max}/nm
DIA	190	106	590
DANS	73	55	430

图 2-8　生色团 DIA 的中性态和电荷分离态的结构,以及相应的
二阶非线性光学系数(以 DANS 为参比)

有效降低了 E_{ge}，同时，其二阶非线性光学系数也有明显增大（β_0 值约为 DANS 的 2 倍）。根据经典的共振理论，分子的真实结构是这些共振结构共振得到的共振杂化体，共振结构越稳定，对共振杂化体的贡献越大。因此，随着电荷分离态能量的降低，其对基态分子结构的贡献增大。那么，是否电荷分离态的存在形式越多，越有利于 β 值的提高呢？这一变化趋势可以通过溶剂化效应进行观察和探讨。

一般情况下，极性溶剂有利于电荷分离态的稳定，因此，随着溶剂极性增加，生色团电荷分离态存在的概率逐渐增大，表现为 λ_{max} 红移。以生色团 DIA 为例，如图 2-9 所示，当溶剂的极性从环己烷到 N-甲基吡咯烷酮（NMP）逐渐增强，λ_{max} 从 550 nm 红移至 600 nm 左右，表明电荷分离态的存在形式有所增加，但 $\mu\beta_0$ 并未在溶剂极性最大处达到最高，说明并不是电荷分离态的存在形式越多，越有利于 β 值的提高，而是存在中性态和电荷分离态之间的平衡。为了定量描述这一平衡作用，有效增强生色团的二阶非线性光学效应，Marder 等提出了键长交替（bond-length alternation，BLA）理论［也可称为键级交替（bond-order alternation，BOA）理论］[31]。

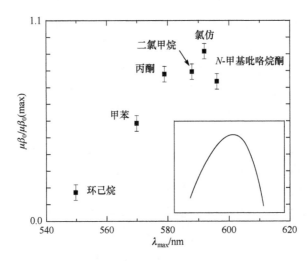

图 2-9　生色团 DIA 在不同溶剂下的二阶非线性光学效应随 λ_{max} 的变化
（插图为相应的理论计算趋势）

BLA 理论认为，β 和分子的基态极化程度有关。生色团分子的基态极化程度，即基态的电荷分离程度，主要由生色团分子的化学结构和分子所处的环境（如介质的极性）决定。在给受体多烯体系中，分子的基态极化程度与 BLA 相关。BLA 具体指在一个多次甲基［—$(CH_2)_n$—］链中相邻 C—C 键长度之差的平均值。例如，在多烯烃中，单键的键长为 1.45 Å，双键为 1.34 Å，则 BLA 值为+0.11 Å。分子的基态极化程度由中性态和电荷分离态两种极限共振结构的相对贡献大小决定。对于含较弱给体和受体的分子，中性态共振结构为其基态的主要构成部分，这样的分子具有较大的键长交替值。在具有较强给体和受体的分子中，电荷分离态共振结构对分子基态构成的贡献增加，键长交替值减小。当中性态和电荷分离态对分子基态结构的贡献相同时，这个分子所具有的键长交替值为零。

　　这两种共振结构的相对贡献大小，可通过调节它们的相对能量来实现。当中性态和电荷分离态的能量相差较大时，分子的基态结构将以较低能量的共振结构为主，这时分子的 BLA 值将比较大(图 2-10a,b)。相对应地，如果中性态和电荷分离态的能量相近，分子的 BLA 值将非常小。这种零键长交替即所谓的花青限(cyanine limit)，适用于花青分子的普通结构(图 2-10d)。如果分子的电荷分离态占主导地位，则分子获得相反的 BLA 值(图 2-10e)。

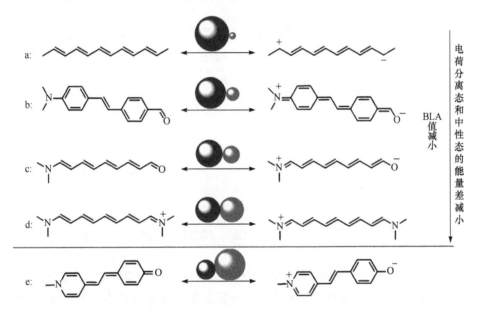

图 2-10　(a~d)当两种共振形态均等地对基态结构产生影响时，键长交替值变小的图解，共振结构的相对影响简略地用箭头上方的球表示：(a,c,d)电荷转移时既不获得也不失去芳香稳定性的分子；(b)电荷转移时失去芳香稳定性的分子；(e)电荷转移时获得芳香稳定性的分子，这种分子的键长交替符号与 a~c 中的相反

　　在该理论的指导下，Marder 等通过一系列的实验数据和量子计算给出了二阶非线性光学系数 β 与键长交替或键级交替的关系图[32]。以 β 与键长交替为例，如图 2-11 所示，从中性多烯烃态(只有一种共振形式对基态波函数有贡献)过渡到花青态(两种共振形式对基态波函数的贡献相同)过程中，β 值先增大，达到正极大

值后下降，再通过花青限处的零点，从该点开始过渡到电荷分离共振结构，β变为负值，一直达到负极大值，然后再变小(绝对值)。根据 BLA 理论计算预测，键长交替(BLA)介于±0.04～±0.01 Å 时，β 值可达到最大。以往通常所用的非线性光学生色团，如给体-受体取代的苯或二苯烯烃，都具有非常大的键长 BLA 值(一般大于 0.1 Å)，因此未能实现 β 值的最优化。因此，降低生色团的 BLA 值，是增强其二阶非线性光学效应的有效手段。

在此理论的基础上，1995 年，Ravi 和 Radhakrishnan 基于醌型结构的生色团 DADQ(图 2-12)，定义了一个参数——醌型-苯型特征(quinonoid-benzenoid character, QBC)参数[33]：

$$QBC = 1 - 6\sum_{i=1}^{3}\left|1.400 - r_i\right| \tag{2-5}$$

式中，1.400 是标准苯环中 C—C 键的键长(单位为 Å)；而 r_i 则是醌型结构中 C—C 键的键长(图 2-12)。QBC 在醌型极限时为 0，而在苯型极限时为 1。

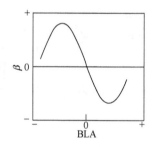

图 2-11　简单给体-受体多烯烃的 β 与 BLA 的关系　图 2-12　醌型结构生色团 DADQ 的结构

他们研究了醌型分子的二阶非线性光学系数(β)是如何随 QBC 的变化而变化的，结果发现，二阶非线性光学系数除了在醌型极限外都具有非常大的值，其中，当 QBC 值为 0.592 时，二阶非线性光学系数达到最大。因此，可通过减小给受体的强度来改变 QBC，从而增大二阶非线性光学系数。醌型和苯型这两种共振极限形式对分子基态的贡献与其相对能量有关，相应地，降低醌型极限形式的能量成为分子设计的一个重要思路。

键长交替(BLA)/键级交替(BOA)理论，以及 QBC 参数的定义，更深入地揭示了分子结构与性能之间的关系，对二阶非线性光学生色团分子的设计有重要的指导意义，并在很多实验事实中得到证实。对于 BLA 值的调节和优化，主要通过以下两个方面得以体现。

(1)设计给体-受体多烯烃分子来弥补芳香性的损失，即在电荷分离态时，多烯烃一端(如给体端)失去的芳香性可以通过另一端(如受体端)芳香性的增强而加以补偿[34]。

　　如图 2-13 所示,以硫代巴比妥酸作为电子受体的生色团 **2**,可以较好地调节电荷分离态的能量平衡,从而显著增强其二阶非线性光学效应。对比相似结构的生色团 DANS,其 $\mu\beta$ 提高了 2 倍(生色团 **2** 的 $\mu\beta$ 值为 1457×10^{-48} esu,而 DANS 的 $\mu\beta$ 值为 482×10^{-48} esu)。晶体的测试结果也表明,这一类生色团的 BLA 值接近 0.04 Å,可以更好地实现分子内电荷转移和有效极化。

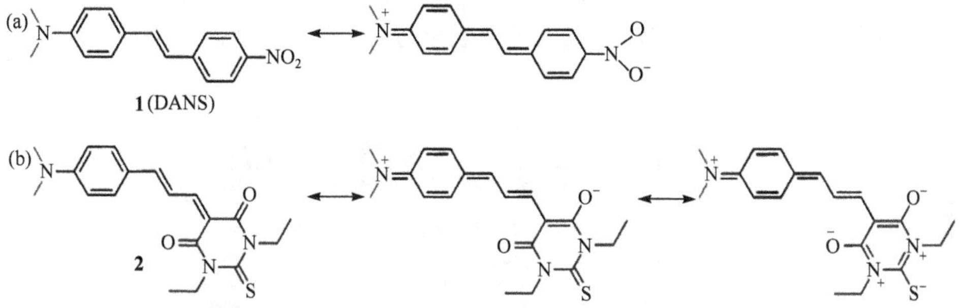

生色团	λ_{max}/nm	μ/($\times10^{-18}$ esu)	β/($\times10^{-30}$ esu)	β_0/($\times10^{-30}$ esu)	$\mu\beta$/($\times10^{-48}$ esu)	$\mu\beta_0$/($\times10^{-48}$ esu)
1	430	6.6	73	55	482	363
2	572	5.7	256	150	1457*	855

*因四舍五入,数据计算存在一定误差

图 2-13　生色团的共振结构图示和相应的二阶非线性光学参数

　　(2)在共轭桥中引入具有较低共振能的杂环(如噻吩环、噻唑环等芳香杂环)代替苯环,以降低中性态芳香性对电子极化的影响。

　　如图 2-14 所示,随着将生色团 DANS 中的苯环逐步替换成噻吩,分子 $\mu\beta$ 值从 580×10^{-48} esu 提高到 1040×10^{-48} esu,其重要原因就是基团芳香性和共振能的变化。相对于苯环,噻吩的芳香性较弱,共振能也更低(苯环:150 kJ/mol;噻吩:117 kJ/mol),有利于电子云的极化和 BLA 值的降低,因此体现出二阶非线性光学效应增强的趋势。另外,噻吩环的富电子性赋予其有效辅助电子给体的功能以增强分子内的电荷转移[35-37]。实际上,共轭桥芳香性的降低和富电子效应均可有效提高生色团的 $\mu\beta$ 值。为了进一步探讨这两种作用的强弱,以及其对二阶非线性光学效应的主导作用,Marks 等进行了详细的分析和理论探讨[38]。如图 2-15 所示,Ⅰ类生色团和Ⅱ类生色团具有相同的共轭片段,氨基为电子给体,硝基为电子受体,富电子的五元杂环(如噻吩、呋喃和吡咯)和缺电子的六元杂环(如吡啶、哒嗪和 1,2,4,5-四嗪)为共轭桥,不同的是,在Ⅰ类生色团中,富电子的基团靠近给体端,缺电子的片段靠近受体端,而Ⅱ类生色团中则相反。从 BLA 理论的角度考虑,这种共轭片段位置的变化对电荷分离态的能量以及 BLA 值不会有太大的影响,这两类生色团应体现出相似的二阶非线性光学效应。可是,理论计算的结果则大相径庭[见图 2-15(a) 和(b) 中数据],如生色团Ⅱ l 的 $\mu\beta$ 值为 979.95×10^{-48} esu,而对应生色团Ⅲ l 的 $\mu\beta$ 值仅为 128.16×10^{-48} esu,几乎是Ⅱ l 的 1/7,充分说明电子效应的主导作用。当富电子基团位于给体附近时,可有效提高推电子能力,同样,当缺电子基团处于受体端时,可增强拉电子能力,从而有利于分子内的推拉电子作用,导致Ⅰ类生色团的二阶非线性光学效应均强于Ⅱ类生色团。

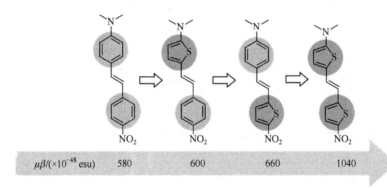

图 2-14　噻吩替换苯环对二阶非线性光学效应的影响

(a)

Ⅰa～Ⅰl

生色团	X	Y	Z	λ_{max}/nm	β/(×10^{-30} esu)	$\mu\beta$/(×10^{-48} esu)
Ⅰa	CH=CH	CH	CH	363	31.72	281.63
Ⅰb	CH=CH	N	CH	339	12.66	138.83
Ⅰc	CH=CH	N	N	340	10.72	117.27
Ⅰd	S	CH	CH	402	43.89	429.17
Ⅰe	S	N	CH	422	53.81	524.65
Ⅰf	S	N	N	449	72.22	877.61
Ⅰg	O	CH	CH	409	46.60	421.67
Ⅰh	O	N	CH	425	53.17	487.26
Ⅰi	O	N	N	451	69.78	821.16
Ⅰj	NH	CH	CH	418	55.67	500.21
Ⅰk	NH	N	CH	429	62.49	570.71
Ⅰl	NH	N	N	461	83.42	979.95

(b)

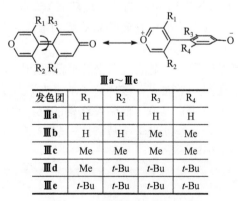

图 2-15 Ⅰ类(a)和Ⅱ类(b)生色团的二阶非线性光学参数

2.3 电子完全得失理论

Mark 等报道了一类扭曲的生色团(图 2-16)[39,40]，通过位阻效应调节电子给体和受体间的二面角，当二面角逐渐增加至接近 90°，生色团的二阶非线性光学效应迅速增强。以生色团Ⅲe 为例，其分子内两个芳香环之间的二面角约 104°，最大吸收波长位于近红外区域，$\mu\beta$ 计算值约为同等条件下 DANS 的 3 倍。分析这类分子的中性态和电荷分离态结构，包含了醌式到芳香体系的变化，差异很大，难以采用键长交替理论予以解释。

生色团	X	Y	Z	λ_{max}/nm	β/($\times 10^{-30}$ esu)	$\mu\beta$/($\times 10^{-48}$ esu)
Ⅱa	CH=CH	CH	CH	363	31.72	281.63
Ⅱb	CH=CH	N	CH	356	25.36	227.75
Ⅱc	CH=CH	N	N	355	20.80	182.08
Ⅱd	S	CH	CH	424	45.02	459.49
Ⅱe	S	N	CH	418	36.14	411.43
Ⅱf	S	N	N	417	31.08	314.36
Ⅱg	O	CH	CH	424	37.47	373.93
Ⅱh	O	N	CH	414	27.74	341.17
Ⅱi	O	N	N	410	23.23	233.62
Ⅱj	NH	CH	CH	416	33.48	340.39
Ⅱk	NH	N	CH	409	24.40	307.33
Ⅱl	NH	N	N	408	14.20	128.16

发色团	R_1	R_2	R_3	R_4
Ⅲa	H	H	H	H
Ⅲb	H	H	Me	Me
Ⅲc	Me	Me	Me	Me
Ⅲd	Me	t-Bu	t-Bu	t-Bu
Ⅲe	t-Bu	t-Bu	t-Bu	t-Bu

图 2-16 生色团Ⅲa～Ⅲe 的结构

当运用经典的生色团优化策略，如延长生色团共轭桥、引入杂环等，希望进一步增强二阶非线性光学效应时，实验结果却出人意料[41]。如图 2-17 所示，通过在生色团 **Ⅲe** 的结构中加入不同个数的双键所得的生色团 **Ⅳa～Ⅳc**，其 $\mu\beta$ 值体现出先升高后下降的趋势，而随着双键数目增加，其最大吸收波长 (λ_{max}) 逐渐蓝移，从 1206.8 nm 移至 971.0 nm，说明共轭体系的增大并不利于分子内电荷转移。而对于 BLA 理论中所提出的杂环优势，他们也进行了相关的探讨，通过引入富电子的五元杂环，如呋喃、噻吩和吡咯，以及缺电子的六元杂环如哒嗪和 1,2,4,5-四嗪等，相应生色团 **Ⅴa～Ⅴf** 的二阶非线性光学系数均大幅度下降，体现出与传统理论相违背的实验结果。

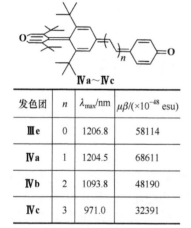

发色团	n	λ_{max}/nm	$\mu\beta$/(×10⁻⁴⁸ esu)
Ⅲe	0	1206.8	58114
Ⅳa	1	1204.5	68611
Ⅳb	2	1093.8	48190
Ⅳc	3	971.0	32391

发色团	A	B	C	D	$\mu\beta$/(×10⁻⁴⁸ esu)
Ⅴa	CH	CH	S		17181
Ⅴb	CH	CH	O		11501
Ⅴc	CH	CH	NH		8077.8
Ⅴd	N	N	CH	CH	4193.8
Ⅴe	N	N	N	N	3031.6
Ⅴf	CH	N	CH	N	27112

图 2-17　延长共轭长度和引入杂环对 **Ⅳ** 和 **Ⅴ** 类生色团的二阶非线性光学效应的影响

为进一步证实此结论，他们以传统的部花青类生色团 **Ⅵ** 为模型，逐渐调节共轭桥的扭曲程度，得到了如图 2-18 所示的变化趋势。当二面角接近 90°时，如 65°～85°和 95°～135°区域内，其二阶非线性光学系数达到最大，与 **Ⅲ** 类生色团的变化趋势一致[42-45]。

基于此，Marks 等提出了一种新的观点来解释此现象[38]，他们认为，由于巨大的空间位阻，分子不在同一平面内，这样分子从基态跃迁到激发态的过程中，激发态的电荷是完全分离的（图 2-19），而芳香结构的存在进一步稳定了此电荷分离态，从而获得了大的二阶非线性光学系数。这一观点可以通过相应的理论计算和双能级模型得到进一步的阐述。

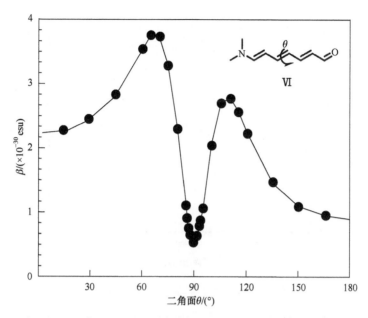

图 2-18　生色团**Ⅵ**的二阶非线性光学系数(β)随二面角(θ)的变化

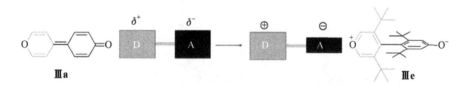

图 2-19　位阻效应导致的扭曲结构对分子内电荷转移的影响

　　如图 2-20 所示,采用"two-site Hückel model"(两位点休克尔模型)量化式(2-4)中各参量,其中$\Delta\mu_{ge}=\mu_{ee}-\mu_{gg}$。当分子内的二面角达到 90°时,基团之间的电荷转移过程受阻,跃迁能 E_{ge} 和跃迁偶极矩 μ_{ge} 最小,其中 μ_{ge} 几乎为零,因此,尽管此状态下,从基态到第一电荷转移激发态偶极矩的变化$\Delta\mu_{ge}$ 达到最大,但二阶非线性光学效应几乎消失。当分子为平面结构时,有利于电荷转移,E_{ge} 和 μ_{ge} 达到最大,但$\Delta\mu_{ge}$ 最小,因此 β 值相对较小。综合多个参数的变化趋势,当二面角接近 90°时,β 值有望达到最大。

　　随后,依据此理念,多个高 β 值的生色团被报道[46-48],如图 2-21 所示,分子 $\mu\beta$ 理论值最大可达 900000×10⁻⁴⁸ esu,约为传统平面结构生色团的 33 倍以上,进一步表明扭曲结构有增强二阶非线性光学效应的价值。

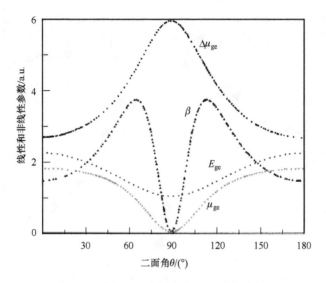

图 2-20　线性和非线性参数随二面角的变化

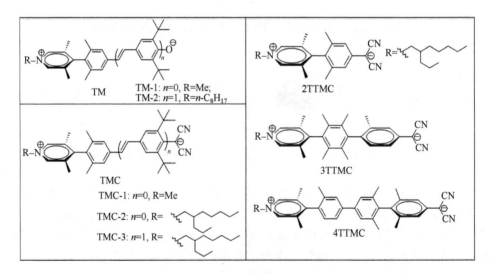

图 2-21　具有扭曲结构的生色团结构

2.4　八极体系理论

在量子力学理论以及实验数据的基础上，有人提出具有非中心对称结构的八极分子体系在非线性光学材料领域有极大的应用前景。对于具有非极性(非中心对称)结构的八极分子而言，其二阶非线性光学响应是由体系内多向电荷转移激发态引起的，而不是单向的偶极激发。因此，八极分子的 β 不能用双能级模型来描述。所以对双能级模型进行适当的修改，以三能级模型来描述。

$$\beta_{oct} = \frac{3}{2} \frac{\mu_{01}^2 \mu_{11}}{E_{01}^2} \frac{E_{01}^2}{\left[E_{01}^2 - (2h\omega)^2 \right]\left[E_{01}^2 - (h\omega)^2 \right]} \tag{2-6}$$

式中，E_{01} 为电荷转移能量；μ_{01} 为基态到第一激发态的偶极矩；μ_{11} 为激发态之间的过渡态偶极矩。

如果用一个球形示意图(图 2-22)来表示，β 同时包含 $J=1$ 张量分量 $(\beta_{J=1})$ 和 $J=3$ 张量分量 $(\beta_{J=3})$，分别称为偶极子和八极非对称单元。

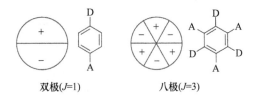

图 2-22　双极和八极体系的球形示意图

当所有偶极子(如偶极矩、张量 β 的部分等)都消失时，对于含有八极结构的分子(或材料)($J=3$)仍然存在一个不为零的张量 β 使体系处于八极的对称状态。我们通常把具有 C_3 对称轴且没有偶极矩的分子或材料称为八极非线性分子或材料。八极分子是具有 $J=3$ 张量的分子体系的简称。这个概念首先由 Zyss 等于 20 世纪早期提出，通常，具有 C_3、D_3、D_{3h} 或 T_d 结构的分子体系都具有八极分子的特性[49-51]。相对于 D-π-A 结构，非极性分子体系最大的优点是更容易形成非中心对称的晶体，没有偶极-偶极相互作用，有利于分子的定向排列和二阶非线性光学效应的增强。典型八极分子的结构如图 2-23 所示。

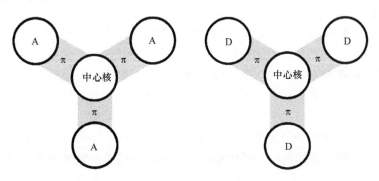

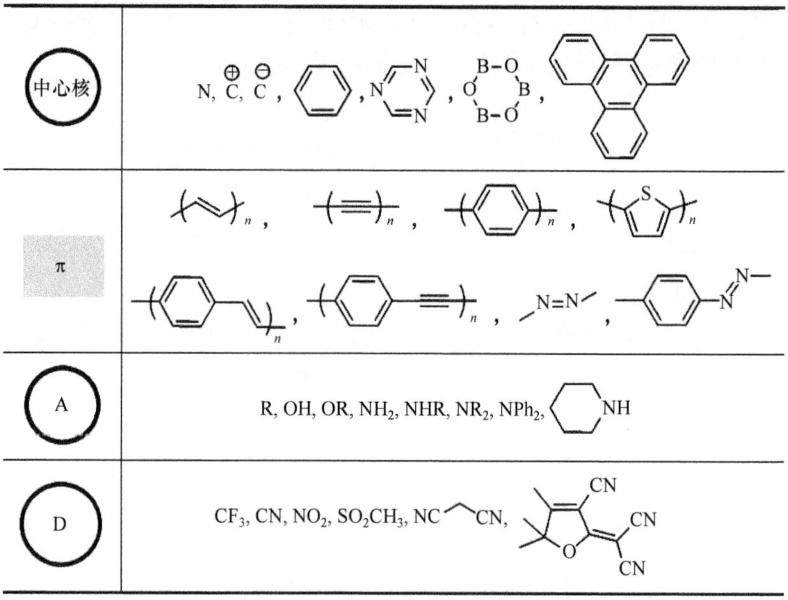

图 2-23　八极分子的结构示意图

　　以上是生色团分子设计中常见的一些理论模型和设计理念，对非线性光学生色团的结构优化提供了相应的理论依据，并获得了多个优秀的二阶非线性光学生色团，$\mu\beta$ 值提高了数百倍。不可避免的是，这些理论都存在一定的局限性，只能针对某些特定的结构，不具有普适性。而且，有些理论也是伴随新型结构生色团和实验结果的出现而得以发展的。遗憾的是，20 世纪 90 年代后期，有机二阶非线性光学领域遭遇"材料综合性能"的瓶颈问题，此领域的研究迅速降温，研究队伍急剧缩减，相应地，新型结构生色团的研究也骤然减少，少数优秀生色团的报道也难以激发理论研究者的兴趣和关注，导致该领域的相关理论研究几乎处于相对停滞阶段。

　　与此同时，材料的宏观二阶非线性光学系数却只提高了 2～3 倍[52]。造成这种现象的根本原因主要是生色团偶极之间强的静电相互作用，这种作用会使生色团倾向于中心对称的宏观排列，从而极大地影响了材料的宏观电光效应，而且生色团偶极越强、浓度越高，静电相互作用就会越强[53]。为此，Dalton 等提出"位分离原理"[54,55]，即通过化学修饰，在生色团上引入不影响生色团二阶非线性光学系数的基团来改变其空间构象，可以削弱生色团偶极之间的静电相互作用，有利于生色团组分的定向排列，从而增强材料宏观电光效应。这一理念可以通过间隔（spacer）基团的引入、高分子结构的改变，如树枝状大分子、超支化高分子等实现。具体的生色团和高分子结构见第 3 章和第 4 章内容。

参 考 文 献

［1］Garnett C G B. Nonlinear optics, anharmonic oscillators and pyroelectricity. IEEE J Quan Electr, 1968, 4: 70-84.

［2］石顺祥, 陈国夫, 赵卫, 刘继芳. 非线性光学. 西安: 西安电子科技大学出版社，2003.

［3］Phillips J C, Vechten J A V. Nonlinear optical susceptibilities of covalent crystals. Phys Rev, 1969, 183: 709-711.

［4］Levine B F. Electrodynamical bond-charge calculation of nonlinear optical susceptibilities. Phys Rev Lett, 1969, 22: 787-790.

［5］Levine B F. Bond-charge calculation of nonlinear optical susceptibilities for various crystal structures. Phys Rev, 1973, B7: 2600-2626.

［6］Bergman J G, Crane G R. Structural aspects of nonlinear optics: Optical properties of KIO_2F_2 and its related iodates. J Chem Phys, 1970, 60: 2470-2474.

［7］Davydov B L, Derkacheva L D, Dunina V V, Zhabotinskii M E, Zolin V F, Koreneva L G, Samokhina M A. Correlation of charge transfer to laser second harmonics generation. JELP Lett, 1970, 12: 16.

［8］陈创天. 氧化物型晶体电光和非线性光学效应的阴离子配位基团理论. 中国科学, 1977, 6: 579-593.

［9］Wu Y, Chen C. Theoretical studies for novel non-linear optical crystals. J Cryst Growth, 1996, 166: 533-536.

［10］Dalton L R. Organic electro-optic materials. Pure Appl Chem, 2004, 76: 1421-1433.

［11］Zyss J. Molecular nonlinear optics: Materials, phenomena and devices. Chem Phys, 1999, 245 (1-3):Ⅶ-Ⅸ.

［12］Marder S R. Organic nonlinear optical materials: Where we have been and where we are going. Chem Commun, 2006, (2): 131-134.

［13］Würthner F, Yao S, Debaerdemaeker T, Wortmann R. Dimerization of merocyanine dyes. Structural and energetic characterization of dipolar dye aggregates and implications for nonlinear optical materials. J Am Chem Soc, 2002, 124: 9431-9447.

［14］Marder S R, Kippelen B, Jen A K Y, Peyghambarian N. Design and synthesis of chromophores and polymers for electro-optic and photorefractive applications. Nature, 1997, 388: 845-851.

［15］沈元壤. 非线性光学五十年. 物理，2012, 2: 71-81.

［16］Lee M, Katz H E, Erben C, Gill D M, Gopalan P, Heber J D, McGee D J. Broadband modulation of by using an electro-optic polymer. Science, 2002, 298: 1401-1403.

［17］Ma H, Jen A K Y, Dalton L R. Polymer-based optical waveguides: Materials, processing, and devices. Adv Mater, 2002, 14: 1339-1365.

［18］Kanis D R, Ratner M A, Marks T J. Design and construction of molecular assemblies with large second-order optical nonlinearities. Quantum chemical aspects. Chem Rev, 1994, 94: 195-242.

［19］Oudar J L, Chemla D S. Theory of second-order optical susceptibilities of benzene substitutes.

Opt Commun, 1975, 13: 164-168.

[20] Oudar J L, Person H L. Second-order polarizabilities of some aromatic molecules. Opt Commun, 1975, 15: 258-262.

[21] Chemla D S, Oudar J L, Jerphagnon J. Origin of the second-order optical susceptibilities of crystalline substituted benzene. Phys Rev B, 1975, 12: 4534-4546.

[22] Oudar J L. Optical nonlinearities of conjugated molecules. Stilbene derivatives and highly polar aromatic compounds. J Chem Phy, 1977, 67: 446-457.

[23] Levine B F. Donor-acceptor charge transfer contributions to the second order hyperpolarizability. Chem Phys Lett, 1976, 37: 516-520.

[24] Oudar J L, Chemla D S. Hyperpolarizabilities of the nitroanilines and their relations to the excited state dipole moment. J Chem Phy, 1977, 66: 2664-2668.

[25] Bloembergen N. Non Linear Optics. New York: Benjamin, 1965.

[26] Cheng L T, Tam W, Marder S R, Stiegman A E, Rikken G, Spangler C W. Experimental investigations of organic molecular nonlinear optical polarizabilities. 2. A study of conjugation dependences. J Chem Phy, 1991, 95: 10643-10652.

[27] Geskin V M, Lambert C, Brédas J L. Origin of high second- and third-order nonlinear optical response in ammonio/borato diphenylpolyene zwitterions: The remarkable role of polarized aromatic groups. J Am Chem Soc, 2003, 125: 15651-15658.

[28] Singer K D, Sohn J E, King L A, Gordon H M, Kate H E, Dirk C W. Second-order nonlinear-optical properties of donor- and acceptor-substituted aromatic compounds. J Opt Soc Am B, 1989, 6: 1339-1349.

[29] Dulcic A, Flytzanis C, Tang C L, Pépin D, Fétizon M, Hoppilliard Y. Length dependence of the second-order optical nonlinearity in conjugated hydrocarbons. J Chem Phy, 1981, 74: 1559-1563.

[30] Marder S R, Beratan D N, Cheng L T. Approaches for optimizing the first electronic hyperpolarizability of conjugated organic molecules. Science, 1991, 252: 103-106.

[31] Gorman C, Marder S R. An investigation of the interrelationships between linear and nonlinear polarizabilities and bond-length alternation in conjugated organic molecules. Proc Natl Acad Sci, 1993, 90: 11297-11301.

[32] Meyers F, Marder S R, Pierce B M, Brédas J L. Electric field modulated nonlinear optical properties of donor-acceptor polyenes: Sum-over-states investigation of the relationship between molecular polarizabilities (α, β, and γ) and bond length alternation. J Am Chem Soc, 1994, 116: 10703-10714.

[33] Ravi M, Radhakrishnan T P. Analysis of the large hyperpolarizabilities of push-pull quinonoid molecules. J Phys Chem, 1995, 99: 17624-17627.

[34] Marder S R, Cheng L T, Tiemann B G, Friedli A C, Blanchard-Desce M. Large first hyperpolarizabilities in push-pull polyenes by tuning of the bond length alternation and aromaticity. Science, 1994, 263: 511-514.

[35] Dirk C W, Katz H E, Schilling M L, King L A. Use of thiazole rings to enhance molecular second-order nonlinear optical susceptibilities. Chem Mater, 1990, 2: 700-705.

[36] Jen A K Y, Rao V P, Wong K Y, Drost K J. Functionalized thiophenes: Second-order nonlinear optical-materials. J Chem Soc Chem Commun, 1993, 24(17): 90-92.

[37] Rao V P, Jen A K Y, Wong K Y, Drost K J. Dramatically enhanced second order nonlinear optical susceptibilities in tricyanovinylthiophene derivatives. J Chem Soc Chem Commun, 1993, 14: 1118-1120.

[38] Albert I D L, Marks T J, Ratner M A. Large molecular hyperpolarizabilities. Quantitative analysis of aromaticity and auxiliary donor-acceptor effects. J Am Chem Soc, 1997, 119: 6575-6582.

[39] Albert I D L, Marks T J, Ratner M A. Conformationally-induced geometric electron localization. Interrupted conjugation, very large hyperpolarizabilities, and sizable infrared absorption in simple twisted molecular chromophores. J Am Chem Soc, 1997, 119: 3155-3156.

[40] Keinan S, Zojer E, Brédas J L, Ratner M A, Marks T J. Twisted π-system electro-optic chromophores. A CIS *vs*. MRD-CI theoretical investigation. J Mol Struc-Theochem, 2003, 633: 227-235.

[41] Albert I D L, Marks T J, Ratner M A. Remarkable NLO response and infrared absorption in simple twisted molecular π-chromophores. J Am Chem Soc, 1998, 120: 11174-11181.

[42] Dewar M J S, Zoebisch E G, Healy E F, Stewart J J P. Development and use of quantum mechanical molecular models. 76. AM1: A new general purpose quantum mechanical molecular model. J Am Chem Soc, 1985, 107: 3902-3909.

[43] Ramasesha S, Albert I D L. Model exact study of DC-electric-field-induced second-harmonic-generation coefficients in polyene systems. Phys Rev B, 1990, 42: 8587-8594.

[44] Ramasesha S, Das P K. Second harmonic generation coefficients in push-pull polyenes: A model exact study. Chem Phys, 1989, 145: 343-353.

[45] Kang H, Facchetti A, Jiang H, Cariati E, Righetto S, Ugo R, Zuccaccia C, Macchioni A, Stern C L, Liu Z, Ho S T, Brown E C, Ratner M A, Marks T J. Ultralarge hyperpolarizability twisted π-electron system electro-optic chromophores: Synthesis, solid-state and solution-phase structural characteristics, electronic structures, linear and nonlinear optical properties, and computational studies. J Am Chem Soc, 2007, 129: 3267-3286.

[46] Kang H, Facchetti A, Stern C L, Rheingold A L, Kassel W S, Marks T J. Efficient synthesis and structural characteristics of zwitterionic twisted π-electron system biaryls. Org Lett, 2005, 7: 3721-3724.

[47] Kang H, Facchetti A, Zhu P, Jiang H, Yang Y, Cariati E, Righetto S, Ugo R, Zuccaccia C, Macchioni A, Stern C L, Liu Z, Ho S T, Marks T J. Exceptional molecular hyperpolarizabilities in twisted π-electron system chromophores. Angew Chem Int Ed, 2005, 44: 7922-7925.

[48] Shi Y, Frattarelli D, Watanabe N, Facchetti A, Cariati E, Righetto S, Tordin E, Zuccaccia C, Macchioni A, Wegener S L, Stern C L, Ratner M A, Marks T J. Ultra-high-response, multiply twisted electro-optic chromophores: Influence of π-system elongation and interplanar torsion on hyperpolarizability. J Am Chem Soc, 2015, 137: 12521-12538.

[49] Brédas J L, Meyers F, Pierce B, Zyss J. On the second-order polarizability of conjugated π-electron molecules with octupolar symmetry: The case of triaminotrinitrobenzene. J Am

Chem Soc, 1992, 114: 4928-4931.

[50] Joffre M, Yaron D, Silbey R J, Zyss J. Second order optical nonlinearity in octupolar aromatic systems. J Chem Phys, 1992, 97: 5607-5615.

[51] Zyss J, Ledoux I. Nonlinear optics in multipolar media: Theory and experiments. Chem Rev, 1994, 94: 77-105.

[52] Dalton L R, Harper A W, Ren A, Wang F, Todorova G, Chen J, Zhang C, Lee M. Polymeric electro-optic modulators: From chromophore design to integration with semiconductor VLSI electronics and silica fiber optics. Ind Eng Chem Res, 1999, 38: 8-33.

[53] Harper A W, Sun S, Dalton L R, Garner S M, Chen A, Kulluri S, Steier W H, Robinson B H. Translating microscopic optical nonlinearity to macroscopic optical nonlinearity: The role of chromophore-chromophore electrostatic interactions. J Opt Soc Am B, 1998, 15: 329-337.

[54] Robinson B H, Dalton L R. Monte Carlo statistical mechanical similations of the competition of intermolecular electrostatic and poling-field interactions in defining macroscopic electro-optic activity for organic chromophore/polymer materials. J Phys Chem A, 2000, 104: 4785-4795.

[55] Robinson B H, Dalton L R, Harper H W, Ren A, Wang F, Zhang C, Todorova G, Lee M, Aniszfeld R, Garner S, Chen A, Steier W H, Houbrecht S, Persoons A, Ledoux I, Zyss J, Jen A K Y. The molecular and supramolecular engineering of polymeric electro-optic materials. Chem Phys, 1999, 245: 35-50.

第3章

有机二阶非线性光学生色团

3.1 有机二阶非线性光学生色团简介

有机二阶非线性光学生色团是有机二阶非线性光学材料的基本构成单元，其性能优劣会直接影响甚至决定其所构筑材料的宏观二阶非线性光学性能的好坏。因此，有机二阶非线性光学生色团的设计合成以及相关理化性质是本领域的研究重点之一。

3.1.1 有机二阶非线性光学生色团的构成

有机二阶非线性光学生色团通常由电子给体(D)、共轭桥(π)和电子受体(A)连接而成，即为 D-π-A 结构。经过几十年来大量研究者的努力，被报道的给体、共轭桥和受体数目较大，三者组合而成的生色团更是种类繁多[1-5]。本节列举一些常用的、典型的结构予以介绍，使大家对有机二阶非线性生色团有一个系统的认识。

1. 生色团的给体

有机二阶非线性光学生色团给体的作用是提供电子，这决定了给体必须具备富余且易给出电子的化学结构。在生色团的设计中，给体的选择除了要考虑推电子能力的强弱外，还要考虑到其对生色团的光热稳定性、反应位点(后续反应路线)以及拓扑结构的设计等方面的影响。最常见的生色团给体是苯胺衍生物，如 *N,N*-二甲基苯胺、*N,N*-二乙基苯胺和三苯胺等。除此之外，其他易给出电子的基团也可用作给体，如苯基醚类、咔唑、四硫代富瓦烯、芴以及二茂铁等金属配合物(图 3-1)。

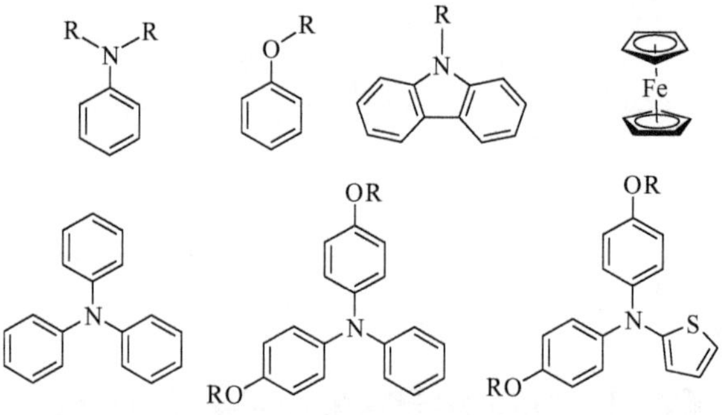

图 3-1　常见的给体结构

在生色团的设计中，给体的推电子能力是一项重要的考虑因素，其强弱会直接影响生色团的微观二阶非线性光学效应。此外，在拓扑结构优化设计中，针对生色团给体部分的修饰是最多的。例如，*N,N*-二甲基苯胺是最常见的给体单元，其推电子能力比三苯胺强，且苯胺衍生物中氮原子上所连的烷基链加长，推电子能力还会有所增加（具体数据参见后面内容）。在苯胺衍生物中，氮原子作为主要反应位点可提供两个可修饰位点，并且苯环上胺基的间位也可以进一步衍生化，从而赋予此类生色团更多的设计灵活性。一般来说，氮原子所连接的基团对生色团共轭结构的影响微乎其微，而苯环自身良好的稳定性使得修饰后生色团的共轭结构不会受到太大的破坏，由此，最终生色团的热稳定性就不会有太大的下降。这使得苯胺衍生物作为电子给体在非线性生色团的设计与合成中得到了更广泛的应用。

2. 生色团的共轭桥

共轭桥在生色团中桥连了给体与受体并有效保障分子内的电荷转移。相比给体，共轭桥的种类异常繁多，为了清楚地进行说明，本章中将生色团的共轭桥划分为常见的共轭结构单元，各种生色团分子中的共轭桥就可以看作这些共轭结构单元之间的排列组合。常见的基本共轭结构单元有碳碳双键、偶氮基团、碳碳三键、苯环、噻吩环、吡咯环、其他杂环和稠环等，而共轭桥则通常由这些基本共轭结构单元中的一种或几种组合而成。碳碳双键是最常见的单元，常用于连接其他单元，同时也可以与自身相结合形成多烯共轭桥；偶氮基团虽然无法自身形成长链，但以其作为共轭桥的生色团通常具有良好的热稳定性和光稳定性，因而广泛应用于生色团的设计；碳碳三键在非线性光学研究初期有所应用，但平面性不好导致相应生色团的微观二阶非线性光学效应较弱，且稳定性较差，后来渐渐不被使用[6]。苯环热稳定性好且可在部分位点进行侧链修饰，但其突出的芳香性难以促进相应生色团的极化，导致 $\mu\beta$ 值变小；相比于苯环，噻吩等杂环片段因杂原子的存在，其电子云容易被极化，可有效增大生色团的二阶非线性光学系数（β），而且其芳香环结构也可以赋予生色团良好的稳定性；稠环种类较多，其大的共轭结构通常会提高生色团的二阶非线性光学系数。

如图 3-2 所示，四种共轭单元可以组合成多种共轭桥。图中展示的是最常见的四种共轭桥，以这四种结构为共轭桥的生色团在有机二阶非线性光学研究领域有着广泛的应用[6,7]。

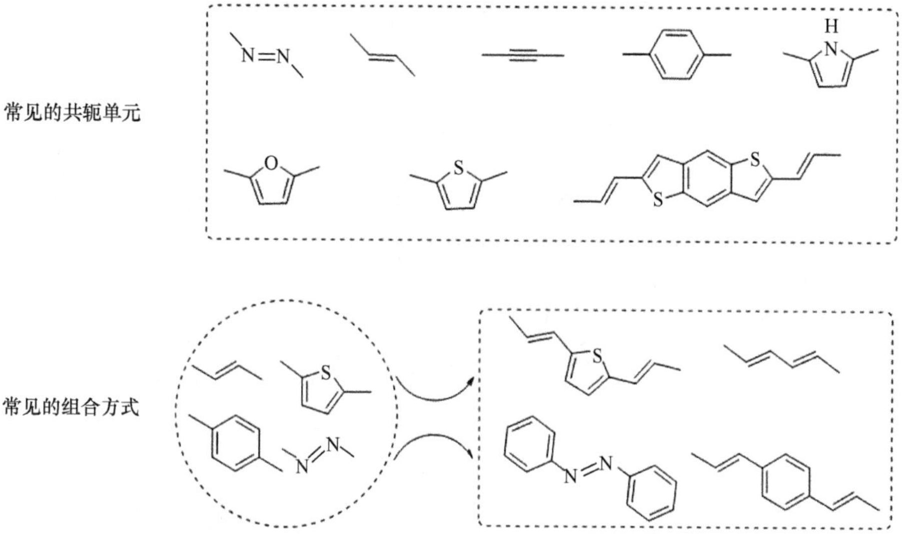

图 3-2　共轭桥中常见的共轭单元以及共轭单元组成共轭桥的常见方式

3. 生色团的受体

生色团的受体通常为易得到电子的基团，其种类繁多，常见的有硝基、砜基、氰基、二氰基乙烯基、三氰基乙烯基和 2-二氰基亚甲基-3-氰基-4,5,5-三甲基-2,5-二氢呋喃（TCF）基等，如图 3-3 所示。硝基以其简单的化学结构和稳定的化学性质而成为最早使用的受体之一，对应的生色团 DANS（后面有介绍）在早期有机二阶非线性光学分子的研究中具有重要地位[6]；砜基由于含有一个可修饰基团从而在拓扑学结构设计中扮演着重要角色；氰基具有良好的拉电子能力，其多种衍生受体更是被广泛运用，如二氰基、三氰基乙烯基和 TCF 等。

在这些受体中，TCF 受体最受欢迎。Dalton 等于 20 世纪末设计合成这种受体，其结构中存在三个方向基本一致的强拉电子氰基，因此，TCF 的拉电子能力非常强，相应的生色团通常具有非常高的 $\mu\beta$ 值。为进一步增强受体的拉电子能力，研究者们将此受体中的甲基替换为—CF$_3$ 基团或苯基以及其他基团，获得了许多新的 TCF 类受体，其中，TCF-CF$_3$ 和 TCF-Ph-CF$_3$ 最为著名，相应生色团的 $\mu\beta$ 值可得到进一步的提升[8-12]。

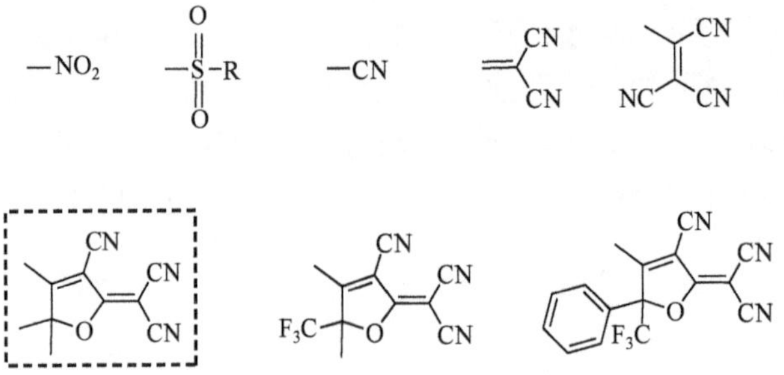

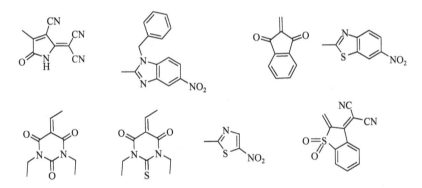

图 3-3　常见的电子受体以及 TCF 衍生物结构式

　　另外，还有一些不常见的电子受体，图 3-4 中列举了一些典型代表，它们也见证了有机二阶非线性光学材料领域的探索之路[8,13]。

图 3-4　不常见的电子受体结构式

3.1.2　生色团的基本理化性质

　　良好的有机二阶非线性光学生色团应当具有大的分子二阶非线性光学系数 β、高的光热稳定性和良好的光学透明性。二阶非线性光学系数 β 是二阶非线性光学生色团在分子层面的微观表征参数。有机二阶非线性光学生色团一般有着明显的 D-π-A 结构，共轭桥两边分别连接着适当的电子给体与受体，导致电子云分布不均匀，所以生色团分子展现出明显的二阶非线性光学系数 β。生色团分子通常具有较大的偶极矩 μ，相应地，$\mu\beta$ 值成为一项非常重要的品质因数。二阶非线性光学材料的宏观二阶非线性光学系数是其核心组分生色团的微观二阶非线性光学系数的矢量叠加，因此，生色团的 $\mu\beta$ 值直接影响材料的宏观二阶非线性光学性能。在研究中，分子二阶非线性光学系数 β 或品质因数 $\mu\beta$ 值的测定方法有：电场诱导二次谐波产生(electric field-induced second harmonic generation, EFISHG)、超瑞利散射(hyper-Rayleigh scattering, HRS)和溶致变色(SC)法等(详见第 5 章)。生色团的热学、光学稳定性和光学透明性则直接影响了材料的器件化加工性能，决定了材料的商品化应用前景。一般说来，生色团的热稳定性以热分解温度表征，可以制作器件的生色团需具有 200 ℃以上的热分解温度，且当瞬时热加工温度达到 300 ℃以上时，生色团仍保持良好的稳定性和可加工性。生色团光稳定性也非常重要，尤其是对于多烯共轭桥类生色团而言，这一点尤为关键。另外，生色团在工作波段的光学透明性也会影响相应器件的工作性能，为保障器件具有良好的光学透明性，生色团的最大吸收峰需在保证非线性光学性能的同时尽可能蓝移，以减少工作区域内的光吸收。

3.1.3　生色团的设计

有机化合物的非线性光学性能最初发现于 20 世纪 60 年代中期，自从 70 年代 Davydov 等提出共轭分子的电荷转移与非线性光学效应之间的关系以来，人们对有机分子表现出强非线性光学效应的现象和规律性从理论和实验上进行了系统的研究，提出了多种分子模型，如双能级模型、键长交替理论以及由八极体系发展起来的多能级模型等，试图从分子的非线性微观起源上阐明分子的结构和性能之间的构性关系，以用于指导新材料的设计和合成。与此同时，实验仪器和研究方法方面也开展了许多重要的开拓性工作。

从 20 世纪 70 年代以来，科学家们根据各自的研究理念设计并合成了一系列有机二阶非线性光学生色团，如 DANS、FTC 和 CLD，其 $\mu\beta$ 值也越来越大，极大地推动了有机二阶非线性光学材料的研究[6,7]。

早期生色团的设计是在双能级模型和电荷转移理论的指导下开展的，通常的结构形式是在芳香电子体系两端冠上电子给体和受体基团，使分子内发生所谓的"电荷转移"，电子给体和电子受体的推拉电子能力越强，电荷转移越明显，二阶非线性光学效应也就越强。代表性的二阶非线性光学生色团是 DANS，其结构如图 3-5 所示。其中，两个苯环和双键提供共轭 π 体系和可极化的电子，二甲基氨

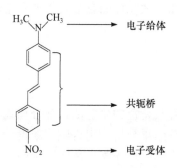

图 3-5　经典生色团 DANS 的结构

基起着给体的作用，硝基是电子受体。这个模型在相当长一段时间内指导着二阶非线性光学生色团的设计。

为了得到更具有实用价值的有机二阶非线性光学生色团，研究者们进行了大量的实验，在研究过程中，两大主要矛盾阻碍了生色团分子设计的研究进展。

3.1.4　生色团分子设计的主要矛盾

1. 非线性-透光性矛盾

按照有机二阶非线性光学生色团的分子设计理论"电荷转移理论"和"双能级模型"，β 值的大小部分取决于分子的基态与第一激发态的能量差(ΔE)。一般说来，对于 D-π-A 型(其中 D、A、π 分别为给体、受体和共轭桥)有机分子而言，ΔE 越小，分子内电荷转移越容易，β 越大，而最大吸收波长(λ_{max})则越长，透光范围越窄。绝大多数有机二阶非线性光学生色团的实际情况的确如此，这就是"非线性-透光性矛盾"(nonlinearity-transparency trade-off)。为了调节此矛盾，科学家们做了大量的努力，他们通过寻找特殊的共轭桥、不同强度的给受体的最佳组合，以及设计多重电荷转移的分子等方法，缓解或者部分解决此矛盾。不过，与实用化的要求相比还有一定距离，仍需进一步深入研究。目前，较为成功的策略主要是通过引入杂环化合物、双(或多)功能化和利用分子间的相互作用来满足高 β 值和高透光性的要求。

2. 非线性-稳定性矛盾

生色团的二阶非线性光学性能以二阶非线性光学系数 β 值表征，而二阶非线性光学系数与基态极化程度有关。基态极化程度又与电荷分离态有关，这在后面章节有详细介绍。一定程度上，增强基态的电荷分离程度会增强生色团的二阶非线性光学性能。因此，一般来说延长共轭桥长度从而增大共轭体系可以有效地增强生色团的二阶非线性光学性能，但较长的共轭结构会导致生色团热稳定性与光稳定性随电荷分离程度过大而降低，这就是生色团的"非线性-稳定性矛盾"。为了解决此类矛盾，研究者通过电荷分离态芳香性补偿或添加环锁结构等方法，一定程度上缓解此问题，具体方法在后面章节有详细介绍。

3.2　生色团的分类

前面已经介绍了许多各具特色的生色团各部分构筑单元，科学家们基于自身的研究理念和一些理论计算结果分析，组合或重新设计出多种具有不同结构且具有优秀综合性能的有机二阶非线性光学生色团，主要分为如下四类。

(1)单线型生色团。这类生色团为传统的、最常见的生色团，也是本章重点介绍内容。这类生色团是由一个给体、一个共轭桥和一个受体按照 D-π-A 的顺序连接而成。所有的单线型生色团都可以看作是以 DANS 生色团为基础衍生而来,是对 DANS 生色团三个组件进行优化或替换的衍生物,包括多烯共轭桥类生色团、杂原子共轭桥类生色团、杂环共轭桥类生色团、特殊结构共轭桥类生色团、特殊给受体类生色团、扭曲共轭体系类生色团和混合共轭桥类生色团等。

(2)多枝状生色团。这类生色团与传统生色团不同之处在于具有超过一个的给体或受体。这些给体与受体通过共轭桥连在一起形成了不同于线型结构的多枝状结构,但在结构上依然保持了传统生色团的 D-π-A 顺序,常见的有双给体生色团、双受体生色团、双给体双受体生色团等。

(3)八极子类生色团。这类生色团含有一个苯环共轭桥和三对相同的给受体。三个相同的给体彼此相间地分布于苯环的三个位点上,剩余三个位点上彼此相间地分布着三个相同的受体。与前两类生色团不同,它们的偶极矩为零。

(4)多生色团组合类。这类生色团含有两套以上的 D-π-A 体系,可以看作多维生色团。这类生色团的设计是为了提升生色团在极化时的取向程度或维持极化后的取向稳定性,通常是利用化学键将多个生色团的一端或中间连接起来,限制生色团分子的自由转动,如常见的末端单锁定类、锁定生色团共轭桥类以及给受体两端双锁定类等。

3.2.1　多烯共轭桥类生色团

顾名思义,以一连串的碳碳双键组合而成的多烯结构为共轭桥的生色团为多烯共轭桥类生色团,文献中一般称为共轭有机给受体多烯生色团[14]。

碳碳双键结构简单且易于合成,被大量应用于有机二阶非线性光学生色团的设计之中。目前,数种多烯共轭桥类生色团被报道,它们或是具有不同长度的多烯共轭桥,或是含有不同的给受体结构,抑或是共轭桥上连有不同的修饰结构。

为了获得优异的二阶非线性光学性能,研究者们对多烯共轭桥类生色团的结构进行了各种优化,其中卓有成效的方法包括多烯链长度的调整、给受体强度的调整、给受体芳香性的调整以及多烯共轭桥的环锁定化。

1. 多烯链长度的调整

一般说来,延长多烯链长度会增大生色团的二阶非线性光学系数。1996 年,Marder 等设计合成了一系列含不同长度多烯共轭桥和相同给受体的生色团[15],如图 3-6 所示,他们以 N,N-二甲基苯胺为给体,设计了分别以 1、2、3、4 个碳碳双键作为共轭桥的两组生色团互为参照,其中一组以硫代巴比妥酸为受体(生色团 1～4),另一组以 3-二氰甲烯基-2,3-二氢苯并噻吩-1,1-二氧化物为受体(生色团 5～8)。

对于以硫代巴比妥酸为受体的生色团系列,以 2 个碳碳双键为多烯共轭桥的生色团 **2** 的 $\mu\beta$ 值为 1780×10^{-48} esu(测于 $\lambda = 1.91$ μm, CH_2Cl_2),而其他含 1 个、3

个和 4 个碳碳双键生色团的 $\mu\beta$ 值分别是 **2** 的 0.22 倍、2.1 倍和 5.1 倍(测于 $\lambda = 1.91\ \mu m$,$CHCl_3$)。而对于 3-二氰甲烯基-2,3-二氢苯并噻吩-1,1-二氧化物为受体的生色团系列,以 2 个碳碳双键为多烯共轭桥的生色团 **6** 的 $\mu\beta$ 值为 3300×10^{-48} esu(测于 $\lambda = 1.91\ \mu m$,CH_2Cl_2),而分别含 1 个、2 个、3 个和 4 个碳碳双键的生色团 **5~8** 的值分别是上一组生色团 **2** 的 0.59 倍、1.7 倍、4.6 倍和 11 倍(计算于 $\lambda = 1.31\ \mu m$)。两组结果明显地展示了生色团的微观二阶非线性光学效应随着多烯共轭桥长度的增大而增强。

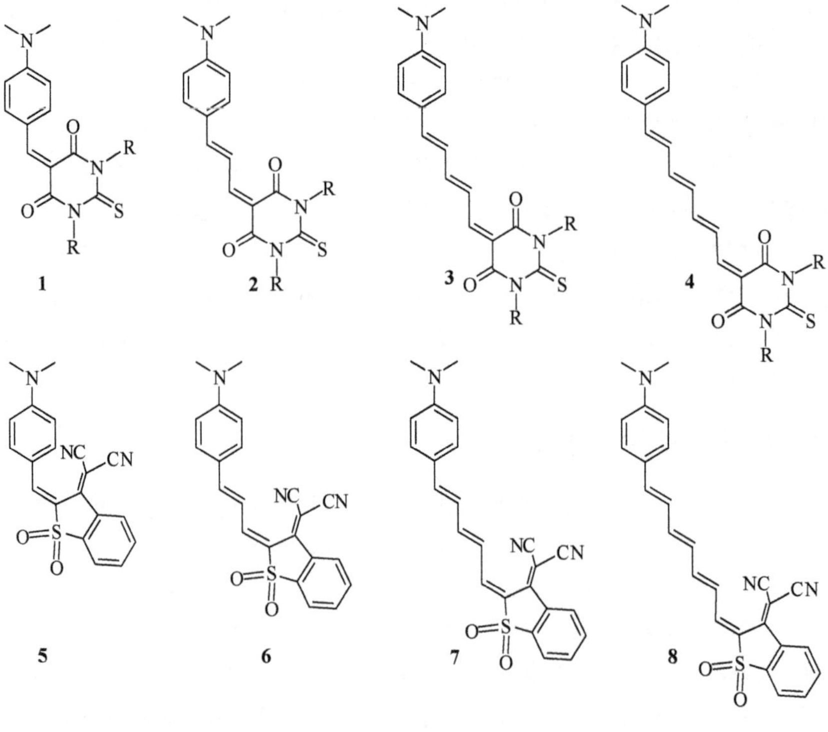

图 3-6 含不同多烯链长度共轭桥的生色团的分子结构

多烯链的延长虽然会显著提升生色团的二阶非线性光学性能,但同时也导致生色团稳定性的急剧下降。研究者就上述生色团的光学稳定性进行了测试。他们将样品制成薄膜后置于自然光下放置一天,然后检测其吸光度并对比光照前后吸光度的变化,结果发现吸光度明显减小。而且,吸光度减小的程度与受体有很大关系:乙烯基取代的硫代巴比妥酸受体生色团吸光度约损失了 20%,苯基取代的硫代巴比妥酸受体生色团的吸光度约损失了 60%,而 3-二氰甲烯基-2,3-二氢苯并噻吩-1,1-二氧化物受体生色团的吸光度损失则较小。这种现象容易理解:多烯共轭桥两端的给受体会造成电荷分离,从而导致稳定性降低[16]。更长的多烯共轭桥意味着更差的稳定性，因此，如何在不降低生色团微观二阶非线性光学性能的情况下提升其稳定性引起了许多研究者的兴趣。

2. 给受体强度的调整

要研究给受体强度对多烯共轭桥类生色团二阶非线性光学系数 β 值的影响，就必须要了解两个概念：基态极化程度和键长交替。基态极化程度就是生色团在基态时的电荷分离程度；多烯有交替的单双键结构，键长交替(BLA)就是多烯共轭桥中碳碳单键与碳碳双键键长差的平均值，即 BLA=(桥键部分所有单键键长之和/被计算的单键数)−(桥键部分所有双键键长之和/被计算的双键数)。根据共振理论可知，生色团的电荷分离态实际上可以看作是分子存在形式的一种极限共振式，因此基态可以看作是两种限制性共振结构——中性态和电荷分离态的线性组合。依赖于生色团分子结构及给受体的强度，这种电荷分离的共振式在所有可能存在形式中所占的比例也有所不同。多烯两端连有弱给受体时，中性共振态在基态波函数中占据主导地位，随着给受体的增强，电荷分离态在基态占据的比例逐渐增大而 BLA 值则逐渐减小。当两种共振形式在基态结构中所占比例相同时，分子的 BLA 值为零，此界限被称为花青限。当电荷分离态在基态波函数中占据主导地位时，分子的 BLA 值的符号将发生颠倒，此时 π 键键级被用来衡量所给的碳碳键的双键特征。相邻的碳碳键的 π 键键级差就是键级交替(BOA)。BOA 与 BLA都是用来描述分子基态结构中两种共振形式的混合程度。因此，在给受体多烯共轭桥生色团中，基态极化程度与 BLA 有关，研究者常用 BLA 值来衡量多烯共轭桥类生色团的基态极化程度。

1993 年，Marder 等提出了键长交替理论：二阶非线性光学系数 β 与分子的基态极化程度有关，而分子的基态极化程度又是由构成分子基态的两种极限共振结构(中性态共振结构和电荷分离态共振结构)的相对贡献大小决定的，每一种极限共振结构对基态分子结构的相对贡献与它们的相对能量有关。因此，β 的最优化可以通过调节中性态和电荷分离态之间的能量平衡来实现，具体而言就是要选择合适的共轭桥和合适的给受体，使两种共振形式的能量差较小，并寻求给受体强度的最佳组合。而判断分子结构是否优化可以用键长交替参数 BLA 来表示。

为了研究生色团的 β 值与基态极化程度和 BLA 的关系，研究者使用 AM1 哈密顿算符(Hamiltonian)对分子 $(CH_3)_2N-(CH=CH)_4-CHO$ 在不同外部静态电场强度下进行了计算，并在半经验 INDO-CI 水平予以验证[17,18]。各种其他方法或理论也被采用[19-22]。这些计算都得到了相同的结果。

在 INDO-CI 研究中，通过施加不同的外部静态电场来校正基态极化[18]。如图 3-7 所示，β 值与 BOA 的平均值有着一一对应的关系。从中性态到花青限，β 值先增大，一直到一个中间结构达到正值的巅峰，然后在花青限衰减到零。从花青限到电荷分离共振结构，β 值持续降低从而变成负值，并使得负值在绝对值上达到一个巅峰，之后，就绝对值而言，β 值开始减小[16,23]。

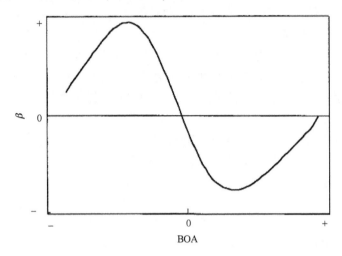

图 3-7　β 值与 BOA 的平均值的对应关系

　　Marder 等曾经研究过如何针对某个特定的多烯共轭桥设计出合适的给受体来使 β 值最优化[24]。

　　生色团的 β 可以表示为

$$\beta \propto \frac{\Delta\mu_{ge} \cdot \mu_{ge}^2}{E_{ge}^2}$$

式中，$\Delta\mu_{ge}$ 为 HOMO 与 LUMO 的偶极矩之差；μ_{ge} 为跃迁偶极矩；E_{ge} 为 HOMO 与 LUMO 之间的能级差。

　　由此公式可以很直观地看出：随着给体与受体的增强，β 存在一个最大值。超过这个最大值，β 将随着给体与受体的增强而减小，直至 $\Delta\mu_{ge}$ 减小至 0，二阶非线性光学效应消失。此时，生色团的电子云分布将以花青态存在。若进一步增强给体与受体，花青态将变成两性离子态，此时，HOMO 与 LUMO 将对调，而 $\Delta\mu_{ge}$ 与 β 将变成负值。这时的生色团就称为两性离子生色团。

　　2006 年 Dalton 实验组设计了一种两性离子生色团分子 **9**，如图 3-8 所示，这样的生色团因为离子的形成导致偶极转向，β 变成负值且转向，综合来看，偶极转向而 β 方向不变。如此一来，两性离子生色团与传统生色团组合而成的新型生色团 **10** 就会因偶极-偶极相互作用而自行反向排列，会造成两个生色团整体上 β 值的叠加效果。同时，偶极方向不同也会造成整体偶极矩减小，这会使得生色团分子之间偶极-偶极相互作用减小[25,26]。

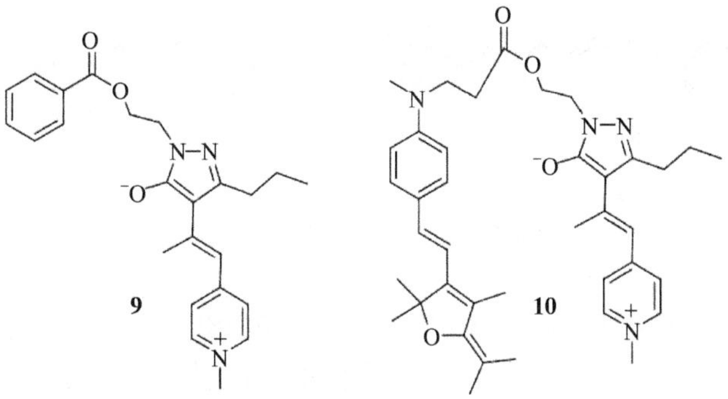

图 3-8　两性离子生色团的分子结构

3. 给受体芳香性的调整

具有不同给受体的芪类或二苯基多烯类化合物的非线性光学性能已经得到广泛而系统的研究[16]。这些化合物具有非常大的 BLA 值，通常高于 0.10 Å。通过理论计算可以估算预测得知这类生色团在 BLA 为 0.04 Å 时 β 值达到最大，这远低于芪类或二苯基多烯类化合物的 BLA 值。因此，很明显这些具有大 BLA 值的芪类或二苯基多烯类分子没有得到有效优化。

与基态(中性态)相比，电荷分离态时生色团的芳香稳定性受到了损失。电荷分离态的共振式中，给受体端的原芳香性的苯环都转变成了非芳香性的醌式结构。从能量平衡的角度来看，此种共振式难以形成，因此，这些具有不同给受体的芪类及二苯多烯共轭桥结构展现出高 BLA 值，对基态的电荷分离共振形式的贡献不足[17,24]。

为了解决这个问题，Marder 等提出"给体-受体多烯烃"的策略，希望在一定程度上弥补芳香性的降低，即电荷分离时，多烯烃一端(如给体端)失去的芳香性可由另一端(如受体端)芳香性的增强予以补偿。根据电荷转移理论，增大基态极化程度可以减小键长变化幅度，从而达到增大二阶非线性光学系数的目的。因此，在 β 取得最大值时，电荷分离态的贡献将会满足 BLA 值的要求。

为了证明这一假设，研究者引入了两种特殊的生色团受体：3-苯基-2-异噁唑-5-酮和 N,N-二乙基硫代巴比妥酸，合成了生色团 **11** 和 **12**(图 3-9)[27]。含有这两种受体的生色团在基态时给体端附近具有很好的芳香性，在电荷分离态时受体端附近形成芳香结构，实现生色团在电荷分离态失去一部分芳香性的同时形成了一定的芳香结构，可以较好地调节中性态和电荷分离态之间的能量平衡，从而显著提高生色团的 $\mu\beta$ 值。

因为超长的多烯结构与合理的给受体结构设计，这些生色团具有非常大的 $\mu\beta$ 值。测试结果表明，以 3-苯基-2-异噁唑-5-酮或 N,N-二乙基硫代巴比妥酸为受体

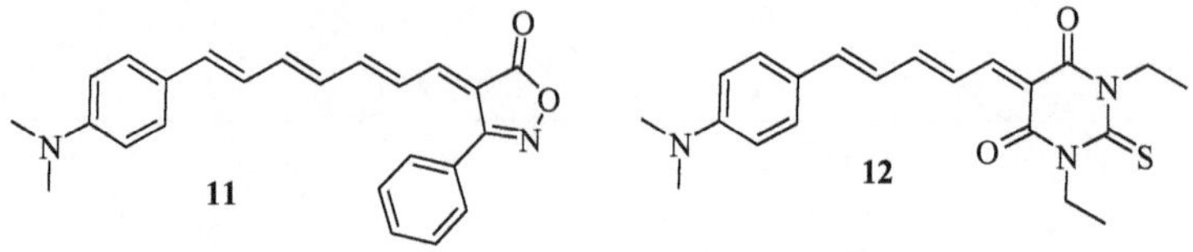

图 3-9　生色团 **11** 和 **12** 的结构

的生色团的 $\mu\beta$ 值都超过 10000×10^{-48} esu（使用 EFISH 法测于 1.9 μm）。相比较而言，具有相同多烯结构的丙二腈受体生色团的 $\mu\beta$ 值则不到 5000×10^{-48} esu（使用 EFISH 法测于 1.9 μm）。

　4. 多烯共轭桥的环锁定化

　　在键长交替理论的指导下，许多优秀的生色团被成功合成出来，极大地推动了此领域的发展。前面提到为追求合适的键长交替，科学家们经常在共轭桥中引入多烯长链，这虽然提高了生色团的二阶非线性光学系数，但也会导致生色团热稳定性急剧下降。因此，研究者们设计了一种利用脂肪环对生色团的多烯链结构进行锁定的方法，来合成同时具有良好稳定性和高二阶非线性光学性能的生色团。

　　Dalton 等设计了一种环锁四烯结构共轭桥替代四烯共轭桥，制备了新型生色团 CLD-1（图 3-10），在不降低热稳定性的同时大幅度地提高了生色团的 $\mu\beta$ 值，由 6252×10^{-48} esu 增长了 1.25 倍达到 14065×10^{-48} esu（1.9 μm）。CLD-1 生色团的热分解温度为 275 ℃，已满足器件加工的初步要求[7]。

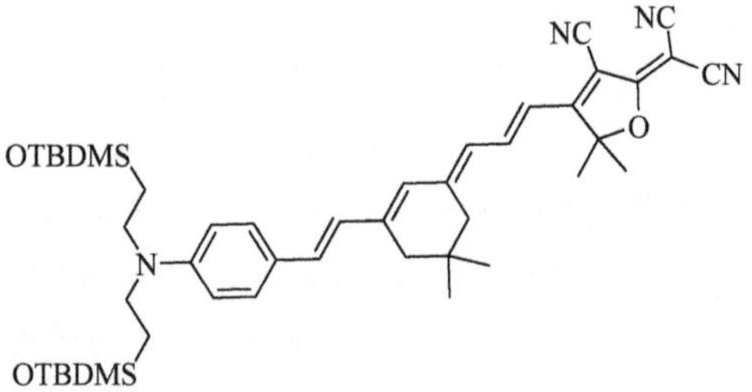

图 3-10　CLD-1 的分子结构

　　为了继续对生色团进行非线性光学性能或稳定性方面的改善，研究者对环锁结构进行了进一步的优化。因为多烯结构很容易发生顺反异构化，而 CLD 型生色团中是对第二个碳碳双键进行的环锁定，此处位于多烯共轭桥中间，位阻的影响促使这些多烯趋向于反式排列。2001 年 Dalton 等研究了 CLD 型生色团不同顺反异构情况对其性能的影响，发现将 CLD 型生色团限定在反式结构能提高其热稳定性。如图 3-11 所示，他们合成了两种 CLD 型生色团 **13** 和 **14**。测试结果表明，**14**

的热分解温度(T_d)为 254 ℃，比 **13** 高出 9 ℃。对比分子结构，造成生色团 **14** 热稳定性提升的主要原因是环锁部分连接了一个额外的己基，它可以消除室温下双键顺式结构存在的可能性，保证室温下生色团 100%的反式构型。而且，己基还可以限制生色团高温下的顺反异构化转变[28]。

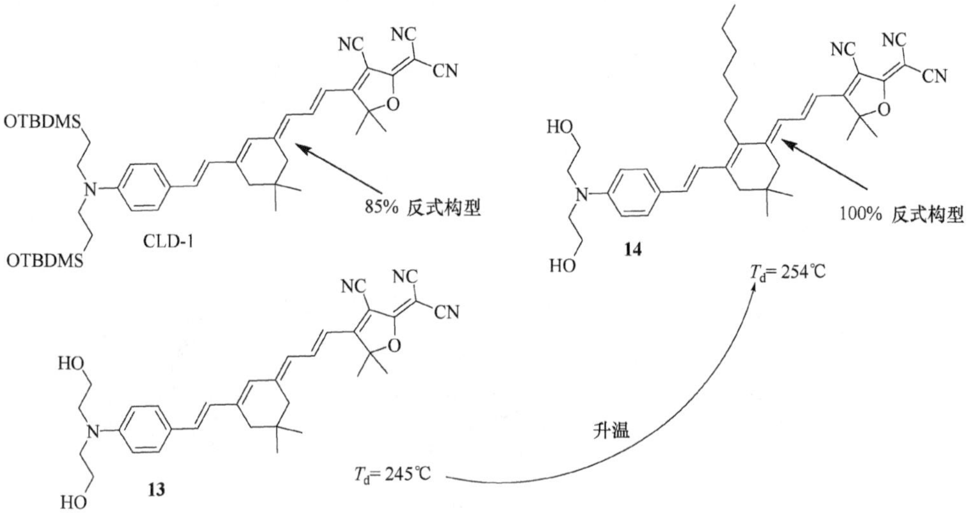

图 3-11　引入己基的优化分子结构

与此类似，2008 年，Jen 等合成了生色团 **15** 和 **16**，结构与 CLD 型生色团相似，采用的是改进型 TCF 受体[29]。如图 3-12 所示，将 TCF 上的两个甲基更换为三氟甲基和苯基，可增强 TCF 受体的拉电子能力。生色团 **15** 的 β 值为 7600×10^{-30} esu，当在环锁烯烃上引入丁硫基后，得到的生色团 **16** 的 β 值可大幅度提升到 10200×10^{-30} esu，其原因是多方面的。据作者分析，丁硫基的引入，一方面促使生色团呈全反构型，另一方面还可减少偶极耦合的发生。另外一个可能是，此处丁硫基可能作为一个弱的辅助 π 电子受体，与给体共轭时，因处于共轭桥中间，有可能会产生一个额外的二维的非对角 β 张量。

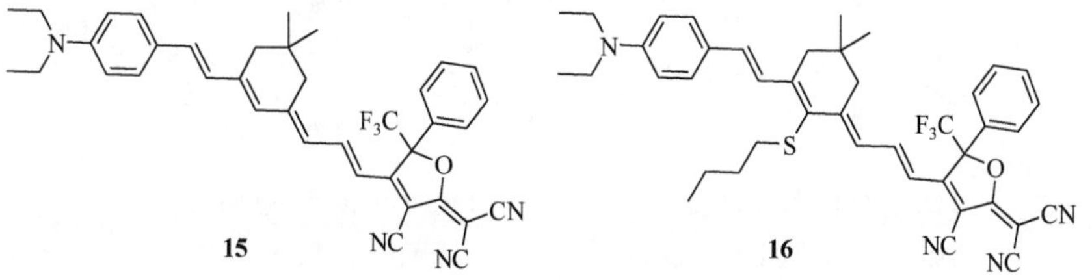

图 3-12　引入丁硫基的优化分子结构

给体推电子能力的增强也能增大 CLD 型生色团的二阶非线性光学系数。2007 年，Jen 等设计合成了一系列以三苯胺为给体的 CLD 型生色团[30]。如图 3-13 所示，**17a**，**17b** 和 **17c** 有着相似的共轭结构，它们的电子给体三苯胺上连接有不同数量的甲氧基，由 **17a** 到 **17c**，给体依次增强，其二阶非线性光学系数也是同步增长，分别为 3395×10^{-30} esu、4794×10^{-30} esu 和 7077×10^{-30} esu。

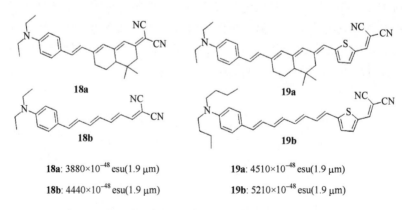

图 3-13　给体依次增强的 CLD 型生色团分子结构

环锁四烯结构对非线性光学生色团的改善显而易见，那么如果给四烯结构上多添加几个环锁结构会有怎样的影响呢？1999 年，Shu 等设计了具有两个刚性锁环的四烯共轭桥生色团 **18a** 和 **19a**，如图 3-14 所示，其 $\mu\beta$ 值分别为 3880×10^{-48} esu（1.9 μm）和 4510×10^{-48} esu（1.9 μm），而对应非刚性共轭桥结构的生色团 **18b** 和 **19b** 的 $\mu\beta$

18a: 3880×10^{-48} esu(1.9 μm)　　　　19a: 4510×10^{-48} esu(1.9 μm)

18b: 4440×10^{-48} esu(1.9 μm)　　　　19b: 5210×10^{-48} esu(1.9 μm)

图 3-14　双环锁结构的多烯共轭桥类生色团的分子结构

值分别为 4440×10^{-48} esu（1.9 μm）和 5210×10^{-48} esu（1.9 μm）。因此，过度锁定四烯结构也会造成二阶非线性光学系数的减小。这一现象可以用键长交替模型予以解释：**18a** 多烯中性态电子结构的 BLA 为 0.082 Å，而 **18b** 的 BLA 为 0.069 Å；**18b** 的电荷分离要强于 **18a**，太强的刚性结构限制了电荷分离，导致二阶非线性光学系数减小[31]。

3.2.2 杂原子共轭桥类生色团

非碳原子可以取代碳原子形成双键组成共轭桥，进而构筑杂原子共轭桥类生色团，其中最常见的是偶氮共轭桥类生色团。

偶氮共轭桥类生色团中，氮氮双键具有与碳碳双键类似的电子结构，不同之处在于氮原子的杂化轨道上还存在一对孤对电子，其中最为有名的是偶氮苯类生色团，被广泛而系统地应用于有机二阶非线性光学聚合物拓扑学结构设计方面的研究。如图 3-15 所示，偶氮苯类生色团 **20a**～**20f** 与 DNAS 有相似的结构，以苯胺基团为给体，偶氮双键（苯环）为共轭桥，硝基或砜基等拉电子基团为受体，通常具有良好的热稳定性和较强的微观二阶非线性光学效应。例如，当硝基偶氮苯生色团的给体为 *N,N*-二甲基苯胺时，其偶极矩为 7.66 deb，最大吸收波长（λ_{max}）位于 480 nm，$\mu\beta_{1300}$ 为 751×10^{-48} esu，热分解温度（T_d）达到 307 ℃。相比较而言，DANS 生色团的偶极矩为 6.69 deb，最大吸收波长位于 438 nm，$\mu\beta_{1300}$ 为 662×10^{-48} esu，热分解温度为 290 ℃。更有意思的是，将硝基偶氮苯生色团给体端的甲基替换为乙基时，其偶极矩为 8.04 deb，最大吸收波长位于 494 nm，$\mu\beta_{1300}$ 为 996×10^{-48} esu，热分解温度达到 322 ℃，表明烷基链的延长增强了给体的推电子能力；而如果以苯基代替甲基，生色团的偶极矩为 5.87 deb，最大吸收波长位于 486 nm，$\mu\beta_{1300}$ 为 788×10^{-48} esu，且热稳定性得到显著提升，热分解温度可高达 393 ℃。

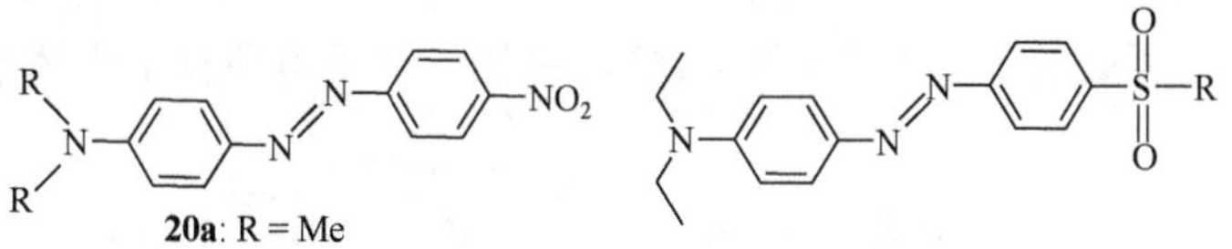

20a: R = Me
20b: R = Et
20c: R = Ph

20d

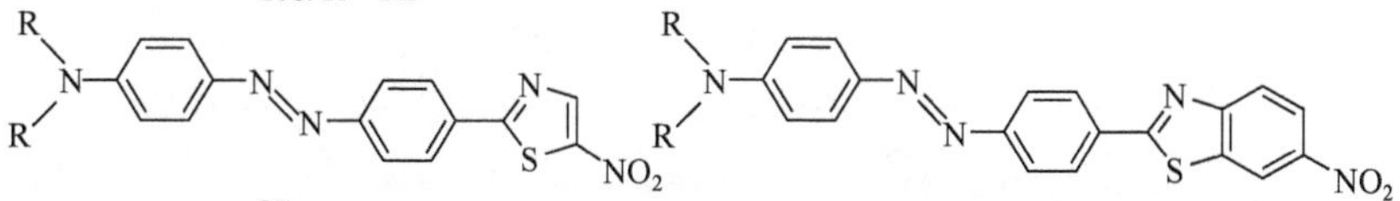

20e　　**20f**

图 3-15　偶氮苯类生色团的分子结构

其他类型的偶氮苯类生色团也有报道。如图 3-15 所示，以硝基噻唑和硝基苯并噻唑为受体的偶氮类生色团也体现出自身特色，生色团 **20e** 的非线性光学性能得到明显改善（$\mu\beta_{1300} = 1320 \times 10^{-48}$ esu），热分解温度也超过 295 ℃，但是其光学透明性有明显降低（$\lambda_{max} = 582$ nm）；生色团 **20f** 也具有良好的非线性光学性能（$\mu\beta_{1300} = 1520 \times 10^{-48}$ esu），且光学透明性相比于 **20e** 有较大改善（$\lambda_{max} = 548$ nm），但热稳定性欠佳，其热分解温度为 259 ℃。这些实验结果也表现出有机二阶非线性光学研究领域中常见的"非线性-透光性"和"非线性-稳定性"等矛盾[6]。

3.2.3 杂环共轭桥类生色团

苯环作为常见的芳香环共轭结构，其因良好的热稳定性而被广泛应用于二阶非线性光学生色团的分子设计中。但是，苯环强的芳香性造成电子云难以被极化，导致相应生色团 β 值在增幅上出现瓶颈。理论分析可知，采用共振能较低的杂环作为共轭桥，有可能使生色团兼具良好的稳定性和较大的 β 值。因此，科学家们将一些具有较低共振能的五元杂环引入生色团的设计中[30,32-41]。

因为杂环种类繁多，难以一一叙述，本章中主要就三种最常见的杂环(噻吩、呋喃和吡咯)进行详细介绍。这三种常见杂环都是五元环，且环中只有一个杂原子。苯的共振能为 36 kcal/mol，噻吩的共振能为 29 kcal/mol，吡咯的共振能为 21 kcal/mol，呋喃的共振能为 16 kcal/mol，可以看出，苯与这些杂环的芳香性是依次递减的。

1996 年，Varanasi 和 Chandrasekhar 等[42]就杂环共轭桥引入二阶非线性光学生色团的影响做了详细的研究。以二苯乙烯衍生物为参照，他们将两端的苯环依次用各种杂环替代，计算了各个生色团的 β 值，结果表明，不管用什么杂环取代给体端或是受体端的苯环，都可以增大生色团的 β 值，只是增大的量级有所不同，并且，β 值并不是简单地随着芳香性的降低而增大，非线性光学性能不仅与杂环自身性质相关，也与杂环所处的位置有关(图 3-16)。例如，当噻吩环置于受体端时，生色

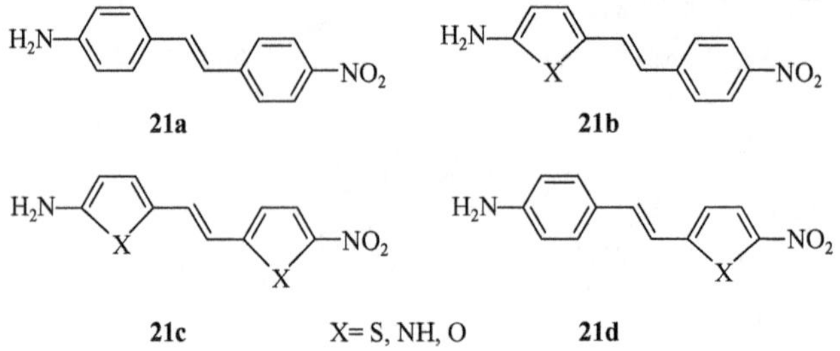

图 3-16 杂环共轭桥类生色团的分子结构

团的 β 值比在给体端时要高很多；吡咯环处于给体端能有效地增大 β 值，但放在受体端时会造成 β 值降低；而呋喃环位于给受体端的 β 值相差不大。因此，给体端连有吡咯，受体端连有噻吩的生色团能获得最大的 β 值[42]。

1. 噻吩环

相比于呋喃和吡咯，噻吩环是一种共振能较高的杂环，芳香性较强，化学稳定性较好，易于化学修饰，其对应的生色团因综合性能优异而得到了最广泛的应用[4]。

如图 3-17 所示，Seth R. Marder 等设计合成了一系列含噻吩的生色团 **22a**～**22g**，测试结果表明，噻吩环的引入对提高生色团的 $\mu\beta$ 值至关重要（表 3-1）。例如 **22d**，它的 $\mu\beta$ 值达到了惊人的 10200×10^{-48} esu（1.907 μm）。而且，这些生色团大多具有良好的热稳定性，热分解温度都在 200 ℃ 以上，其中，**22b** 和 **22e** 的热分解温度更是超过了 300 ℃。

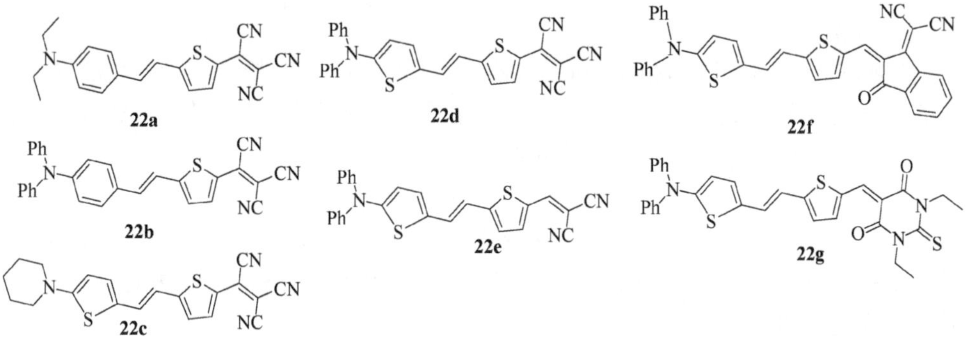

图 3-17　噻吩环共轭桥类生色团的分子结构

表 3-1　噻吩环共轭桥类生色团的常见性质

参数	22a	22b	22c	22d	22e	22f	22g
λ_{max}/nm	640	601	718	665	540	641	385
$\mu\beta$/($\times10^{-48}$ esu)	6200	3250	6900	10200	1280	4130	1800
T_d/℃	240	315	200	265	325	270	235

FTC 是一类含噻吩单元的著名生色团，如图 3-18 所示，其 $\mu\beta$ 值高达 18000×10^{-48} esu（1.907 μm），是硝基偶氮苯生色团的 31 倍。而且，FTC 还具有良好的热稳定性，其热分解温度高达 240 ℃ [43,44]。因此，FTC 生色团备受科学家们的青睐，其给体、共轭桥和受体等各部分被进一步化学修饰，获得了系列 FTC 生色团衍生物。图 3-18 列举了三个 TCF 受体基团被修饰的 FTC 类生色团 **23a**、**23b** 和 **23c**[9,44]，它们都具有较大的 $\mu\beta$ 值，且热分解温度均超过 250 ℃。

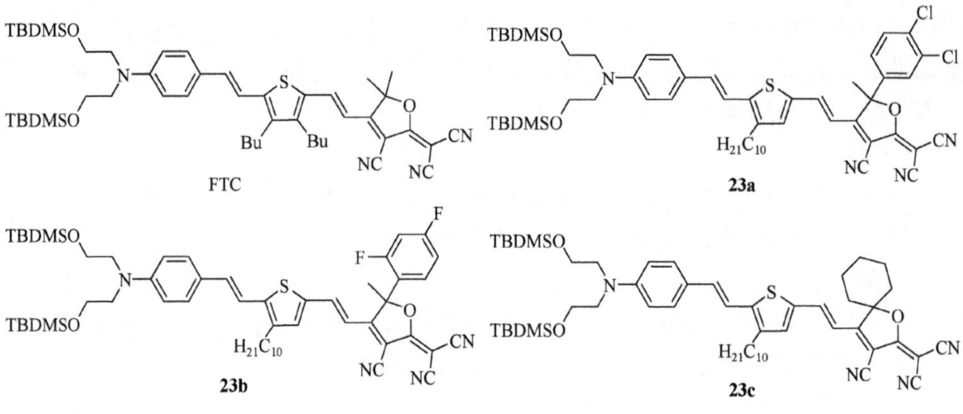

图 3-18　生色团 FTC 和 **23a**～**23c** 的分子结构

2. 吡咯环

吡咯环与噻吩和呋喃相比，有两大不同点：吡咯环上 N 原子有一个反应位点，能够进行更复杂、更灵活的结构设计；吡咯是芳香杂环中富电子性最强的化合物之一，可以在共轭体系中起到特殊的作用。

李振课题组合成了一类以吡咯为共轭桥的二阶非线性光学生色团[45]，如图 3-19 所示，其二阶非线性光学系数与以呋喃或噻吩为共轭桥的类似生色团相比，提高了近 3.3 倍，同时，部分生色团的最大吸收波长还蓝移了 36 nm，很好地协调了非线性和透光性的矛盾。

为深入探讨生色团结构与性能的关系，李振课题组还设计合成了以吡咯为给体的生色团，如图 3-19 所示。通过研究这三类五元杂环的偶极矩，结合对照生色

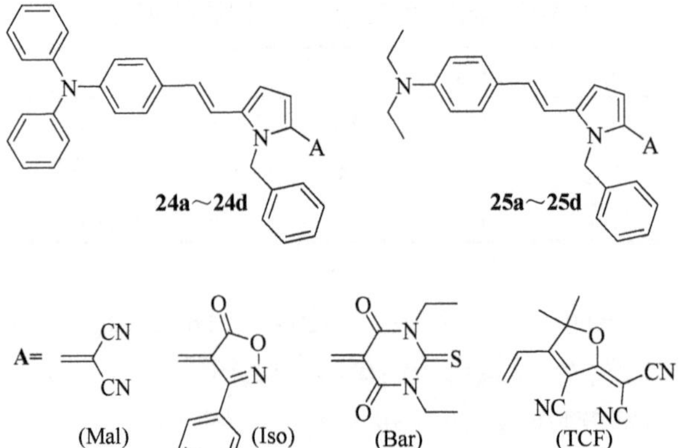

图 3-19　基于吡咯的生色团 **24a**～**24d** 和 **25a**～**25d** 的分子结构
Mal：丙二腈；Iso：异噁唑酮；Bar：硫代巴比妥酸

团和目标生色团的电子特性和光谱性能，李振课题组首次提出了"辅助给体"的概念：在生色团 **24a**～**24c** 和 **25a**～**25c** 中，真正的给体是吡咯基团，分子内的电荷转移基本发生在吡咯和受体之间，而三苯胺和苯胺只是作为辅助给体以增强吡咯环上的电子云密度，从而提高分子内电荷转移程度。而对于生色团 **24d** 和 **25d**，它们的受体都是 TCF，这种强受体基团使得吡咯上的电子云密度大大下降，此时，三苯胺或苯胺与吡咯之间就会产生较大程度的电荷转移，此时，吡咯在生色团 **24d** 和 **25d** 中已经不仅仅是电子给体，而且还是共轭桥，连接了真正的给体三苯胺或者是苯胺基团。并且，还因为吡咯基团特殊的富电子性和芳香性，生色团 **24d** 和 **25d** 拥有比其他同类生色团红移的 λ_{max}，同时也获得了生色团高的 β 值。

吡咯的强富电子性可以保证在作为生色团共轭桥时对生色团结构和性能具有很好的改进优化作用，那么，将其引入生色团的受体部分时，会取得怎样的效果呢？ 2006 年，Larry R. Dalton 等设计了基于吡咯的受体 TCP，并以此合成了一系列的生色团 **26a**～**26g** 和 **27a**～**27d**，如图 3-20 所示[46]。测试发现，基于吡咯类衍生物受体生色团的二阶非线性光学性能都有明显改善。如图 3-21 所示，生色团 **28a** 以吡咯类衍生物为受体，其 β 值达到了 $(1209\pm179)\times10^{-30}$ esu$(1.9\ \mu m)$，是以

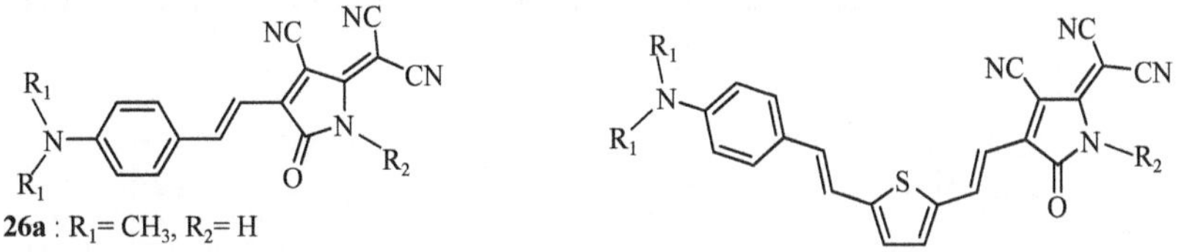

26a : R$_1$=CH$_3$, R$_2$= H
26b : R$_1$=CH$_2$CH$_3$, R$_2$= H
26c : R$_1$=(CH$_2$)$_3$CH$_3$, R$_2$= H
26d : R$_1$=(CH$_2$)$_3$CH$_3$, R$_2$= CH$_2$CH$_3$
26e : R$_1$=(CH$_2$)$_3$CH$_3$, R$_2$= CH$_2$CHCH$_2$
26f : R$_1$=(CH$_2$)OCOCH$_3$, R$_2$= H
26g : R$_1$=(CH$_2$)OSi(CH$_3$)$_2$C(CH$_3$)$_3$, R$_2$= H

27a : R$_1$=CH$_3$, R$_2$= H
27b : R$_1$=(CH$_2$)$_3$CH$_3$, R$_2$= H
27c : R$_1$=(CH$_2$)$_3$CH$_3$, R$_2$= FD
27d : R$_1$=(CH$_2$)$_2$OSi(CH$_3$)$_2$C(CH$_3$)$_3$, R$_2$= H

图 3-20 生色团 **26a**～**26g** 和 **27a**～**27d** 的分子结构

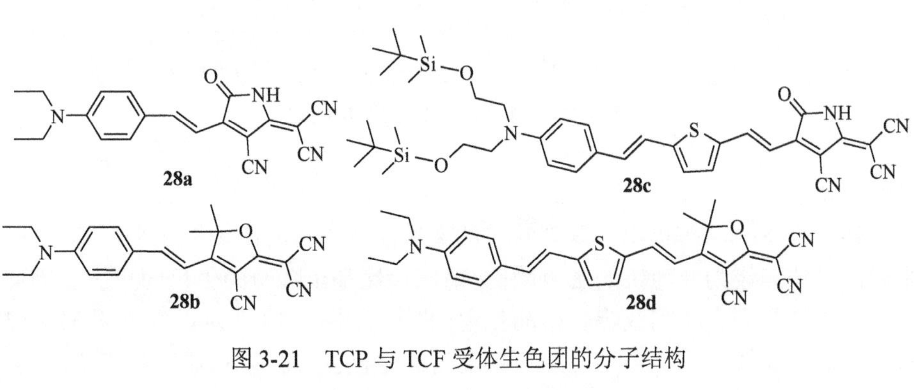

图 3-21 TCP 与 TCF 受体生色团的分子结构

TCF 为受体生色团的 3 倍。而其中最优秀的生色团 **28c**，β 值更是高达 $(8700\pm702)\times10^{-30}$ esu$(1.9\,\mu m)$，是与其结构相似的 FTC 生色团的 6 倍。因此，吡咯类衍生物 TCP 受体为生色团二阶非线性光学效应的增强提供了新的选择。有点遗憾的是，其光学透明性有所降低：氯仿溶液中，生色团 **28a** 的紫外-可见吸收峰 $(\lambda_{max}=732\,nm)$ 相对于相似生色团 **28b** 红移了 148 nm。这个结果再次体现了有机非线性光学材料研究中常见的"非线性-透光性"矛盾。

上述实验结果说明，吡咯类衍生物处于共轭桥部分和受体部分时，均能很好地提升生色团的性能，那么，如果将其引入生色团的给体部分时，是否也会有相同的效果呢？基于此点，李振等合成了以苯并吡咯——吲哚为给体，含不同强度受体的生色团 **29a~29d** 和 **30a~30d**[46]，如图 3-22 所示。材料性能测试表明，生色团 **29a~29c** 与对应的 **31a~31c** 相比，其二阶非线性光学效应大致相当，但是紫外-可见吸收光谱最大吸收波长(λ_{max})蓝移了近 30 nm。可见对于不同强度的受体，吲哚都能显著提高生色团的光学透明性，为解决"非线性-透光性"矛盾提供了一种新的思路。

基于此类分子的设计和性能测试结果，可以得到这样一个结论：吡咯类衍生物无论是位于给体端、共轭桥部分或是受体端，均能很好地提升生色团的性能，可以作为优秀生色团分子设计的重要构筑单元。

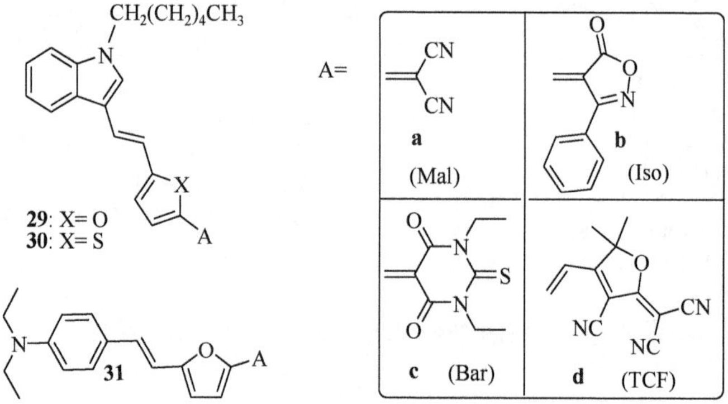

图 3-22   以吲哚为给体的生色团 **29a~29d** 和 **30a~30d** 与以苯胺为给体的类似生色团 **31a~31c** 的结构图

3. 呋喃环

1998 年，Song 等提出，既然呋喃的离域能比噻吩的离域能还小，那么理论上来说，以呋喃作为共轭桥的生色团的β值应该比基于噻吩的生色团更大。因此，他们合成了一系列含呋喃或噻吩桥的生色团[47]，如图 3-23 所示，生色团 **32** 和 **33** 具有相同的给受体结构、不同的杂环共轭桥。生色团 **33** 以呋喃为共轭桥，其 β

值为 76.6×10^{-30} esu，明显大于生色团 **32** 的 β 值（61.9×10^{-30} esu），表明生色团的 β 值的确会随着芳香性的降低而增强（表 3-2）。此外，比较两者的紫外-可见吸收光谱可以发现，含呋喃共轭桥生色团的 λ_{max} 蓝移了 2 nm，这说明以呋喃取代噻吩基团可以在不降低光学透明性的同时提升二阶非线性光学性能，有效缓解了"非线性-透光性"矛盾。

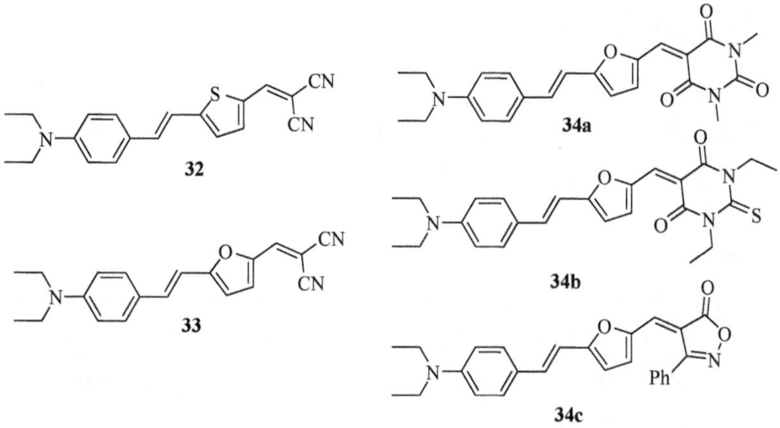

图 3-23　不同芳香性与受体强度的生色团的分子结构

表 3-2　生色团的基本性质

参数	32	33	34a	34b	34c
λ_{max}/nm（DMSO）	554	552	568	630	604
β/（×10^{-30} esu）（1560 nm）	61.9	76.6	86.8	254	300
β_0/（×10^{-30} esu）	26.8	34.0	34.7	75.0	101

　　引入呋喃环能够明显提高生色团的 β 值，那么呋喃环引入位置的不同会对生色团的非线性光学效应产生怎样的影响？C. Samyn 等用呋喃环替代 DANS 中的苯环，发现呋喃在受体端比在给体端更能提升生色团的非线性光学性能[46]。如图 3-24 所示，生色团 **35b** 中的受体端苯环被呋喃环所替代，$\mu\beta$ 值为 2294×10^{-48} esu（1.064 μm），是以呋喃为给体生色团 **35a** 的近 3 倍（表 3-3）。

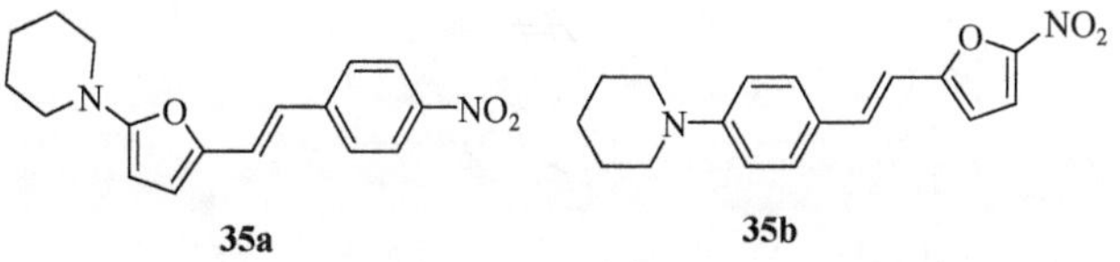

图 3-24　呋喃环处于不同位置的生色团的分子结构

表 3-3　生色团 35a 和 35b 的基本性质

生色团	λ_{max}/nm	$\mu\beta$/ ($\times10^{-48}$ esu)	$\mu\beta_0$/ ($\times10^{-48}$ esu)
35a	471	840	146
35b	468	2294	416

3.2.4　特殊共轭桥类生色团

传统的共轭桥都具有 π 共轭体系，为了缓解"非线性-透光性"矛盾，研究者设计了各种以具有不同共轭程度的非 π 共轭体系为共轭桥的生色团，称之为特殊共轭桥类生色团。本章中主要介绍 σ-π 共轭、芳香环的跨空间相互作用和金属原子共轭桥[48]。

1. σ-π 共轭

Zyss 等在 π 共轭体系中间插入一个至数个硅原子，构成了 σ-π 共轭桥生色团 **36a**[49]，如图 3-25 所示。Zhao 等在两个苯环之间插入 O 或 S 原子，合成了一系列二苯醚及二苯基硫化合物，如生色团 **36b**[50]，通过控制分子内基团间的共轭程度来提高生色团的光学透明性。

2. 芳香环的跨空间相互作用

2000 年，有研究者提出了高共轭生色团兼顾芳香性和稳定性的折中方案[51]，采用与主流路线并行的一种非常规分子内电荷转移（intramolecular charge transfer，ICT）效应，如给受体基团之间的"跨空间"相互作用，但受到的关注较少[52,53]。Zyss 报道了在 D-π-A 型结构的化合物中引入二聚对二甲苯的全新构型生色团 **36c**，如图 3-25 所示，这种中间连接部位含有一个环芳烷的 π-π 堆积结构，可以衍生出值得关注的尾对尾电荷转移贡献。

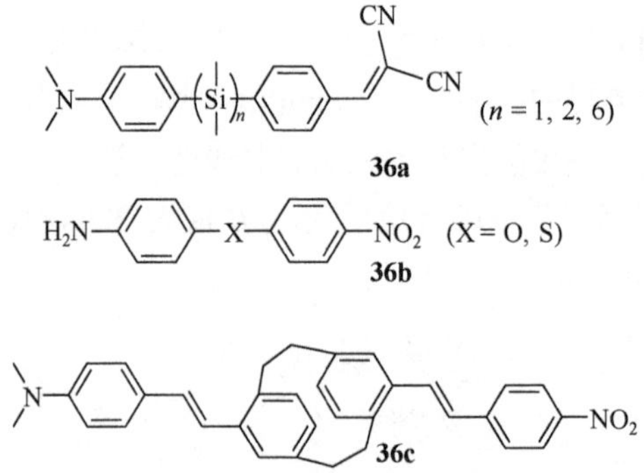

图 3-25　特殊共轭桥类生色团的分子结构

3. 金属原子共轭桥

金属原子汞也被作为共轭桥引入生色团的设计中，如图 3-26 所示，生色团 **37**[54]体现出独特的性能，β 值与类似物相当，但其光学透明性有较大程度的提升，最大吸收波长 λ_{max} 蓝移了 70 nm。

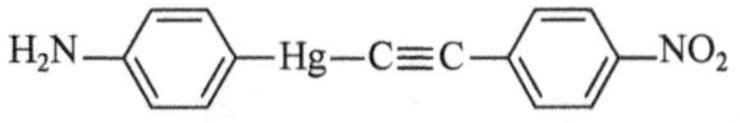

$$H_2N-\!\!\!\underset{}{\bigcirc}\!\!\!-Hg-C\equiv C-\!\!\!\underset{}{\bigcirc}\!\!\!-NO_2$$

图 3-26　有机汞化合物 37 的分子结构

3.2.5　具有扭曲 π 体系的生色团

这类生色团的共轭桥中存在着直接以碳碳单键相连的苯环结构，随着苯环围绕碳碳单键转动，这类生色团的 π 体系逐渐扭曲，表现出扭曲的分子内电荷转移（twisted intramolecular charge transfer，TICT）和优异的二阶非线性光学性能[55-60]。

2007 年，Marks 等设计合成了一系列具有扭曲 π 体系的生色团 **38a**～**38c**[60]，如图 3-27 所示。它们具有良好的热稳定性和化学稳定性，其热分解温度高达 330 ℃，整个分子具有非常扭曲的构型，其扭转角高达 80°～89°。生色团 **38c** 为高电荷分离的两性离子态，EFISH 法测得的 $\mu\beta$ 值达-488000×10^{-48} esu（1907 nm）；**38b** 和 **38c** 掺杂体系体现出极强的电光效应，电光系数（γ_{33}）值高达 330 pm/V（1310 nm）。

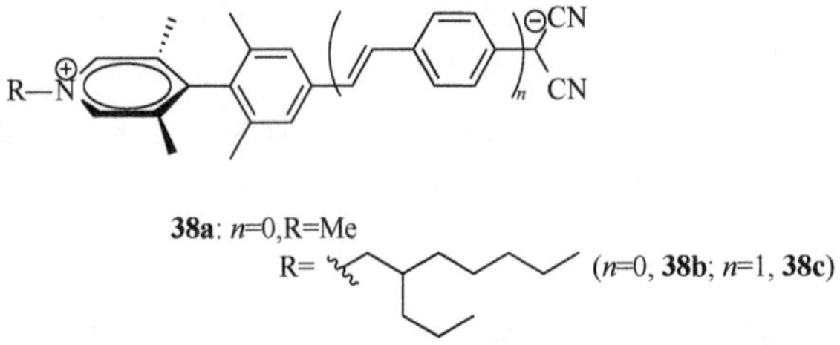

38a: *n*=0,R=Me

R= 〜〜〜〜 （*n*=0, **38b**; *n*=1, **38c**）

图 3-27　具有 TICT 效应的生色团的分子结构

生色团 **38a**～**38c** 的 $\mu\beta$ 测试值都为负值，表明它们在基态时以电荷分离态为主，也就是所谓的处于两性离子态，如图 3-28 所示。与前面提到的两性离子态生色团不同，这种生色团中并没有强的电子给受体单元，所以可能不完全是分子内强推拉电子效应的结果。为了探究其根本的原因与内在机制，2008 年，Marks 等对这类生色团进行了 SA-CASSCF（state-average complete active space self-consistent field，态平均全活性空间自洽场）理论计算[61]。结果表明，在气相中，生色团分子基态电子排布呈类双自由基（diradicaloid，D）态，而第一激发态为两性离子（zwitterionic，Z）态。当模拟极性溶剂化作用对生色团分子施加外部偶极场时，两种状态的相对能量高低将发生变化。随着外加偶极场的增强，D 态和 Z 态之间的能级差逐渐减小；当偶极场够强时（超过 0.002 a.u.），两者会发生颠倒，此时两性离子态会变成基态，而类双自由基态则变成第一激发态。通过预测得到，施加偶极场足够强时，生色团的二阶非线性光学系数将比气态时高出两个数量级，所以上述生色团能达到很高的 $\mu\beta$ 值。

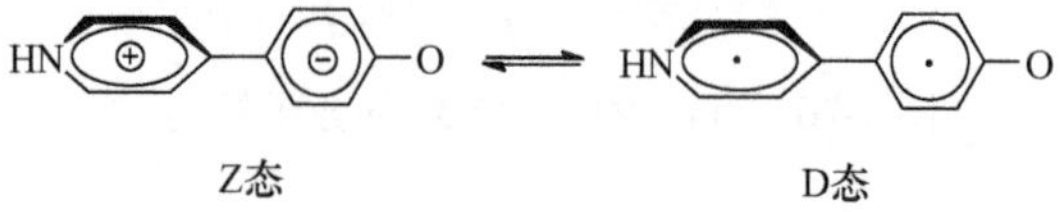

$$HN^{\oplus}\!\!-\!\!\bigcirc\!\!-\!\!\bigcirc^{\ominus}\!\!-\!\!O \rightleftharpoons HN^{\cdot}\!\!-\!\!\bigcirc\!\!-\!\!\bigcirc^{\cdot}\!\!-\!\!O$$

Z态   D态

图 3-28　电荷分离态与类双自由基态

3.2.6　金属配合物生色团

早在 1992 年，就有研究者将有机金属化合物引入二阶非线性光学分子的研究中[62]。研究起始阶段，这些金属配合物生色团以金属茂配合物为给体，多烯为共轭桥，醛基等较弱的拉电子基团为受体，相应生色团的 $\mu\beta$ 值较低。研究者猜测这是因为金属与配体之间的电子耦合作用较弱。进一步延长共轭桥或引入强受体时，生色团的 $\mu\beta$ 值迅速增加[63,64]。

1996 年，Blanchard-Desce 等系统地研究了以金属配合物为给体的生色团的二阶非线性光学性能[65]。他们分别以二茂铁和二茂钌为给体，不同拉电子效应的基团为受体，通过多烯共轭桥长度的调节合成了一系列生色团，如图 3-29 所示。这些金属配合物生色团中存在着两种电荷转移：金属原子到配体之间的电荷转移和 $\pi \rightarrow \pi^*$ 电荷转移，相应地，其紫外-可见吸收光谱中有两类吸收谱带，且都对二阶

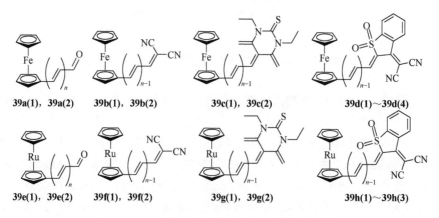

图 3-29　金属配合物为给体的生色团的分子结构

分子代号中括号中的数字即为结构式中的 n

非线性光学效应有贡献。测试结果显示:多烯结构越长,$\mu\beta$ 值越大;受体越强,$\mu\beta$ 值也越大。共轭桥与受体相同时,二茂铁生色团的非线性光学性能优于二茂钌类生色团。例如,**39d(3)** 的 $\mu\beta$ 值(3000×10^{-48} esu)比 **39h(3)**(105×10^{-48} esu)高得多。而就光学透明性而言,二茂钌类生色团要优于二茂铁类生色团:**39h(3)** 的 λ_{max}(517 nm)比 **39d(3)**(623 nm)蓝移了超过 100 nm。

为了进一步提升金属配合物生色团的二阶非线性光学性能[66-69],探讨二茂铁作为电子给体在生色团中的作用,2005 年,Robinson 等[70]合成了与 FTC 生色团有相似结构的金属配合物生色团 **40a** 和 **40b**,如图 3-30 所示,通过超瑞利散射(HRS)测得的 $\beta/\beta_{氯仿}$ 值分别为 2633 ± 340 和 3333 ± 202(测于 1000 nm)。紫外-可见吸收光谱显示生色团 **40a** 的 λ_{max} 为 522 nm 和 664 nm,生色团 **40b** 的 λ_{max} 为 562 nm 和 738 nm,两者的光学透明性都比较差,而且二阶非线性光学性能越好,光学透明性就越差。研究者还将生色团 **40b** 与高分子主体掺杂,测试其宏观二阶非线性光学效应[66-70]。当激光波长在 1300 nm 时,其 γ_{33} 值可达 25 pm/V,与之前的类似掺杂体系相比,提高了近 30 倍。

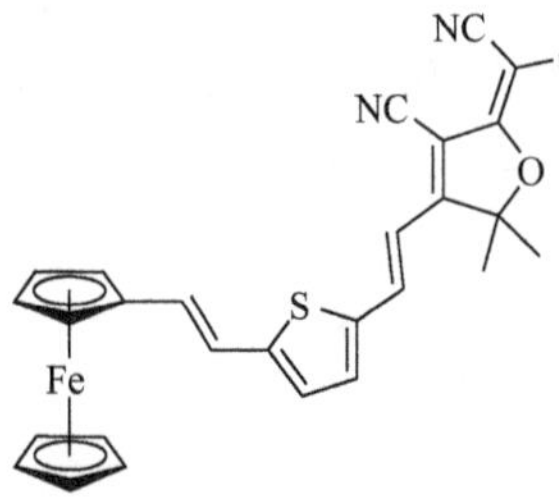

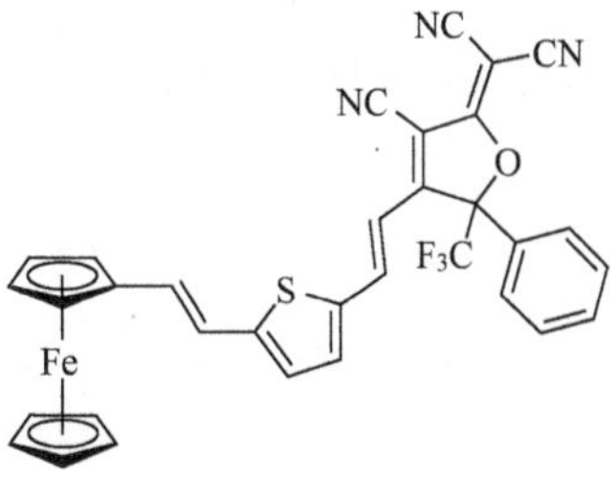

图 3-30 生色团 **40a** 和 **40b** 的分子结构

金属配合物除了可作为电子给体外,还能用作共轭桥。Wang 等和 Therien 等分别设计合成了一系列具有较高 β 值的电子不对称卟啉分子 **41a** 和 **41b**[71,72]。如图 3-31

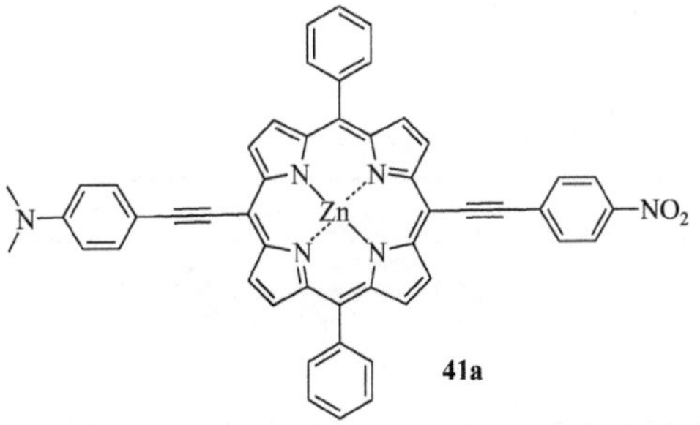

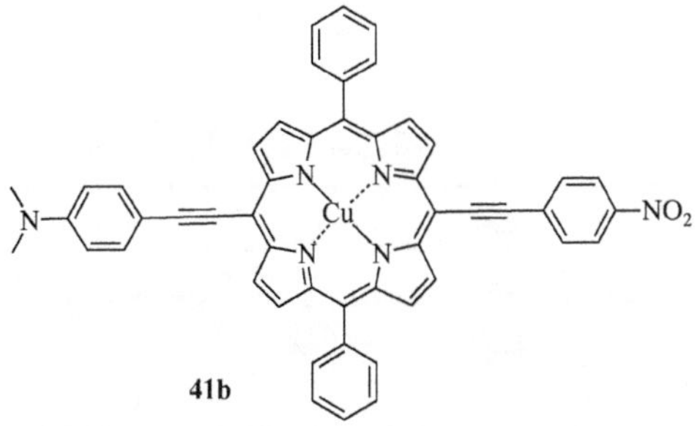

图 3-31 卟啉类生色团的分子结构

所示，利用乙炔基连接卟啉金属配合物和两种芳香结构以拓展其共轭体系，基于锌离子配合物的生色团 **41a** 在激光波长 830 nm 和 1064 nm 处测得的 β 值都在 5000×10^{-30} esu 左右（$\beta_{830} = 5142 \times 10^{-30}$ esu，$\beta_{1064} = 4933 \times 10^{-30}$ esu，溶剂为氯仿）。

研究表明，将卟啉金属配合物引入有机二阶非线性光学生色团中有较多优点。首先，可以提供大的共轭结构来连接电子给受体；其次，这种推拉型（芳基乙炔基）卟啉金属配合结构能够使其大的跃迁偶极矩沿着分子电荷转移轴的方向；最后，传统的给受体多烯结构生色团二阶非线性光学系数的优化是通过修饰给体与受体来调节电荷分离态来实现的，而这些配合物生色团的调节方式更多，从而增加了分子跃迁偶极矩和能级差调控的可能性。例如，可以通过探究金属的电子结构（过渡金属的尺寸、自旋多重性、氧化态等）对二阶非线性光学系数的影响来选择合适的金属原子或离子；可以通过调整中心处卟啉金属配合物上轴向配体来改变生色团的电子性质；通过调控沿着由给体到受体的分子轴向的金属-金属或者大环-大环电荷转移特性来增大生色团的二阶非线性光学系数等。

2004 年，Clays 等设计合成了一系列以卟啉锌为共轭桥，N,N-二甲基苯胺和硝基噻吩或硝基寡聚噻吩分别为给受体的二阶非线性光学生色团 **42a~42c**[73]，如图 3-32 所示。通过超瑞利散射方法，在 THF 溶剂中，测得这些生色团在 1300 nm 处具有良好的二阶非线性光学性能，随着共轭体系长度的增加，其二阶非线性光学系数逐渐增加[74]，其中，生色团 **42c** 的 β_{1300} 值高达 4350×10^{-30} esu（表 3-4）。

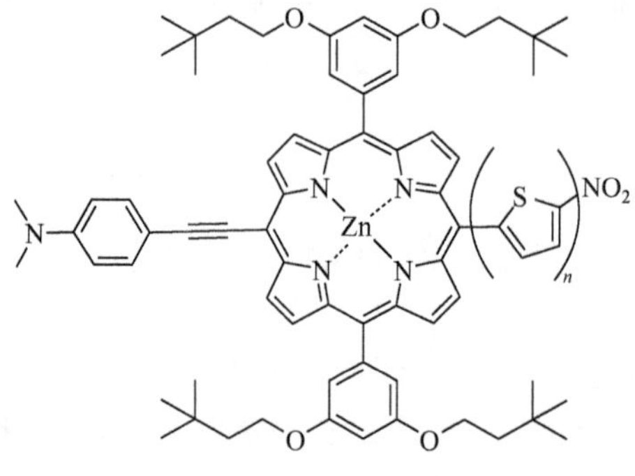

图 3-32　卟啉锌为共轭桥的生色团的分子结构

表 3-4　超瑞利散射法测得的动态二阶非线性光学系数

生色团	噻吩环的数量	$\beta_{800}/(\times 10^{-30}$ esu)	$\beta_{1300}/(\times 10^{-30}$ esu)
42a	1	480	2400
42b	2	345	2200
42c	3	510	4350

2002 年，Persoons 等设计了含多吡啶金属配合物和卟啉锌配合物的生色团[75]。如图 3-33 所示，在这些分子中，通过多电荷转移振子(multiple charge transfer oscillators)之间的适当耦合，生色团的二阶非线性光学系数得到了有效提升。生色团 **43a** 在激光波长为 1300 nm 时的二阶非线性光学系数高达 5100×10^{-30} esu；**43c** 和 **43d** 的二阶非线性光学系数在激光波长为 1064 nm 时达到最大，分别为 4000×10^{-30} esu 和 5000×10^{-30} esu(表 3-5)。

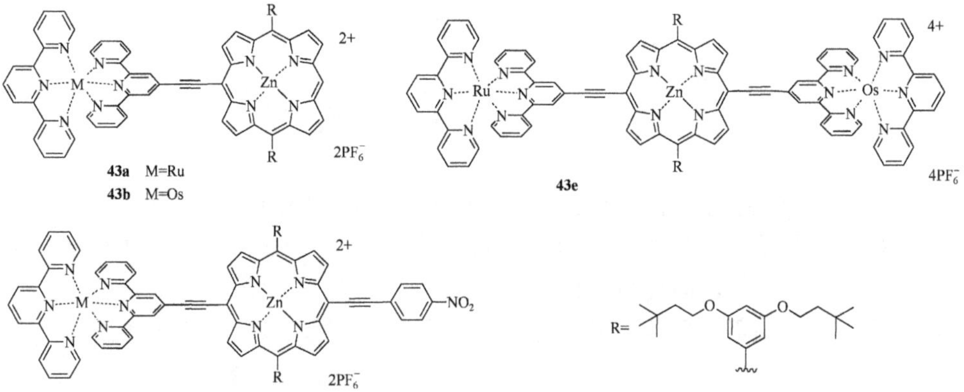

43a M=Ru
43b M=Os
43e
43c M=Ru
43d M=Os

图 3-33　含金属配合物生色团的分子结构

表 3-5　超瑞利散射法测得的动态二阶非线性光学系数

生色团	β_{800}/($\times10^{-30}$ esu)	β_{1064}/($\times10^{-30}$ esu)	β_{1300}/($\times10^{-30}$ esu)
43a	<50	2100	5100
43b	<50	2600	<50
43c	220	4000	2400
43d	250	5000	<50
43e	240	4500	860

3.2.7　组合共轭桥类生色团

随着有机二阶非线性光学材料的发展，生色团的种类远远不止上述几种，还有很多未详细描述。后来，基于上述研究经验，生色团的设计思路进一步拓展，两种或者多种具有不同电子离域效率的共轭桥被同时应用到新型生色团的分子设计中，以平衡生色团光学透明性与非线性光学性能之间的矛盾，这就是“组合共轭桥”概念，如图 3-34 所示。

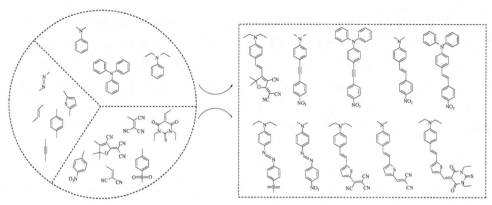

图 3-34　组合共轭桥类生色团

秦金贵等[76] 将偶氮苯和环锁定的共轭三烯相结合作为组合共轭桥，设计了两个新型二阶非线性光学生色团 **44a** 和 **44b**，如图 3-35 所示。它们具有独特的线性和非线性光学性能，即使与具有类似给受体而共轭桥长度较短的生色团分子相比，这两个生色团仍然显示出更好的光学透明性，同时，其二阶非线性光学性能未受影响。研究表明，这两个含有不同电子离域效率组合共轭桥的生色团都具有较大的跃迁振子强度(f)，这可能有助于解释它们能够在光学透明性得到改善的同时，仍保持了相当高的二阶非线性光学性能。而且，将生色团 **44a** 和 **44b** 中的偶氮双键替换为碳碳双键，生色团同样体现出较大的 β 值和良好的光学透明性。

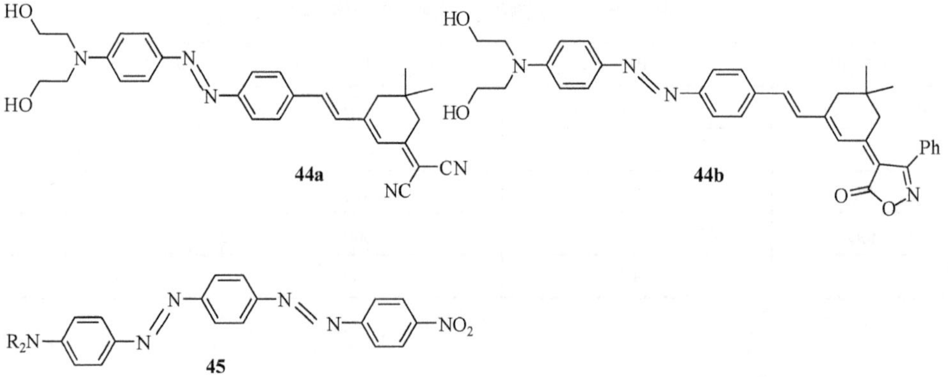

图 3-35　含叠氮基团的组合共轭桥类生色团的分子结构

Yu 等也合成了一种具有组合共轭桥的生色团 **45**，如图 3-35 所示，其共轭桥中依次含有偶氮双键-苯环-偶氮双键-苯环[77]，两端分别连有苯胺和硝基作为电子给体和受体。**45** 具有良好的热稳定性，T_d 高达 300 ℃。同时，其 $\mu\beta$ 值高达 4600×10^{-31} esu(测于 1.3 μm)，远远高于 DANS (662×10^{-31} esu)，并保持了良好的光学透明性（λ_{max} 为 505 nm）。

除此之外，环锁烯烃、苯环和杂环等共轭结构也可以作为组合共轭桥。2002 年，He 等设计合成了两种组合型生色团 **46a** 和 **46b**[10]，如图 3-36 所示，其共轭桥中依次含有苯环-碳碳双键-环锁烯烃-碳碳双键-噻吩环-碳碳双键等共轭结构单元。它们均具有良好的热稳定性，生色团 **46a** 和 **46b** 的热分解温度分别为 264.9 ℃和 291 ℃。长程的共轭结构导致光学透明性有所下降，生色团 **46a** 的 λ_{max} 为 742.1 nm，而生色团 **46b** 的 λ_{max} 为 760.2 nm。

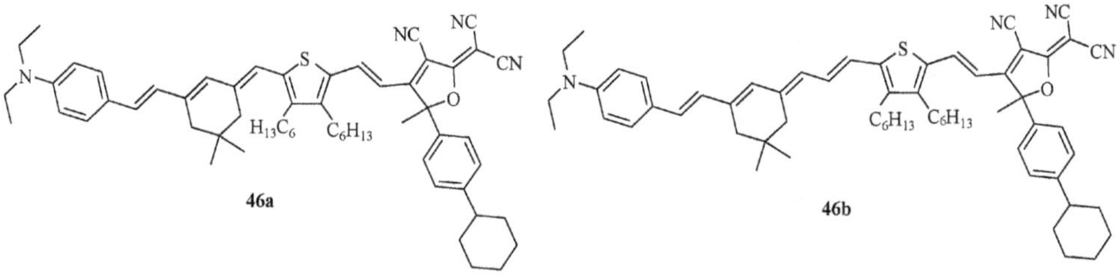

图 3-36　含环锁烯烃与杂环结构的组合共轭桥类生色团的分子结构

由上述几个例子可以看出，共轭单元之间的相互组合形式多样，因此，有机二阶非线性光学生色团在分子设计方面潜力无穷。

3.2.8　多枝状生色团

上述 D-π-A 型生色团的研究取得了很大的进展，开发出了很多优秀的生色团，但因生色团的偶极矩大，其聚集态倾向于反向平行排列，不利于宏观二阶非线性光学效应的增强，因此，科学家们在深入研究 D-π-A 型生色团的同时，也尝试设计其他类型的生色团。本节将其中部分类型归为多枝状生色团。

与传统的线型生色团相比，这些多枝状生色团具有不止一条分子内电荷跃迁途径。根据 Moylan 等[6,78]的研究，此类特殊结构生色团含多类推拉电子结构，都具有两个以上的能量较为接近的低受激态，且对生色团 β 值呈加和的贡献方式。相对于通常 D-π-A 型生色团，此多枝状结构的跃迁振子强度和热稳定性也得到明显改善，往往可以在获取较高的 β 值的同时兼具较好的光学透明性。

按分子构型的差异，这些多枝状生色团主要包括三种：从共轭桥一端连接两个给体或受体而形成的 Y 型生色团；通过刚性共轭结构将两个 D-π-A 结构连接起来，使得它们在一定程度上趋于平行排列而得到的 H 型生色团；从共轭桥两端连接两个给体或受体而形成的 X 型生色团。

1. Y 型生色团

Y 型生色团的给体或受体需要有两个反应位点，较为常见的共用给体为三苯胺，利用其多反应位点，可以方便地构筑具有单给体双共轭桥双受体结构的 Y 型生色团。如图 3-37 和表 3-6 所示，分别以呋喃和噻吩为共轭桥的 Y 型生色团 **47a** 和 **47b**[79]，与类似的一维生色团 **47c** 和 **47d** 相比，其最大吸收波长轻微蓝移，且 β 值显著提高，充分体现了 Y 型生色团二维结构的优势。同时，热重分析（TGA）测试表明，这类 Y 型生色团也具有良好的热稳定性。

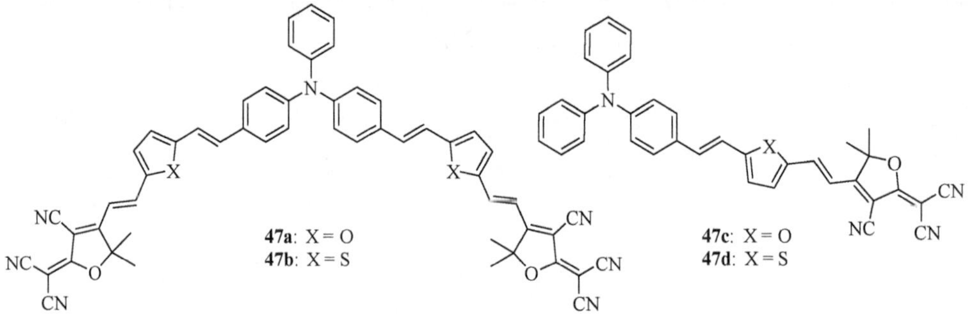

图 3-37 基于三苯胺的 Y 型生色团的分子结构示例

表 3-6 生色团 47a～47d 的性能表征数据

生色团	λ_{max}/nm	β/(×10^{-30} esu)	β_0/(×10^{-30} esu)	T_d/℃
47a	621	1023	244	—
47b	618	1091	252	283
47c	628	648	166	310
47d	620	728	172	298

注：分子的 β 值是通过超瑞利散射法（HRS）测定得到，测试时采用的溶剂为二氯甲烷，激光波长是 1064 nm；β_0 值通过双能级模型计算得到；T_d 是热失重 5% 对应的温度。

基于单电子受体的 Y 型生色团也有报道[80]，通常包括两种类型。一种是受体上直接连有两个反应位点，如图 3-38 所示，基于二氰甲烯基吡喃的结构特点与反应活性，通过与两分子特定给体醛类的 Knoevenagel 缩合反应，获得了一系列 Y 型生色团。理论计算和测试结果均表明，此类结构可以较好地协调非线性和透光性的矛盾，并且兼具很好的热稳定性。

另一种 Y 型生色团是受体本身只有一个反应位点，在合成之初就是由具有双给体的原料一步步合成出来，也可称为双给体生色团。如图 3-39 所示，2014 年，刘新厚等基于 FTC 结构，设计合成了以双苯胺为给体的生色团 **49**[81]。TGA 测试结果也表明，其热分解温度为 247 ℃，与 FTC 相近。理论计算得到的 β 值为 $995×10^{-30}$ esu，比 FTC 约高出 20%。当其掺杂到高分子母体后，其 γ_{33} 最大测试值为 143 pm/V，超出 FTC 的三倍。这主要由于 Y 型生色团比一维生色团更接近球型结构，根据位分离原理，这种结构能够更有效地减小分子间强偶极-偶极相互作用，有利于生色团的定向排列。

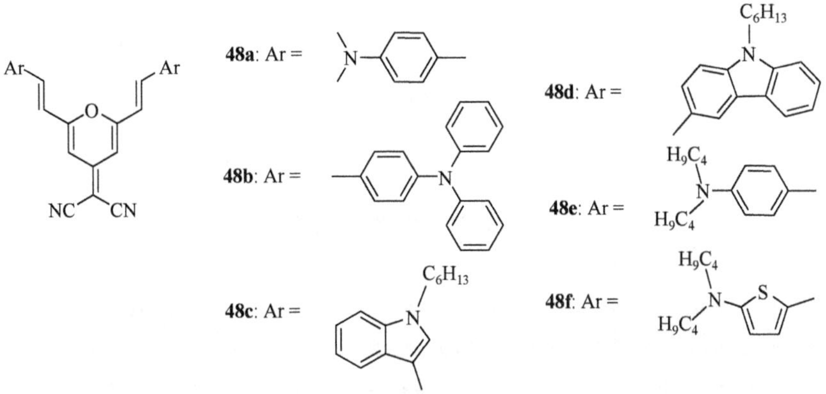

图 3-38　基于二氰甲烯基吡喃的二维生色团 **48a～48f** 的结构图

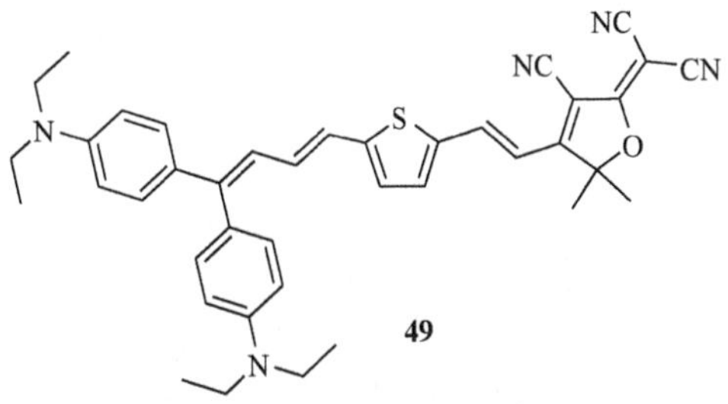

图 3-39　双给体生色团的分子结构

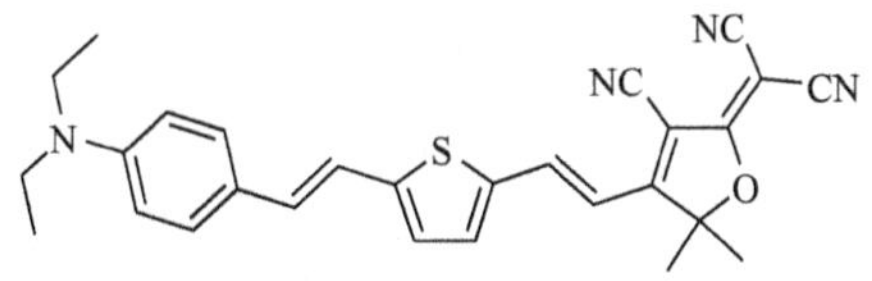

2. H 型生色团

2006 年，李振课题组提出了 H 型生色团的概念，可有效缓解"非线性-透光性"的矛盾[82,83]。此结构通过两个独立的二阶非线性光学生色团片段在共轭桥部分以芳香环相连，如图 3-40 所示，H 型生色团 **50** 以吲哚为给体，芴为连接基团。以其为单体的聚合物二阶非线性光学系数 d_{33} 值可达 57 pm/V，是类似线型生色团结构性能的两倍，并且其最大吸收波长出现一定程度的蓝移，表现出同时增强的二阶非线性光学效应和良好的光学透明性。

3. X 型生色团

X 型生色团在结构上可以看作是由两个线型生色团中共轭桥的某个部位合并共享而形成的，通常使用的共用共轭结构为苯环、对二氮杂苯和稠环萘等芳香环结构。整个生色团分子呈镜面对称，其跃迁偶极的分子间耦合作用很强，赋予其很好的光学透明性[84-86]。

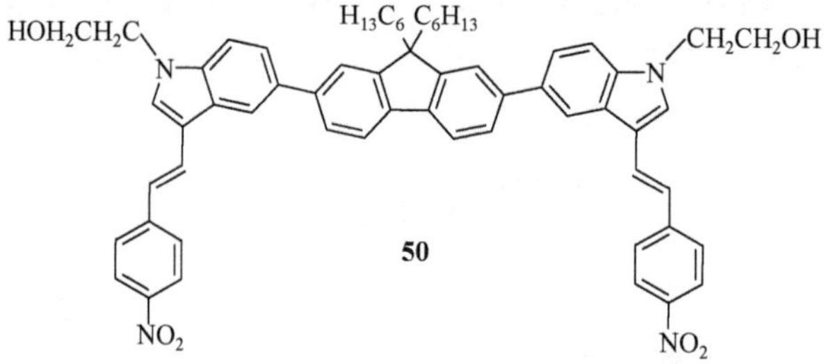

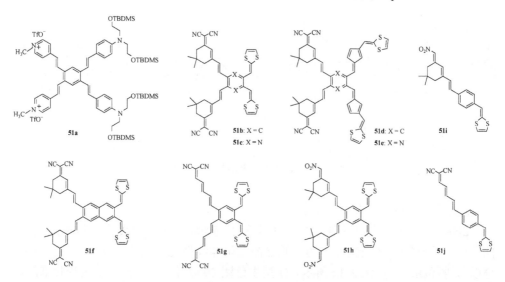

图 3-40　H 型生色团的分子结构

2004 年，Marks 等设计合成了如图 3-41 所示的 X 型生色团 **51a**[84-87]，其紫外-可见吸收光谱的最大吸收波长 λ_{max} 仅为 357 nm，更有趣的是，当该生色团被自组装到硅基修饰的基底后，其 λ_{max} 进一步蓝移至 325 nm，而且，二阶非线性光学测试结果表明，当激光波长在 1550 nm 时，其电光系数达到了 43 pm/V。

图 3-41　X 型生色团 **51a～51j** 的结构图

对于 X 型二维生色团的结构优点，2003 年，叶成研究组[88,89]则是通过理论计算的方法给予了合理的解释。如图 3-41 所示，他们计算了生色团 **51b～51j** 的偶极矩，其中，**51g** 的偶极矩为 4.2 deb，其对应线型生色团 **51j** 的偶极矩为 6.7 deb，**51h** 的偶极矩为 7.7 deb，其对应的一维生色团 **51i** 的偶极矩为 6.0 deb。可以看出，X 型结构并未显著增加分子的偶极矩，但多个给受体基团的引入提高了生色团 β

张量的非对角分量，因此，当此类分子在聚合物体系中进行极化时，对于取向度的要求比普通一维结构低很多，同时，多取代也增大了分子的体积，使得分子更易接近球型结构。根据位分离原理，X 型生色团在聚集态时更容易形成非中心对称的分子排列，从而有利于获得更强的宏观二阶非线性光学效应并保持长期稳定。

但是，就生色团的微观二阶非线性光学效应而言，X 型结构不但没有使得 β 值增大，反而有可能减小，如表 3-7 所示，**51g** 的 β_0(76.8×10⁻³⁰ esu) 比线型分子 **51j**(83.6×10⁻³⁰ esu) 低。

表 3-7　生色团 51b～51j 的基本性质

生色团	51b	51c	51d	51e	51f	51g	51h	51i	51j	DANS
μ_g/deb	1.33	2.20	0.17	1.06	1.64	4.2	7.7	6.0	6.7	7.9
β_0/(×10⁻³⁰ esu)	54.1	65.8	45.4	50.2	68.1	76.8	71.9	43.8	83.6	38.9

3.2.9　八极子型生色团

八极子型生色团是目前被研究得最多的多枝状生色团[90-96]。在八极子结构中，苯环作为共用的共轭桥，三组相同的给受体对称而又相互间隔地分布在苯环的六个角上，呈中心对称结构。这种结构导致了偶极矩近乎为零，与相应的线型生色团相比，其性质发生较大变化。2001 年，为了详细对比不同类型的八极子型生色团相对于相应线型生色团的性能，Cho 等[90]合成了如图 3-42 所示的一系列分子，通过光吸收性能和 HRS 实验方法对其二阶非线性光学性能进行了系统的研究，具体数据见表 3-8。相对于相应的线型生色团，大部分八极子型生色团在光学透明性或非线性光学性能上有所改善。例如，生色团 **52b** 的 β 值与相应的线型生色团 **52b'** 虽然相差不大，但是其紫外-可见吸收光谱的最大吸收波长 λ_{max} 蓝移了近 50 nm，光学透明性显著改善；生色团 **53d** 与相应的线型生色团 **53d'** 相比，其 λ_{max} 蓝移了 19 nm，β 值仍然增加了 54×10⁻³⁰ esu，有效缓解了线型生色团中普遍存在的"非线性-透光性"矛盾。然而，生色团 **53a** 与相应的线型生色团 **53a'** 相比，虽然其 λ_{max} 蓝移了 38 nm，但是 β 值却下降了 18×10⁻³⁰ esu，说明八极子结构的有效调控是实现二阶非线性光学效应增强的关键因素。对比这三种不同的八极子型生色团，发现当给体固定时，生色团 **53** 的 β 值最高，说明在生色团分子中，双键体系的平面性比三键的更好，有利于分子内的电荷转移。在此思想指导下，2002 年，Cho 等[91]又设计合成了两类八极子型生色团，如图 3-43 所示，生色团 **55～58** 是在八极子的核上直接引入推电子基团，而在其外围则引入不同程度的拉电子基团，

此类生色团的 β 值最大达到了 319×10^{-30} esu，而 λ_{max} 仅 445 nm。而生色团 **59** 和 **60** 则恰恰相反，它们的核上直接接入的是拉电子基团，通过调节共轭桥的长度和给体的结构来优化生色团的性能。测试结果表明，共轭桥的延长有效地增大了生色团的 β 值，当给体基团是 NPh_2，$n = 3$ 时，β 值最大为 223×10^{-30} esu，而且，共轭桥的延长并没有影响生色团的热稳定性，其 T_d 竟超过了 400 ℃。

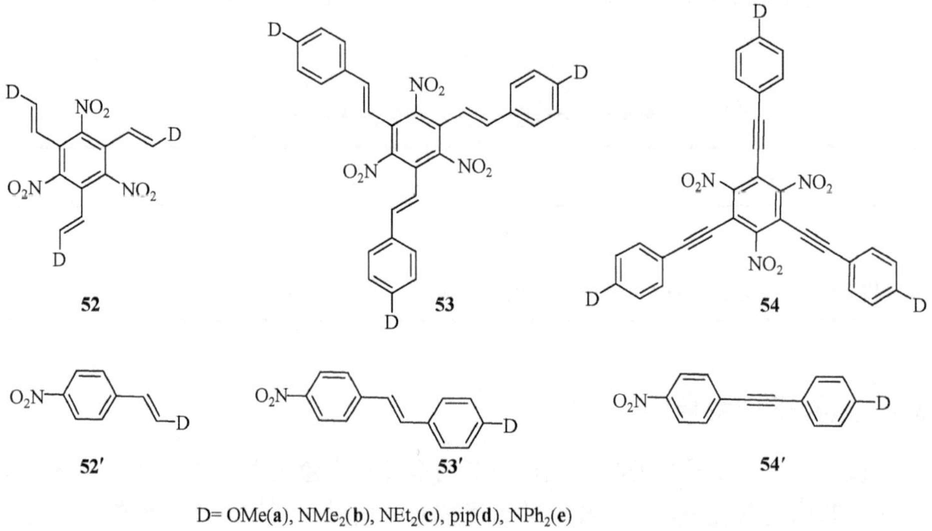
52
53
54
52′
53′
54′
D= OMe(a), NMe2(b), NEt2(c), pip(d), NPh2(e)

图 3-42 八极子型生色团 **52**～**54** 和相应的一维生色团 **52′**～**54′**的结构图

表 3-8 八极子型生色团和对应一维生色团的性能对比

生色团	D	λ_{max}/nm	β/($\times10^{-30}$ esu)	β_0/($\times10^{-30}$ esu)	T_d/℃
52b	NMe_2	394	40	24	230
52d	pip	399	80	48	210
53a	OMe	340	48	34	265
53c	NEt_2	428	116	63	278
53d	pip	405	151	89	256
53e	NPh_2	424	141	78	280
54c	NEt_2	406	46	27	310
54d	pip	388	72	47	306
52b′	NMe_2	441	43	22	

续表

生色团	D	λ_{max}/nm	β/($\times 10^{-30}$ esu)	β_0/($\times 10^{-30}$ esu)	T_d/℃
52d′	pip	442	30	16	
53a′	OMe	378	66	42	
53c′	NEt$_2$	450	85	43	
53d′	pip	424	97	53	
54c′	NEt$_2$	426	33	18	
54d′	pip	402	45	27	

注：pip 指吡啶基。

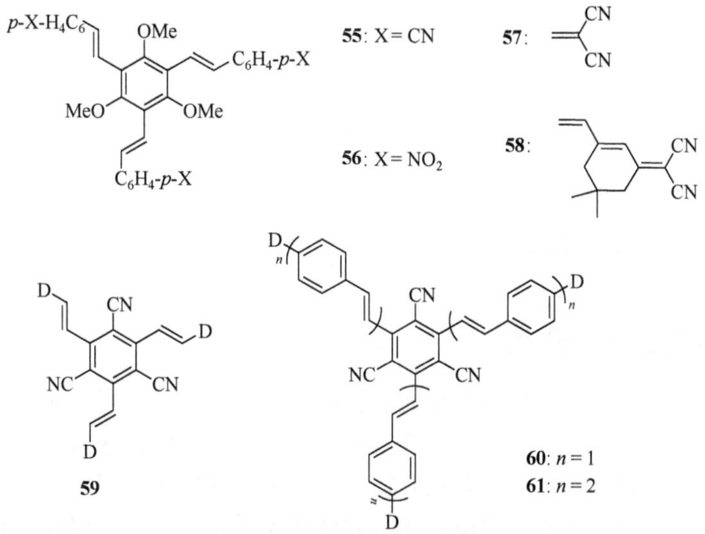

D = OMe (**a**), NMe$_2$(**b**), NEt$_2$(**c**), NBu (**d**), pip (**e**), NPh$_2$(**f**)

图 3-43　八极子型生色团 **55～61** 的分子结构

2006 年，Clays 等设计合成了如图 3-44 所示的三种八极子型生色团[95]，与前面提到的八极子型生色团相比，末端电子受体替换为吡啶基团。吡啶发生质子化后可进一步增大受体的拉电子能力，相应地，三者在质子化后的吸收光谱中都显著红移，光学透明性下降。非线性光学测试的结果表明，质子化后三者的非线性光学性能得以提升，尤其是分子 **62c**，其质子化前后的 β 值分别为 37$\times 10^{-30}$ esu 和 623$\times 10^{-30}$ esu，增加了近 16 倍（表 3-9）。

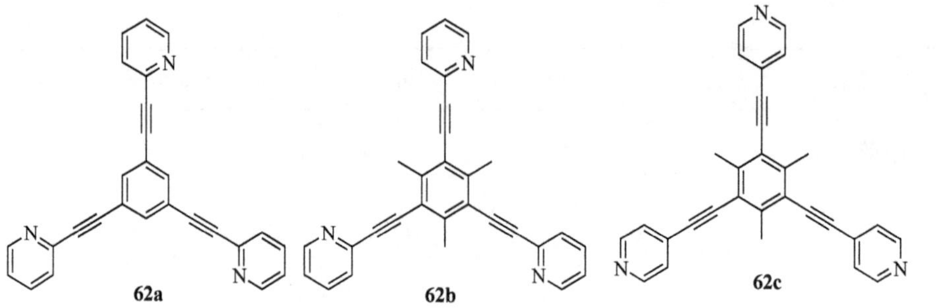

图 3-44 八极子型生色团的分子结构

表 3-9 八极子型生色团的基本性质

生色团	λ_{max}/nm	β/($\times10^{-30}$ esu)	β_0/($\times10^{-30}$ esu)
62a	308	22±2	8±1
62a^{3+}	338	80±13	19±3
62b	315	29±2	9±1
62b^{3+}	340	178±11	38±2
62c	338	37±3	12±3
62c^{3+}	538	623±23	146±5

3.2.10 多生色团组合类

除了通过生色团共轭体系的设计以实现多枝状结构，还可以通过化学键将多个生色团的某一个部位或多个部位连接起来组成一个整体，使得生色团具有相似的空间取向，并且相互之间不存在共轭。作为整体的新生色团，其微观二阶非线性光学效应是多个单独生色团微观二阶非线性光学效应在一定程度上的叠加。这种设计可以促进生色团的定向有序化排列，从而达到增强材料宏观二阶非线性光学效应的目的。本节将介绍通过共价键来锁定共轭桥的几种方案。

1. 末端单锁定类

末端单锁定类是指利用共价键将多个生色团的电子给体端或受体端连接在一起，从而达到限制生色团自由运动的目的。2011 年，Pietralunga 等设计了一种将四个生色团单边锁定的体系[97]。如图 3-45 所示，通过环四聚反应，将四个具有相同结构的受体连接在一起，得到含有三个硅氧大环的生色团。这种特殊的结构使得生色团片段具有一定的同向性。

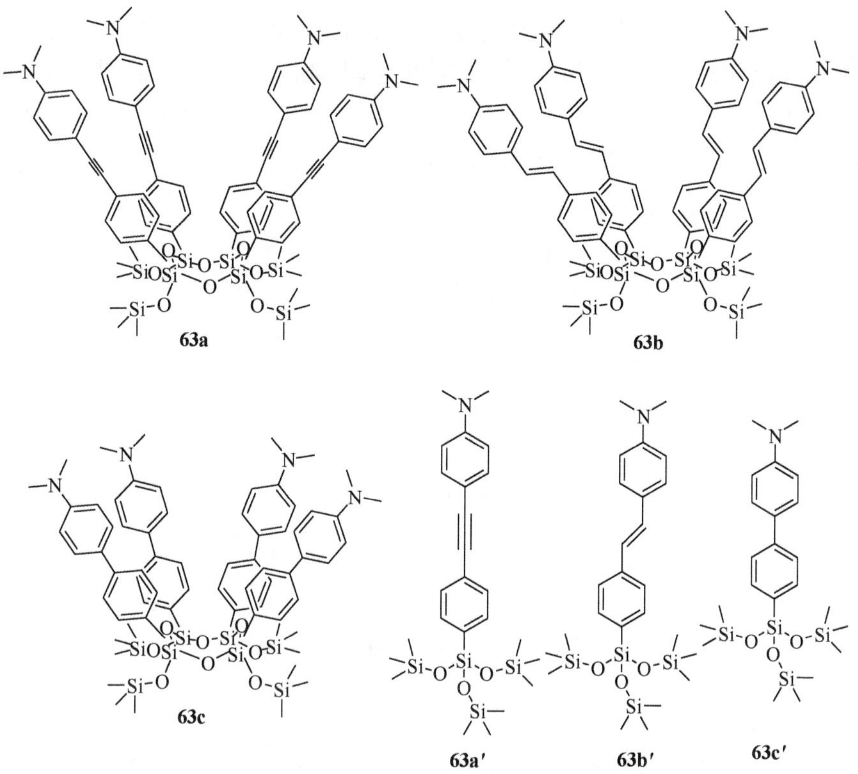

图 3-45　末端单锁定类生色团的分子结构

　　这三个大环生色团以及对应的单生色团的紫外-可见吸收光谱表明，在末端锁定后，大环生色团的紫外-可见吸收光谱都有一定程度的蓝移（4～6 nm），且 $\mu\beta$ 值比各自的单体增大了 2.8～3.5 倍，说明末端单锁定可在一定程度上缓解"非线性-透光性"矛盾。制成器件后，与单生色团相比，其宏观二阶非线性光学系数的热稳定性与时间稳定性均得到了较大程度的提升。以生色团 **63b** 制得的器件在完成极化、撤掉极化电场后，其宏观二阶非线性光学系数先降低 14%，然后 6 个月基本保持不变。而同等条件下，单生色团制得的器件在撤去极化电场后宏观二阶非线性光学系数降低了 35%。

　　2. 生色团共轭桥锁定类

　　生色团共轭桥锁定类是利用化学键将多个生色团的共轭桥部分连在一起而形成的。陆国元等[98,99]将生色团固定到 9,10-二氢蒽上，如图 3-46 所示，形成的生色团通过非共轭体系连接并呈取向几乎相同的排列。与前面提到的 H 型生色团不同的是，这里的生色团只是共轭桥被固定在一起，彼此之间不共轭。测试结果表明，这种结构可提高生色团的 β 值，与单生色团相比，其 β 值提高到 2 倍以上。

特别是以硝基苯为受体的共轭桥锁定类生色团 **64a**，其 β 值为 277×10^{-30} esu（测于 1064 nm，溶剂为 THF），与其相对应的单生色团 **64a′**[70×10^{-30} esu（测于 1064 nm，溶剂为 THF）]相比，提高了近 3 倍。而且，紫外-可见吸收光谱只发生了很小的红移（8～11 nm，溶剂为 THF），为解决"非线性-透明性"矛盾提供了新思路。

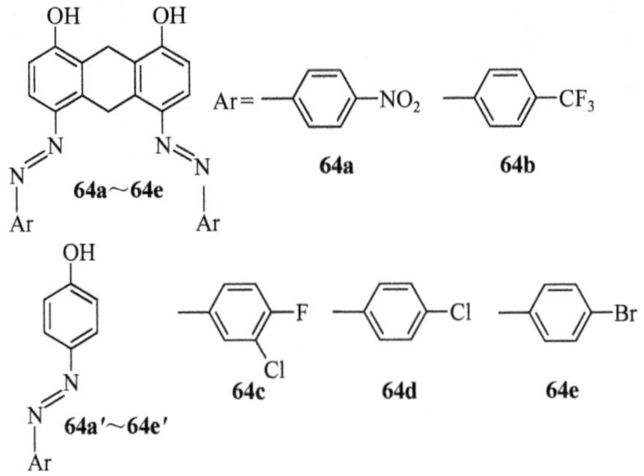

图 3-46　生色团 **64a**～**64e** 和 **64a′**～**64e′** 的分子结构

3. 给受体两端双锁定类

两端双锁定类是指将多个生色团的给受体两端都用共价键连接起来，与末端单锁定类生色团相比，两端双锁定类因其同时锁定了生色团的首尾两端，所以能更彻底地固定生色团的空间取向。2006 年，廖毅等[100]设计合成了大环束状三生色团分子，如图 3-47 所示，他们用酯键将生色团的给体部分连在一起，同时使用酰胺键将生色团的受体部分连接在一起，形成了一个三元的大环体系，其中，三个生色团片段呈近似平行的排列，形成一种头尾两端都束缚在一起的奇特椭球状结构。测试结果表明，生色团 **65** 相对于生色团 **66**，β 值增大到 2.45 倍，且其 λ_{max} 产生了明显的蓝移，在二氧六环溶剂中的 λ_{max} 蓝移程度达到 23 nm，表明给受体两端双锁定类生色团可有效缓解 "非线性-透光性"矛盾。

然而，具体到束状大分子内的单个生色团单元，λ_{max} 的蓝移也意味着分子内电荷跃迁的能隙变大，单个生色团 β 值相应降低。例如，生色团 **65** 的 β 值虽然是生色团 **66** 的 2.45 倍，但其中单个生色团的 β 值降低了近 20%。

除了上述几种生色团类型外，还有树枝状分子、Janus 型分子以及利用分子间相互作用的自组装分子体系等，后面章节有详细介绍，这里不赘述。

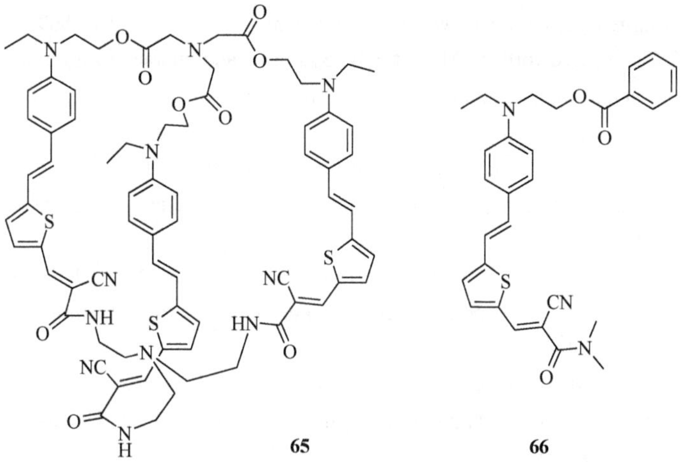

图 3-47　生色团 **65** 和 **66** 的结构图

3.3　本章小结

综上所述，几十年来研究者们对有机二阶非线性光学生色团的研究是深入而系统的，同时取得的成果是丰硕的，但是这并不是有机二阶非线性光学生色团研究的终点，未来随着材料学的进步以及新理论的提出，人们针对新型生色团的设计与研究会迎来新的高潮，同时新诞生的性能更加优越的生色团也会促使有机二阶非线性光学材料学领域具有更加广阔的研究前景。

同时，有机二阶非线性光学生色团设计中的各种理念也可以应用到其他功能材料的分子设计中，特别是对于分子内电荷转移的理解，毫无疑问可以被诸多研究领域采用或者借鉴。实际上，在太阳电池、传感器、发光材料、场效应晶体管等研究领域，对于如何有效调控分子内电荷转移，从其分子设计规律中可以看到源自有机二阶非线性光学生色团设计理念中的分子内电荷转移调节手段。

参 考 文 献

[1] Dalton L R, Sullivan P A, Bale D H. Electric field poled organic electro-optic materials: State of the art and future prospects. Chem Rev, 2010, 110: 25-55.

[2] Luo J, Jen A K Y. Highly efficient organic electrooptic materials and their hybrid systems for advanced photonic devices. IEEE J Selel Top Quant, 2013, 19: 42-53.

[3] Kim T D, Luo J, Cheng Y, Shi Z, Hau S, Jang S H, Zhou X, Tian Y, Polishak B, Huang S, Ma H, Dalton L R, Jen A K Y. Binary chromophore systems in nonlinear optical dendrimers and

polymers for large electrooptic activities. J Phys Chem C, 2008, 112: 8091-8098.

［4］Jen A K Y, Cui Y, Bedworth P, Marder S R. Synthesis and characterization of highly efficient and thermally stable diphenylamino-substituted thiophene stilbene chromophores for nonlinear optical applications. Adv Mater, 1997, 9: 132-135.

［5］Ermer S, Lovejoy S M, Leung D S, Warren H, Moylan C R, Twieg R J. Synthesis and nonlinearity of triene chromophores containing the cyclohexene ring structure. Chem Mater, 1997, 9: 1437-1442.

［6］Moylan C R, Twieg R J, Lee V Y, Swanson S A, Betterton K M, Miller R D. Nonlinear optical chromophores with large hyperpolarizabilities and enhanced thermal stabilities. J Am Chem Soc, 1993, 115: 12599-12600.

［7］Zhang C, Dalton L R, Oh M C, Zhang H, Steier W H. Low V_π electrooptic modulators from CLD-1: Chromophore design and synthesis, material processing, and characterization. Chem Mater, 2001, 13: 3043-3050.

［8］Dalton L, Harper A, Ren A, Wang F, Todorova G, Chen J, Zhang C, Lee M. Polymeric electro-optic modulators: From chromophore design to integration with semiconductor very large scale integration electronics and silica fiber optics. Ind Eng Chem Res, 1999, 38: 8-33.

［9］He M, Leslie T M, Sinicropi J A. Synthesis of chromophores with extremely high electro-optic activity. 1. Thiophene-bridge-based chromophores. Chem Mater, 2002, 14: 4662-4668.

［10］He M, Leslie T M, Sinicropi J A, Garner S M, Reed L D. Synthesis of chromophores with extremely high electro-optic activities. 2. Isophorone- and combined isophorone thiophene-based chromophores. Chem Mater, 2002, 14: 4669-4675.

［11］Piao X, Zhang X, Mori Y, Koishi M, Nakaya A, Inoue S, Aoki I, Otomo A, Yokoyama S. Nonlinear optical side-chain polymers post-functionalized with high-β chromophores exhibiting large electro-optic property. J Polym Sci Pol Chem, 2011, 49: 47-54.

［12］Liao Y, Anderson C A, Sullivan P A, Akelaitis A J P, Robinson B H, Dalton L R. Electro-optical properties of polymers containing alternating nonlinear optical chromophores and bulky spacers. Chem Mater, 2006, 18: 1062-1067.

［13］Beverina L, Fu J, Leclercq A, Zojer E, Pacher P, Barlow S, Stryland E, Hagan D, Brédas J, Marder S. Two-photon absorption at telecommunications wavelengths in a dipolar chromophore with a pyrrole auxiliary donor and thiazole auxiliary acceptor. J Am Chem Soc, 2005, 127, 7282-7283.

［14］Ahlheim M, Barzoukas M, Bedworth P V, Mireille B D, Fort A, Hu Z Y, Marder S R, Perry J W, Runser C, Staehelin M, Zysset B. Chromophores with strong heterocyclic acceptors: A poled polymer with a large electro-optic coefficient. Science, 1996, 271: 335-337.

［15］Stähelin M, Zysset B, Ahlheim M, Marder S R, Bedworth P V, Runser C, Barzoukas M, Fort A. Nonlinear optical properties of push-pull polyenes for electro-optics. J Opt Soc Am B, 1996, 13: 2401-2407.

［16］Marder S R, Kippelen B, Jen A K Y, Peyghambarian N. Design and synthesis of chromophores and polymers for electro-optic and photorefractive applications. Nature, 1997, 388: 845-851.

［17］Gorman C B, Marder S R. An investigation of the interrelationships between linear and nonlinear polarizabilities and bond-length alternation in conjugated organic molecules. Proc Natl Acad Sci USA, 1993, 90: 11297-11301.

[18] Meyers F, Marder S R, Pierce B M, Brédas J L. Electric-field modulated nonlinear-optical properties of donor-acceptor polyenes: Sum-over-states investigation of the relationship between molecular polarizabilities (α, β, and γ) and bond-length alternation. J Am Chem Soc, 1994, 116: 10703-10714.

[19] Kuhn C. Step potential model for nonlinear optical-properties of polyenes, push-pull polyenes and cyanines and the motion of solitons in long-chain cyanines. Synth Met, 1991, 43: 3681-3688.

[20] Chen G, Mukamel S. Nonlinear susceptibilities of donor-acceptor conjugated systems-coupled-oscillator representation. J Am Chem Soc, 1995, 117: 4945-4964.

[21] Dehu C, Meyers F, Hendrickx E, Clays K, Persoons A, Marder S R, Bredas J L. Solvent effects on the second-order nonlinear-optical response of π-conjugated molecules: A combined evaluation through self-consistent reaction field calculations and hyper-Rayleigh scattering measurements. J Am Chem Soc, 1995, 117: 10127-10128.

[22] Lu D, Chen G, Perry J W, Goddard W A. Valence-bond charge-transfer model for nonlinear-optical properties of charge-transfer organic-molecules. J Am Chem Soc, 1994, 116: 10679-10685.

[23] Bourhill G, Bredas J L, Cheng L T, Marder S R, Meyers F, Perry J W, Tiemann B G. Experimental demonstration of the dependence of the 1st hyperpolarizability of donor-acceptor-substituted polyenes on the ground-state polarization and bond-length alternation. J Am Chem Soc, 1994, 116: 2619-2620.

[24] Marder S R, Beratan D N, Cheng L T. Approaches for optimizing the 1st electronic hyperpolarizability of conjugated organic molecules. Science, 1991, 252: 103-106.

[25] Liao Y, Bhattacharjee S, Firestone K, Eichinger B, Paranji R, Anderson C A, Robinson B H, Reid P J, Dalton L R. Antiparallel-aligned neutral-ground-state and zwitterionic chromophores as a nonlinear optical material. J Am Chem Soc, 2006, 128: 6847-6853.

[26] Gao J, Cui Y, Yu J, Wang Z, Wang M, Qiu J, Qian G. Molecular design and synthesis of hetero-trichromophore for enhanced nonlinear optical activity. Macromolecules, 2009, 42: 2198-2203.

[27] Marder S R, Cheng L T, Tiemann B G, Friedli A C, Blanchard-Desce M, Perry J W, Skindhøj J. Large 1st hyperpolarizabilities in push-pull polyenes by tuning of the bond-length alternation and aromaticity. Science, 1994, 263: 511-514.

[28] Zhang C, Wang C, Yang J, Dalton L R. Electric poling and relaxation of thermoset polyurethane second-order nonlinear optical materials: Role of cross-linking and monomer rigidity. Macromolecules, 2001, 34: 235-243.

[29] Cheng Y J, Luo J, Huang S, Zhou X, Shi Z, Kim T D, Bale D, Takahashi S, Yick A, Polishak B M, Jang S H, Dalton L R, Reid P J, Steier W H, Jen A K Y. Donor acceptor thiolated polyenic chromophores exhibiting large optical nonlinearity and excellent photostability. Chem Mater, 2008, 20: 5047-5054.

［30］Cheng Y J, Luo J, Hau S, Bale D, Kim T D, Shi Z, Lao D B, Tucker N M, Tian Y, Dalton L R, Reid P J, Jen A K Y. Large electro-optic activity and enhanced thermal stability from diarylaminophenyl-containing high-β nonlinear optical chromophores. Chem Mater, 2007, 19: 1154-1163.

［31］Shu Y, Gong Z, Shu C, Breitung E M, McMahon R J, Lee H, Jen A K Y. Synthesis and characterization of nonlinear optical chromophores with conformationally locked polyenes possessing enhanced thermal stability. Chem Mater, 1999, 11: 1628-1632.

［32］Alías S, Andreu R, Blesa M J, Franco S, Garín J, Gragera A, Orduna J, Romero P, Villacampa B, Allain M. Synthesis, structure, and optical properties of 1,4-dithiafulvene-based nonlinear optic-phores. J Org Chem, 2007, 72: 6440-6446.

［33］Zrig S, Koeckelberghs G, Verbiest T, Andrioletti B, Rose E, Persoons A, Asselberghs I, Clays K. Λ-type regioregular oligothiophenes: Synthesis and second-order NLO properties. J Org Chem, 2007, 72: 5855-5858.

［34］Raimundo J M, Blanchard P, Frère P, Mercier N, Ledoux-Rak I, Hierleb R, Roncalia J. Push-pull chromophores based on 2,2'-bi(3,4-ethylenedioxythiophene)(BEDOT)π-conjugating spacer. Tetrahedron Lett, 2001, 42: 1507-1510.

［35］Tolmachev A I, Kachkovskii A D, Kudinova M A, Kurdiukov V V, Ksenzov S, Schrader S. Synthesis, electronic structure, and absorption spectra of the merocyanines derived from pyranes and benzopyranes. Dyes Pigm, 2007, 74: 348-356.

［36］Zhu Y, Qin A, Fu L, Ai X, Guo Z, Zhang J, Ye C. Syntheses of novel 1,3-diazaazulene derivatives and their nonlinear optical characterization. J Mater Chem, 2007, 17: 2101-2106.

［37］Lemaître N, Attias A J, Ledoux I, Zyss J. New second-order NLO chromophores based on 3,3'-bipyridine: Tuning of liquid crystal and NLO properties. Chem Mater, 2001, 13: 1420-1427.

［38］Innocenzi, P Miorin E, Brusatin G, Abbotto A, Beverina L, Pagani G, Casalboni M, Sarcinelli F, Pizzoferrato R. Incorporation of Zwitterionic push-pull chromophores into hybrid organic-inorganic matrixes. Chem Mater, 2002, 14: 3758-3766.

［39］Coe B J, Harris J A, Hall J J, Brunschwig B S, Hung S T, Libaers W, Clays K, Coles S J, Horton P N, Light M E, Hursthouse M B, Garín J, Orduna J. Syntheses and quadratic nonlinear optical properties of salts containing benzothiazolium electron-acceptor groups. Chem Mater, 2006, 18: 5907-5918.

［40］Santos J, Mintz E A, Zehnder O, Bosshard C, Bu X R, Günter P. New class of imidazoles incorporated with thiophenevinyl conjugation pathway for robust nonlinear optical chromophores. Tetrahedron Lett, 2001, 42: 805-808.

［41］Groenendaal L, Bruining M J, Hendrick E H J, Persoons A, Vekemans J A J M, Havinga E E, Meijer E W. Synthesis and nonlinear optical properties of a series of donor- oligopyrrole-acceptor molecules. Chem Mater, 1998, 10: 226-234.

［42］Varanasi P R, Jen A K Y, Chandrasekhar J, Namboothiri I N N, Rathna A. The important role of heteroaromatics in the design of efficient second-order nonlinear optical molecules: Theoretical investigation on push-pull heteroaromatic stilbenes. J Am Chem Soc, 1996, 118:

12443-12448.

［43］ Dalton L R. Polymeric electro-optic materials: Optimization of electro-optic activity, minimization of optical loss, and fine-tuning of device performance. Opt Eng, 2000, 39: 589-595.

［44］ Ma H, Liu S, Luo J, Suresh S, Liu L, Kang S H, Haller M, Sassa T, Dalton L, Jen A K Y. Highly efficient and thermally stable electro-optical dendrimers for photonics. Adv Funct Mater, 2002, 12: 565-574.

［45］ Li Q, Lu C, Zhu J, Fu E, Zhong C, Li S, Cui Y, Qin J, Li Z. Nonlinear optical chromophores with pyrrole moieties as the conjugated bridge: Enhanced NLO effects and interesting optical behavior. J Phys Chem B, 2008, 112: 4545-4551.

［46］ Jang S H, Luo J, Tucker N M, Leclercq A, Zojer E, Haller M A, Kim T D, Kang J W, Firestone K, Bale D, Lao D, Benedict J B, Cohen D, Kaminsky W, Kahr B, Brédas J L, Reid P, Dalton L R, Jen A K Y. Pyrroline chromophores for electro-optics. Chem Mater, 2006, 18: 2982-2988.

［47］ Cho B R, Son K N, Lee S J, Kang T I, Han M S, Jeon S J, Song N W, Kim D. First order hyperpolarizabilities of 2-［2-(p-diethylaminophenyl) vinyl］-furan derivatives. Tetrahedron Lett, 1998, 39: 3167-3170.

［48］ Heylen M, Van den Broeck K, Boutton C, Beylen M V, Persoons A, Samyn C. Synthetic approach for the incorporation of second-order nonlinear optical chromophores containing furan groups, into methacrylate copolymers. Eur Polym J, 1998, 34: 1453-1456.

［49］ Mignani G, Kramer A, Puccetti G, Ledoux I, Soula G, Zyss J, Meyrueix R. A new class of silicon compounds with interesting nonlinear optical effects. Organometallics, 1990, 9: 2640-2643.

［50］ Zhao B, Chen C, Zhou Z, Cao Y, Li M. A comparative study on the nonlinear optical properties of diphenyl ether and diphenyl sulfide compounds. J Mater Chem, 2000, 10: 1581-1584.

［51］ Zyss J, Ledoux I, Volkov S, Chernyak V, Mukamel S, Bartholomew G P, Bazan G C. Through-space charge transfer and nonlinear optical properties of substituted paracyclophane. J Am Chem Soc, 2000, 122: 11956-11962.

［52］ Lehn J M. Perspectives in supramolecular chemistry-from molecular recognition towards molecular information processing and self-organization. Angew Chem Int Ed, 1990, 29: 1304-1319.

［53］ Diederich F. Complexation of neutral molecules by cyclophane hosts. Angew Chem Int Ed, 1988, 27: 362-386.

［54］ Qin J, Liu D, Dai C, Chen C, Wu B, Yang C, Zhan C. Influence of the molecular configuration on second-order nonlinear optical properties of coordination compounds. Coordin Chem Rev, 1999, 188: 23-34.

［55］ Sen R, Majumdar D, Battacharyya S P, Modeling N. Hyperpolarizabilities of some TICT molecules and their analogues. J Phys Chem, 1993, 97: 7491-7498.

［56］ Lippert E, Rettig W, Bonačić-Koutecký V, Heisel F, Miehé J. Photophysics of internal twisting. Chem Phys, 1987, 68: 1-173.

［57］ Albert I D L, Marks T J, Ratner M A. Remarkable NLO response and infrared absorption in simple twisted molecular π-chromophores. J Am Chem Soc, 1998, 120:11174.

[58] Kang H, Facchetti A, Stern C L, Rheingold A L, Kassel W S, Marks T J. Efficient synthesis and structural characteristics of zwitterionic twisted π-electron system biaryls. Org Lett, 2005, 7: 3721-3724.

[59] Kang H, Facchetti A, Zhu P, Jiang H, Yang Y, Cariati E, Righetto S, Ugo R, Zuccaccia C, Macchioni A, Stern C, Liu Z, Ho S T, Marks T J. Exceptional molecular hyperpolarizabilities in twisted π-electron system chromophores. Angew Chem Int Ed, 2005, 44: 7922-7925.

[60] Kang H, Facchetti A, Jiang H, Cariati E, Righetto S, Ugo R, Zuccaccia C, Macchioni A, Stern C L, Liu Z, Ho S T, Brown E C, Ratner M A, Marks T J. Ultralarge hyperpolarizability twisted π-electron system electro-optic chromophores: Synthesis, solid-state and solution-phase structural characteristics, electronic structures, linear and nonlinear optical properties, and computational studies. J Am Chem Soc, 2007, 129: 3267-3286.

[61] Brown E C, Marks T J, Ratner M A. Nonlinear response properties of ultralarge hyperpolarizability twisted π-system donor acceptor Chromophores. Dramatic environmental effects on response. J Phys Chem B, 2008, 112: 44-50.

[62] Marder S R. Metal-containing materials for nonlinear optics//Bruce D W, O' Hare D. Inorganic Materials. Chichester: John Wiley & Sons Inc., 1992: 115.

[63] Blanchard-Desee M, Runser C, Fort A, Barzoukas M, Lehn J M, Bloy V, Alain V. Large quadratic hyperpolarizabilities with donor-acceptor polyenes functionalized with strong donors. Comparison with donor-acceptor diphenylpolyenes. Chem Phys, 1995,199: 253-261.

[64] Main V, Fort A, Barzoukas M, Chert C T, Blanchard-Desce M, Marder S R, Perry J. The linear and non-linear optical properties of some conjugated ferrocene compounds with potent heterocyclic acceptors. Inorg Chim Acta, 1996, 242: 43-49.

[65] Alain V, Blanchard-Desce M, Chen C T, Marder S R, Fort A, Barzoukas M. Large optical nonlinearities with conjugated ferrocene and ruthenocene derivatives. Synthetic Met, 1996, 81: 133-136.

[66] Janowska I, Zakrzewski J, Nakatani K, Delaire J A, Palusiak M, Walak M, Scholl H. Ferrocenyl D-π-A chromophores containing 3-dicyanomethylidene-1-indanone and 1,3-bis(dicyanomethylidene) indane. J Organomet Chem, 2003, 675: 35-43.

[67] Malaun M, Reeves Z R, Paul R L, Jeffery J C, McCleverty J A, Ward M D, Asselberghs I, Clays K, Persoons A. Reversible switching of the first hyperpolarisability of an NLO-active donor-acceptor molecule based on redox interconversion of the octamethylferrocene donor unit. Chem Commun, 2001, 1: 49-50.

[68] Balavoine G G A, Daran J C, Iftime G, Lacroix P G, Manoury E, Delaire J A, Maltey-Fanton I, Nakatani K, Bella S D. Synthesis, crystal structures, and second-order nonlinear optical properties of new chiral ferrocenyl materials. Organometallics, 1999, 181: 21-29.

[69] Thomas K R J, Lin J T, Wen Y S. Synthesis, spectroscopy and structure of new push-pull ferrocene complexes containing heteroaromatic rings (thiophene and furan) in the conjugation chain. J Organomet Chem, 1999, 575: 301-309.

[70] Liao Y, Eichinger B E, Firestone K A, Haller M, Luo J, Kaminsky W, Benedict J B, Reid P J,

Jen A K Y, Dalton L R, Robinson B H. Systematic study of the structure-property relationship of a series of ferrocenyl nonlinear optical chromophores. J Am Chem Soc, 2000, 127: 2758-2766.

[71] Lecours S M, Guan H W, Dimagno S G, Wang C H, Therien M J. Push-pull arylethynyl porphyrins: New chromophores that exhibit large molecular first-order hyperpolarizabilities. J Am Chem Soc, 1996, 118: 1497-1503.

[72] Priyadarshy S, Therien M J, Beratan D N. Acetylenyl-linked, porphyrin-bridged, donor-acceptor molecules: A theoretical analysis of the molecular first hyperpolarizability in highly conjugated push-pull chromophore structures. J Am Chem Soc, 1996, 118: 1504-1510.

[73] Zhang T G, Zhao Y, Asselberghs I, Persoons A, Clays K, Therien M J. Design, synthesis, linear, and nonlinear optical properties of conjugated (porphinato)zinc(II)-based donor acceptor chromophores featuring nitrothiophenyl and nitrooligothiophenyl electron-accepting moieties. J Am Chem Soc, 2005, 127: 9710-9720.

[74] Ray P C, Leszczynski J. Nonlinear optical properties of highly conjugated push-pull porphyrin aggregates: Role of intermolecular interaction. Chem Phys Lett, 2006, 419: 578-583.

[75] Uyeda H T, Zhao Y, Wostyn K, Asselberghs I, Clays K, Persoons A, Therien M J. Unusual frequency dispersion effects of the nonlinear optical response in highly conjugated (polypyridyl)metal-(porphinato)zinc(II)chromophores. J Am Chem Soc, 2002, 124: 13806-13813.

[76] Luo J, Hua J, Qin J, Cheng J, Shen Y, Lu Z, Wang P, Ye C. The design of second-order nonlinear optical chromophores exhibiting blue-shifted absorption and large nonlinearities: The role of the combined conjugation bridge. Chem Commun, 2001, (2): 171-172.

[77] Saadeh H, Gharavi A, Yu D, Yu L. Polyimides with a diazo chromophore exhibiting high thermal stability and large electrooptic coefficients. Macromolecules, 1997, 30: 5403-5407.

[78] Moylan C R, Twieg R J, Lee V Y, Miller R D, Volksen W, Thackara J I, Walsh C A. Synthesis and characterization of thermally robust electro-optic polymers. Proc SPIE, 1994, 2285: 17-30.

[79] Gong W, Li Q, Li S, Lu C, Li Z, Zhu J, Zhu Z, Li Z, Wang Q, Cui Y, Qin J. New "Y" type nonlinear optical chromophores with good transparency and enhanced nonlinear optical effects. Mater Lett, 2007, 61: 1151-1153.

[80] Moylan C R, Ermer S, Lovejoy S M, McComb I H, Leung D S, Wortmann R, Krdmer P, Twieg R J. (Dicyanomethylene)pyran derivatives with C_{2v} symmetry: An unusual class of nonlinear optical chromophores. J Am Chem Soc, 1996, 118: 12950-12955.

[81] Yang Y, Xu H, Liu F, Wang H, Deng G, Si P, Huang H, Bo S, Liu J, Qiu L, Zhen Z, Liu X. Synthesis and optical nonlinear property of Y-type chromophores based on double-donor structures with excellent electro-optic activity. J Mater Chem C, 2014, 2: 5124-5132.

[82] Li Q, Yu G, Huang J, Liu H, Li Z, Ye C, Liu Y, Qin J. Polyurethanes containing indole-based non-linear optical chromophores: From linear chromophore to H-type. Macromol Rapid Commun, 2008, 29: 798-803.

[83] Wu W, Ye C, Qin J, Li Z. Introduction of an isolation chromophore into an "H"-shaped NLO

polymer: Enhanced NLO effect, optical transparency, and stability. ChemPlusChem, 2013, 78: 1523-1529.

[84] Sullivan P A, Bhattacharjee S, Eichinger B E, Firestone K A, Robinson B H, Dalton L R. Exploration of a series type multifunctionalized nonlinear optical chromophore concept. Proc SPIE, 2004, 5351: 253-259.

[85] Kang H, Li S, Wang P, Wu W, Ye C. Second-order nonlinearities of poled film containing the multi-intramolecular charge-transfer chromophore. Synth Met, 2001, 121: 1469-1470.

[86] Wang P, Zhu P, Wu W, Kang H, Ye C. Design of novel nonlinear optical chromophores with multiple substitutions. Phys Chem Chem Phys,1999, 1: 3519-3525.

[87] Kang H, Zhu P W, Yang Y, Facchetti A, Marks T. Self-assembled electrooptic thin films with remarkably blue-shifted optical absorption based on an X-shaped chromophore. J Am Chem Soc, 2004, 126: 15974-15975.

[88] Qin A, Yang Z, Bai F, Ye C. Design and synthesis of a thermally stable second-order nonlinear optical chromophore and its poled polymers. J Polym Sci Part A: Polym Chem, 2003, 41: 2846-2853.

[89] Qin A, Bai F, Ye C. Design of novel X-type second-order nonlinear optical chromophores with low ground state dipole moments and large first hyperpolarizabilities. J Mol Struct, 2003, 631: 79-85.

[90] Cho B R, Lee S J, Lee S H, Son K H, Kim Y H, Doo J Y, Lee G J, Kang T I, Lee Y K, Cho M, Jeon S J. Octupolar crystals for nonlinear optics: 1,3,5-trinitro-2,4,6-tris(styryl)benzene derivatives. Chem Mater, 2001, 13: 1438-1440.

[91] Cho B R, Chajara K, Oh H J, Son K H, Jeon S J. Synthesis and nonlinear optical properties of 1,3,5-methoxy-2,4,6-tris(styryl)benzene derivatives. Org Lett, 2002, 4: 1703-1706.

[92] Hennrich G, Cavero E, Barberá J, Gómez-Lor B, Hanes R E, Talarico M, Golemme A, Serrano J L. Optoelectronic devices based on mesomorphic, highly polarizable 1,3,5-trisalkynyl benzenes. Chem Mater, 2007, 19: 6068-6070.

[93] Hennrich G, Asselberghs I, Clays K, Persoons A. Tuning octopolar NLO chromophores: Synthesis and spectroscopic characterization of persubstituted 1,3,5-tris(ethynylphenyl)benzenes. J Org Chem, 2004, 69: 5077-5081.

[94] Oliva M M, Casado J, Hennrich G, Navarrete J T L. Octopolar chromophores based on donor- and acceptor-substituted 1,3,5-tris(phenylethynyl)benzenes: Impact of meta-conjugation on the molecule theory. J Phys Chem B, 2006, 110: 19198-19206.

[95] Asselberghs I, Hennrich G, Clays K. Proton-triggered octopolar NLO chromophores. J Phys Chem A, 2006, 110: 6271-6275.

[96] Noordman O F J, Hulst N F. Time-resolved hyper-Rayleigh scattering: Measuring first hyperpolarizabilities beta of fluorescent molecules. Chem Phys Lett, 1996, 253: 145-150.

[97] Ronchi M, Biroli A O, Marinotto D, Pizzotti M, Ubaldi M C, Pietralunga S M. The role of the chromophore size and shape on the SHG stability of PMMA films with embebbed NLO active macrocyclic chromophores based on a cyclotetrasiloxane scaffold. J Phys Chem C, 2011, 115: 4240-4246.

[98] Zhang C, Lu C, Zhu J, Lu G, Wang X, Shi Z, Liu F, Cui Y. The second-order nonlinear optical materials with combined nonconjugated D-π-A units. Chem Mater, 2006, 18: 6091-6093.

[99] Zhang C, Lu C, Zhu J, Wang C, Lu G, Wang C, Wu D, Liu F, Cui Y. Enhanced nonlinear optical activity of molecules containing two D-π-A chromophores locked parallel to each other. Chem Mater, 2008, 20: 4628-4641.

[100] Liao Y, Firestone K A, Bhattacharjee S, Luo J, Haller M, Hau S, Anderson C A, Lao D, Eichinger B E, Robinson B H, Reid P J, Jen A K Y, Dalton L R. Linear and nonlinear optical properties of a macrocyclic trichromophore bundle with parallel-aligned dipole moments. J Phys Chem B, 2006, 110: 5434-5438.

第4章

有机二阶非线性光学高分子

常见的二阶非线性光学材料主要有无机晶体、有机晶体、金属有机配合物、高分子材料等。到目前为止，已经商业化的产品基本都是无机晶体，如磷酸二氢钾(KH_2PO_4, KDP)、磷酸氧钛钾($KTiOPO_4$, KTP)、铌酸锂($LiNbO_3$, LN)等[1]。与这些无机晶体相比，有机二阶非线性光学材料以其超快响应速度、较强的非线性光学效应、高的光学损伤阈值、优异的加工性能和低介电常数等优点而受到了科学家越来越多的重视[2,3]。

早在 1979 年，Havinga 等[4]就将生色团掺杂到聚合物主体中，经加热和电场极化来测定电致变色现象，以研究分子内的电荷转移过程。在此工作的启示下，1982 年，Meredith 等[5]提出"极化聚合物"概念。自此，越来越多的科学家开始了有机二阶非线性光学高分子的研究。正如在第 2 章中所讨论的，非线性光学生色团只有在非中心对称排列时才能表现出宏观的二阶非线性光学效应。而二阶非线性光学生色团通常是由电子给体(D)-共轭桥(π)-电子受体(A)所构成的刚性棒状结构分子(详见第 3 章所述)，其正负电荷分离的结构通常会产生非常强的静电相互作用，导致生色团在宏观上更趋向于中心对称的排列。因此，必须通过一些方法来促使生色团形成定向有序的排列，如图 4-1 所示[6]。首先将聚合物薄膜加热到一定温度[最佳温度通常在聚合物的玻璃化转变温度(T_g)附近或略高于此温度]，同时加外电场进行极化处理，使生色团分子按照电场方向获得一定取向的排列，极化一定时间后，冷却，使聚合物链段冻结，最后再去除电场，使聚合物达到定向取向的目的，从而可以表现出宏观的二阶非线性光学效应。经此处理后的聚合物就是极化聚合物，得到的薄膜就是极化膜。显而易见，极化聚合物与晶体相比有许多优点[6]：生色团的取向是通过外加电场来控制的，避免了晶体生长会遇到的许多障碍；聚合物的种类繁多且易于修饰，容易进行折射率的调节而使得相位匹配条件更容易满足；聚合物具有优异的加工和力学性能等。到目前为止，有机二阶非线性光学材料几乎特指极化聚合物。

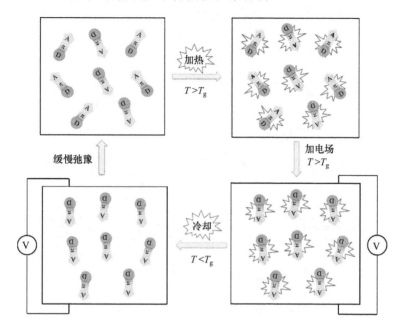

图 4-1　二阶非线性光学聚合物极化过程示意图

　　另外，有机二阶非线性光学材料若要代替已经商业化的无机晶体，满足实际应用的要求，必须同时达到以下三个主要条件：足够强的宏观二阶非线性光学效应、良好的稳定性以及尽可能低的光学损耗[7]。事实上，如果就某一具体指标而言，在 21 世纪初，实验室的研究结果就能满足大部分的要求，即使是最难以满足的"足够强的宏观二阶非线性光学效应"也已经有了很大的进展。遗憾的是，同时满足这三点要求是十分困难的，原因在于，实用化的三点要求并不是孤立的，而是密切联系且相互制约的。由图 4-2 可以看出，在有机二阶非线性光学材料中，相互制约的因素主要有以下几点[8]：①提高生色团分子二阶非线性光学系数可增强极化膜的宏观二阶非线性光学效应，但也将导致生色团吸收波长红移，从而加大了光的传播损耗；②提高生色团的偶极矩，在改善极化效率的同时，也增大了分子间的静电相互作用，结果是不仅限制了生色团的有效浓度，也降低了取向有序度，最终反而减弱了极化膜的宏观二阶非线性光学效应；③增加生色团的含量在理论上可以增强极化膜的宏观二阶非线性光学效应，但同时又将增强分子偶极的静电相互作用，反而又抑制了宏观二阶非线性光学效应的提升；④提高聚合物的玻璃化转变温度对提高极化膜的取向稳定性具有十分重要的意义，但这类具有高玻璃化转变温度的材料对极化条件的要求会更加苛刻，经常难以极化，导致宏观二阶非线性光学效应减弱。这些相互制约的关系，被科学家们总结为"非线性-稳定性"矛盾以及"非线性-透光性"矛盾。

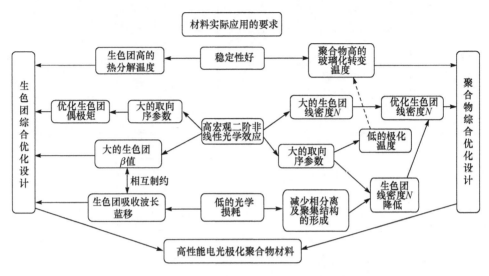

图 4-2　极化聚合物性能综合优化关系图

在过去的 20 年，针对"如何同时满足有机二阶非线性光学材料实用化的三点要求"，科学家们开展了一系列工作，并在该领域取得了长足的进展。本章中，根据高分子的不同类别，分四个部分对有机二阶非线性光学高分子领域近 20 年内取得的进展进行详细论述。

4.1　有机二阶非线性光学线型高分子

4.1.1　有机二阶非线性光学线型高分子的分类

线型高分子是空间构型最为简单的高分子类型，也是研究最为透彻的高分子。目前，有机二阶非线性光学线型高分子主要包括主客体型、侧链型、主链型、交联型、超分子自组装型（图 4-3）等。

1. 主客体型有机二阶非线性光学高分子

主客体型有机二阶非线性光学高分子是最早研究的一类极化聚合物，它是以一种聚合物作为主体材料，以二阶非线性光学生色团作为客体材料掺杂而形成的。聚合物主体材料一般需要满足以下几点要求：①良好的光学透明性，以降低极化聚合物的光学损耗；②较高的玻璃化转变温度，以提高极化聚合物中生色团的取向稳定性；③极高的介电强度，但通常其相对介电常数应小于 10，才可避免在极化的过程中被高压击穿；④良好的溶解性和加工性能；⑤与二阶非线性光学生色团具有良好的相容性。能同时满足上述条件的聚合物并不多，目前使用较多的有聚甲基丙烯酸甲酯(PMMA)、聚碳酸酯(PC)、聚苯乙烯(PS)等，其结构如图 4-4 所示。

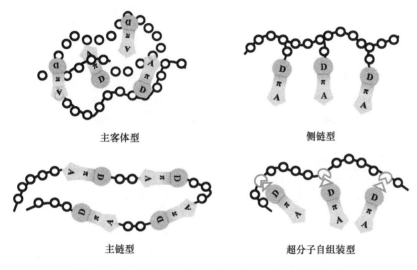

主客体型　　　　　　　　　　　　侧链型

主链型　　　　　　　　　　　　超分子自组装型

图 4-3　不同类型的有机二阶非线性光学线型高分子

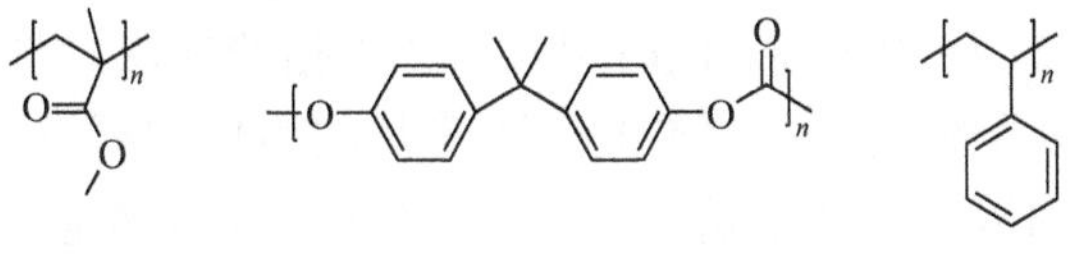

PMMA　　　　　　　　PC　　　　　　　　PS

图 4-4　常见的几类主体聚合物材料

　　此类极化聚合物最大的优势在于制备工艺简单，这也是早期关于有机二阶非线性光学高分子的研究均是基于此类高分子的原因。例如，Meredith 等[5]提出"极化聚合物"的概念时所使用的体系就是主客体掺杂体系。他们将二阶非线性光学生色团 **C4-1** 以 2%的质量分数掺杂于液晶共聚物 **P4-1**(图 4-5)中，通过旋涂法制备了二者掺杂的聚合物薄膜，并通过极化得到了相应的主客体型极化聚合物。通过测试其二次谐波产生(SHG)信号，计算出该极化聚合物的宏观二阶非线性光学系数 $\chi^{(2)}$ 为 3×10^{-9} esu。紧随其后，1986 年，Singer 等[9]将生色团 **C4-2** 以 12%的质量分数掺杂到 PMMA 中，得到了 $\chi^{(2)}$ 为 4×10^{-9} esu 的极化聚合物；1987 年，Hill

等[10]将生色团 **C4-3** 以 10%的质量分数掺杂到偏氟乙烯-三氟乙烯共聚物中制备了
$\chi^{(2)}$为 6.1×10^{-9} esu 的极化聚合物等（图 4-5）。

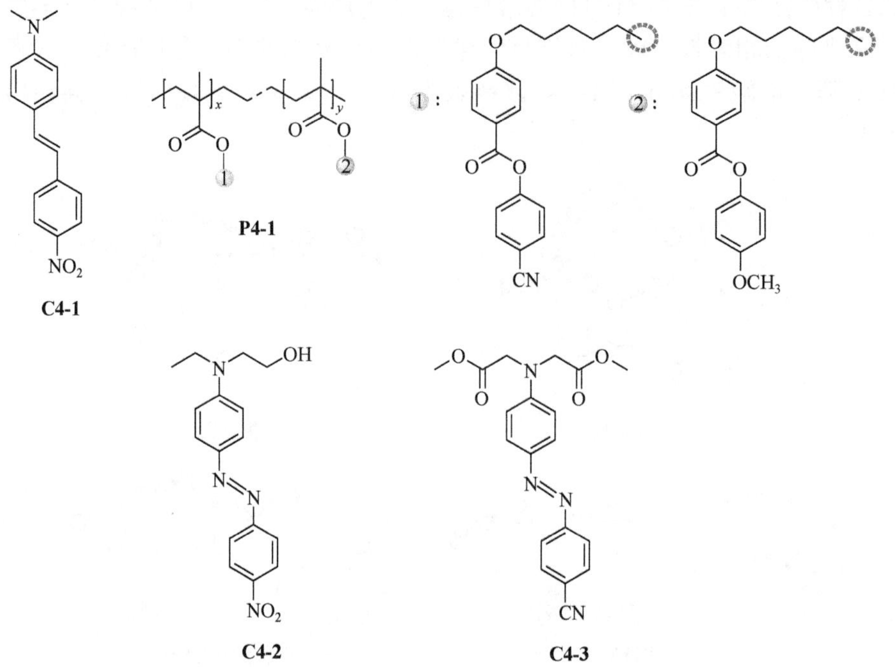

图 4-5　最早研究的主客体型极化聚合物体系

　　尽管这类聚合物的制备简单，同时也取得了不错的宏观二阶非线性光学效应，
然而其固有的一些缺陷使得这类聚合物难以满足实用化的要求。例如，生色团客
体在主体聚合物中的混溶性通常较差，使得生色团的有效浓度难以提高，限制了
其宏观二阶非线性光学效应的进一步增强；由于这种主客体体系是混合物，主客
体之间的相分离和加工过程中的升华以及客体生色团的结晶趋势会降低极化膜的
透明性和生色团有序化排列的稳定性。因此，这种基于主客体型有机二阶非线性
光学高分子的研究已经逐步被淘汰。

　　但近年来，基于这种主客体型极化聚合物制备简单的特点，科学家们开始使
用这种体系来评价新设计的生色团的优劣[11-15]。例如，2012 年，Liu 等[11]设计了
一种新型的生色团 **C4-4**（图 4-6），将该生色团以 40%的质量分数掺杂于无定形的
聚碳酸酯中制备得到的极化聚合物表现出了非常强的宏观二阶非线性光学效应，
其电光系数γ_{33}高达 337 pm/V。2015 年，该课题组又发展了一系列 Y 型生色团
C4-5、**C4-6** 和 **C4-7**（图 4-6），并用这类主客体体系对其生色团的性质进行了表征，
也取得了不错的效果[15]。

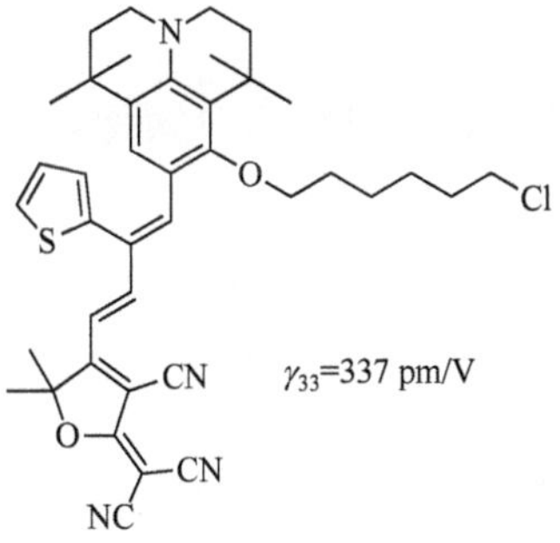

C4-4

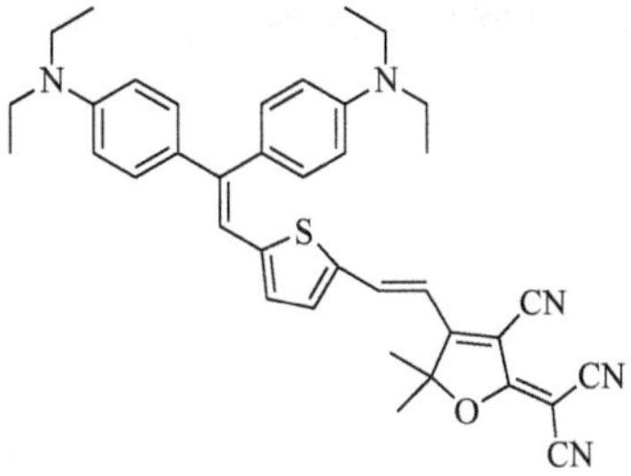

C4-5

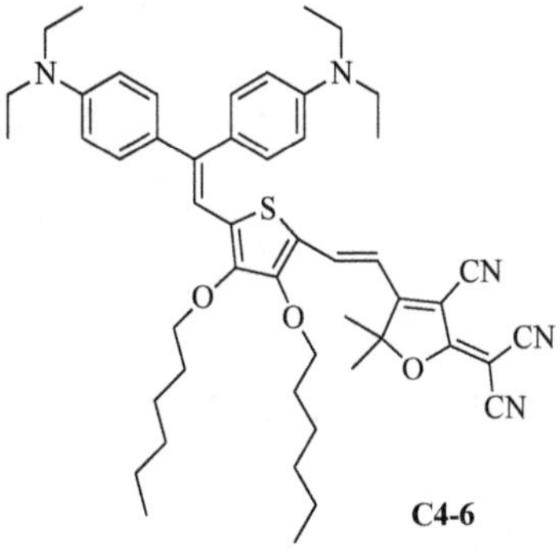

C4-6

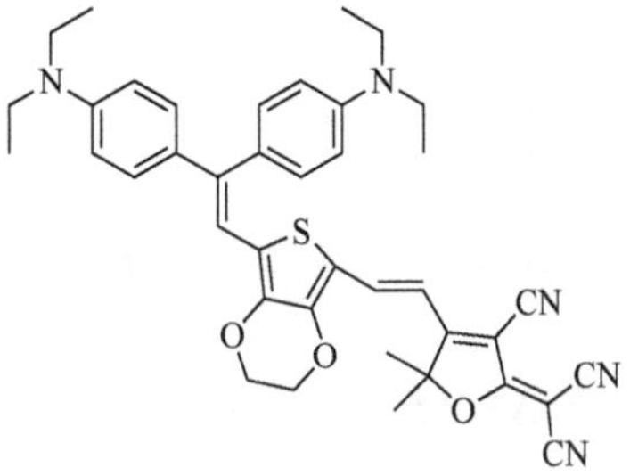

C4-7

图 4-6　可应用于主客体型材料中有机生色团的分子结构

2. 侧链型有机二阶非线性光学高分子

为了避免前面所述的主客体型有机二阶非线性光学高分子的缺陷，科学家们在 20 世纪 80 年代末就开始尝试将生色团以侧链的方式连接到聚合物中，以获得侧链型有机二阶非线性光学高分子。与通过掺杂得到的聚合物体系相比，这种通过功能化方法制备的极化聚合物具有明显的优势：由于不存在相分离的问题，生色团的有效浓度可以大幅度提高，而且膜的质量有了明显改善；由于生色团直接键合到聚合物主链上，生色团的运动不再完全自由，极化后生色团有序化排列的稳定性也大幅度提高。

在早期的工作中，Ye 等的工作是比较有代表性的。早在 1987 年，他们就将一系列具有高 SHG 活性的生色团连接到了聚苯乙烯中，得到了聚合物 **P4-2**(图 4-7)[16]。所得到的极化聚合物无论在生色团含量、宏观二阶非线性光学效应以及极化后生色团有序化排列的稳定性等方面均比掺杂体系有了很大的提高。1988 年，他们通过聚乙烯苯酚与生色团的对甲苯磺酸酯反应，得到了一系列生色团含量可调、透明度与机械性能均较好的聚合物极化膜 **P4-3**(图 4-7)[17]。所

得到的极化膜的 d_{33} 值达到了 18×10^{-9} esu，超过商品化无机晶体铌酸锂。而且，这些聚合物均可通过后功能化的方法制备，合成过程十分简便。

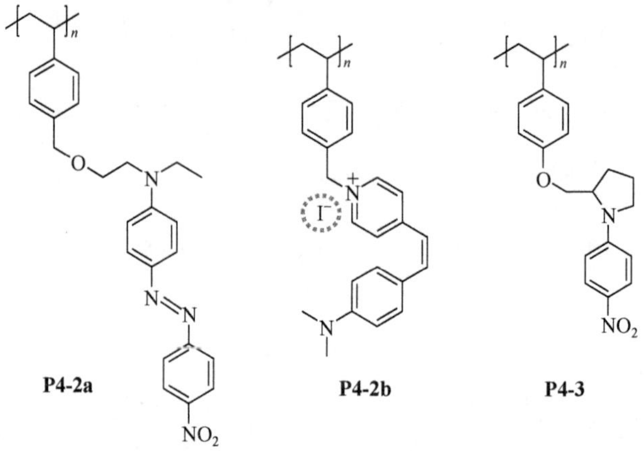

图 4-7　侧链型有机二阶非线性光学高分子 **P4-2** 和 **P4-3** 的结构

　　然而，在这种侧链型极化聚合物中，虽然生色团有序化排列的稳定性较主客体型有了提高，但绝大多数情况仍然未能满足实用化的需求。采用具有高的玻璃化转变温度的聚合物作为主链是通常的解决方案，在这方面，最好的工作莫过于 1995 年 IBM 公司的 Burland 等发表在 *Science* 上的结果[18]。他们采取具有高玻璃化转变温度的聚酰亚胺作为聚合物主链，通过对聚合物主链和生色团结构的微调，制备了一系列侧链型有机二阶非线性光学高分子 **P4-4**(图 4-8)。**P4-4** 的生色团有序化排列的稳定性都非常好，其二阶非线性光学效应可在高达 225 ℃的温度下保持长期稳定性。然而，过高的玻璃化转变温度也使得该系列聚合物薄膜的极化条件异常苛刻，例如，**P4-4a** 需要在 310 ℃的高温下才能够极化，这极大地限制了其应用。

　　除此以外，在 20 世纪 90 年代，还有许多科学家在此领域做了大量的工作，在此就不进行详细论述了。这些工作的共同点都是：当以聚甲基丙烯酸酯类等具有较低玻璃化转变温度的聚合物作为主链时，所得到的聚合物均有较强的宏观二阶非线性光学效应，但是其生色团有序化排列的稳定性却不佳[19-28]；而当以聚酰亚胺等具有较高玻璃化转变温度的聚合物作为主链时，生色团有序化排列的稳定性有了明显改善，但代价却是极化聚合物的极化条件变得苛刻，甚至难以极化[18, 29-33]。这也是前面所述"非线性-稳定性"矛盾的典型示例。

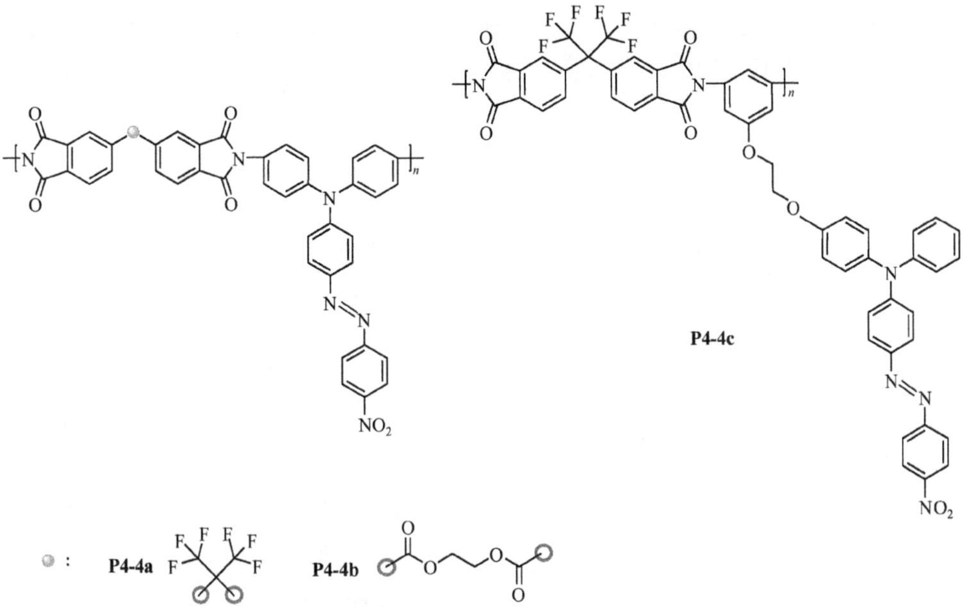

图 4-8　具有高玻璃化转变温度的侧链型有机二阶非线性光学高分子 **P4-4**

3. 主链型有机二阶非线性光学高分子

聚合物主链的刚性较大，链段的运动需要克服较大的阻力。基于此，部分科学家将生色团直接引入聚合物主链中，通过聚合物主链来限制极化后生色团的自由运动，从而提高极化膜中生色团有序化排列的稳定性。这种直接把生色团引入聚合物主链中所得到的聚合物，就是主链型有机二阶非线性光学高分子。

最早开展主链型有机二阶非线性光学高分子研究的科学家是美国的 Dalton 等。早在 1993 年，他们就将砜基偶氮苯生色团通过酯化反应引入不同的聚合物主链中，制备了一系列主链型二阶非线性光学高分子 **P4-5**（图 4-9）[34]。其中，**P4-5d** 具有最好的综合性能，其 d_{33} 值高达 150 pm/V，而且其信号可以保持 1300 h 不衰减，表现出了良好的稳定性。同时，他们指出，聚合物主链的刚性是这类主链型有机二阶非线性光学高分子能否表现出良好的生色团有序化排列稳定性的关键。以柔性链作为聚合物主链的 **P4-5a**，其二阶非线性光学效应的稳定性与侧链型聚合物相当。

紧随其后，越来越多的科学家加入了对主链型有机二阶非线性光学高分子研究的行列。他们的工作大多数都证明了这类主链型有机二阶非线性光学高分子具有非常好的生色团有序化排列稳定性[35-43]。然而，在其后的十几年中，却再也难以达到如此强的宏观二阶非线性光学效应，大部分主链型有机二阶非线性光学高分子的 d_{33} 值仅有不到 50 pm/V，甚至有些不足 10 pm/V。其原因在于，这种将生色团直接嵌入聚合物主链中的结构，会加大生色团极化时的取向排列难度，直接导致这些主链型聚合物的宏观二阶非线性光学效应较弱。也正因为此，近年来主链型有机二阶非线性光学高分子已经逐步被交联型高分子替代。

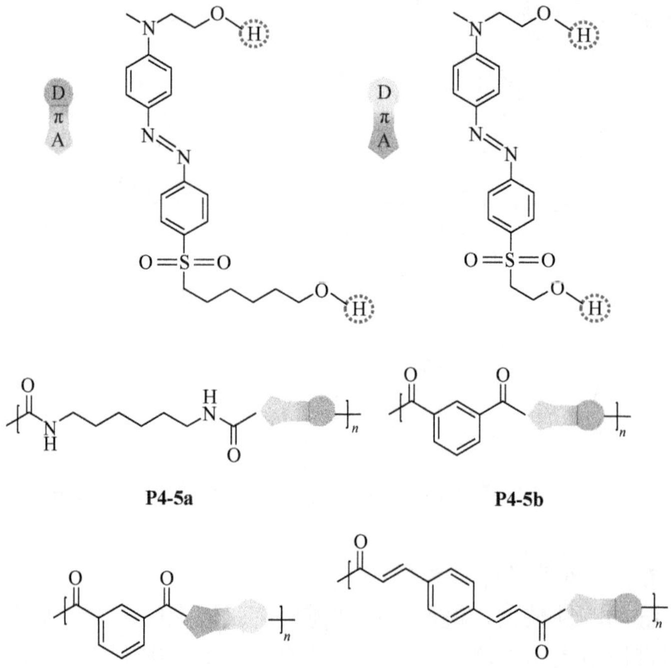

图 4-9　含砜基偶氮苯生色团的主链型有机二阶非线性光学高分子 **P4-5**

4. 交联型有机二阶非线性光学高分子

众所周知，聚合物发生交联后，自由体积迅速减小，分子链的运动将受到更多约束。因此，将交联型聚合物应用于二阶非线性光学高分子时，可以明显提高生色团有序化排列的稳定性。但是，交联型聚合物不溶不熔的特性会给材料的加工带来障碍。因此，通常的做法是将交联反应控制在极化过程后或极化过程中。通常制备交联型极化聚合物的方法为：首先，将含可交联基团以及生色团的聚合物体系制成薄膜，然后进行高温极化，极化完成后（或极化进行时），保持电场存在的前提下进行交联反应，最终制成交联型聚合物。从其制备的过程中可以看出，这类交联型极化聚合物可以同时具有侧链型聚合物二阶非线性光学效应相对较强和主链型聚合物生色团有序化排列稳定性较高的优点。

早在 1992 年，美国芝加哥大学的 Yu 等就开展了关于交联型有机二阶非线性光学高分子的探索[44]。他们首先通过酰胺化反应，将硝基偶氮苯生色团引入高分子侧链，得到了聚合物 **P4-6**（图 4-10）。在该聚合物的主链中，含有大量的可交联的碳碳三键。在极化的过程中，碳碳三键之间会发生化学反应，形成交联型聚合物，因此得到的极化膜具有很好的稳定性。测试表明，**P4-6** 的 d_{33} 值为 20 pm/V，且该值在 1000 h 后仍然没有任何衰减。

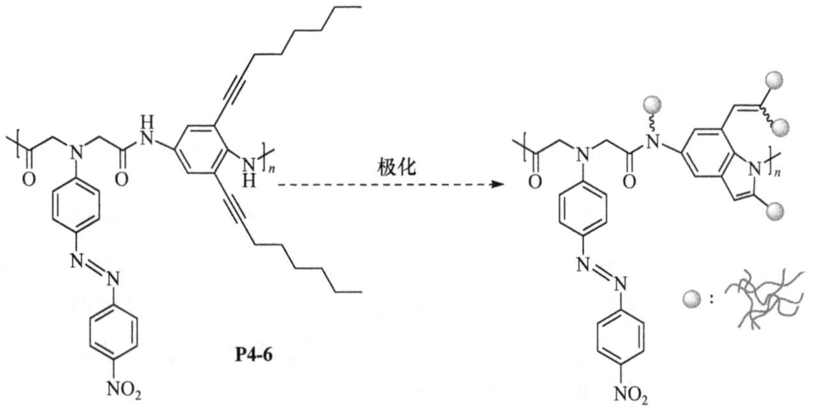

图 4-10　可交联的有机二阶非线性光学高分子 **P4-6**

Dalton 等在交联型有机二阶非线性光学高分子领域同样做了很多前期的探索性工作，主要集中于交联型聚氨酯体系[45-49]。例如，2000 年，他们制备了一系列含羟基的具有高 $\mu\beta$ 值的生色团，并将这些生色团与含有异氰酸酯基团的化合物共混涂膜，在极化的过程中，羟基与异氰酸酯之间就会发生交联反应，形成稳定的交联型有机二阶非线性光学高分子 **P4-7**（图 4-11）。这些聚合物的电光系数 γ_{33} 值为 30～55 pm/V，且具有良好的长期稳定性。同时，他们还研究了生色团结构、单体性质、交联程度等对聚合物极化膜性质的影响，结果表明，过度交联会降低聚合物的极化效率，生色团自身的交联则反而会降低生色团的取向稳定性，而刚性的交联单元则能够提高聚合物的热稳定性和极化效率。

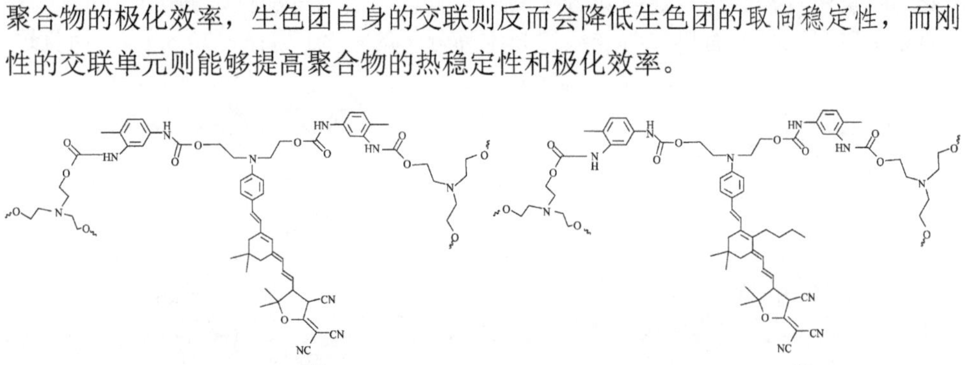

P4-7c

P4-7d

图4-11 交联型有机二阶非线性光学聚合物 **P4-7** 的结构

除此以外，热固性环氧树脂、聚酰亚胺、聚脲等都可用于合成交联型有机二阶非线性光学聚合物。另外，随着最近"点击化学"反应的兴起，此类反应也在近年来被用于制备交联型有机二阶非线性光学高分子。其中，比较典型的是 Jen 等基于"Diels-Alder 反应"以及 Odobel 等基于"叠氮-炔"点击化学反应所制备的各种交联体系，将在后面章节中进行详细阐述。

5. 超分子自组装型有机二阶非线性光学高分子

顾名思义，此类高分子指的是通过单体之间的自组装效应所形成的有机二阶非线性光学超分子体系。这类高分子的形成条件十分温和，因而许多对温度和化学环境较为敏感的高 $\mu\beta$ 值生色团可以通过这种技术引入极化聚合物中。2000 年，Yu 等报道了一种具有代表性的超分子自组装型有机二阶非线性光学高分子[50]。他们设计了如图 4-12 所示的三种氢键受体和含不同二阶非线性光学生色团的氢键给体。氢键受体两端的酰亚胺基上的氢原子和氧原子能分别与氢键给体两端吡啶上的氮原子和二酰胺基氮上的氢原子，在较为温和的条件下形成氢键，并可以通过该氢键形成类似聚合物的超分子自组装型有机二阶非线性光学高分子 **P4-8**。与普通的线型聚合物类似，这些聚合物同样具有较高的黏度和良好的可加工性。这些超分子自组装型的有机二阶非线性光学高分子的 γ_{33} 值为 16～70 pm/V，而且这

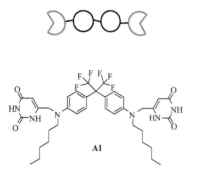

A1

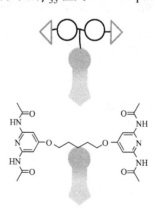

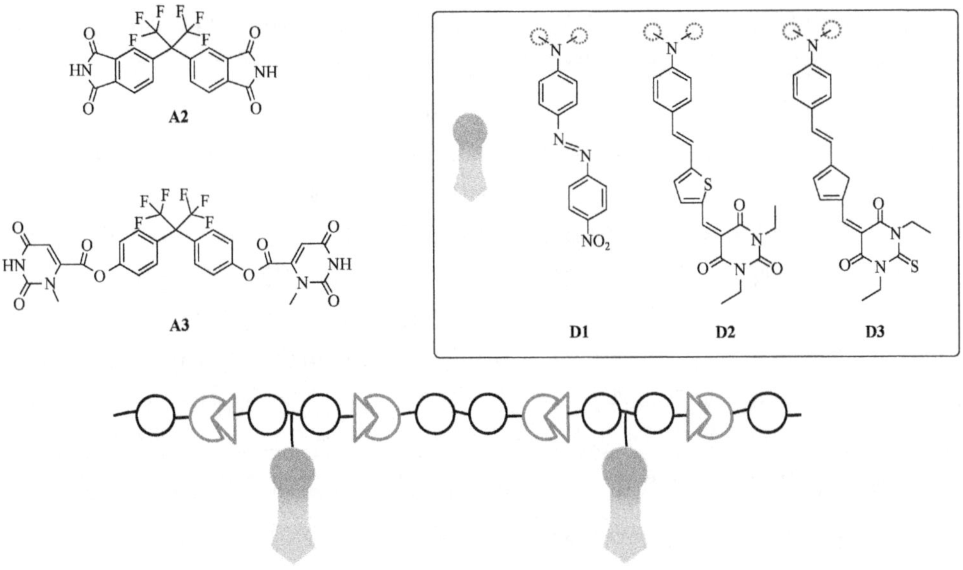

图 4-12　超分子自组装型有机二阶非线性光学高分子 **P4-8** 的结构

些高分子的 SHG 信号在室温下经过 4000 h 后都没有任何变化，表现出优异的生色团有序化排列稳定性。

　　2007 年，Jen 等[51]利用苯与全氟苯之间的自组装效应，发展了另外一种超分子自组装型有机二阶非线性光学高分子，得到了高达 327 pm/V 的电光系数。我们将会在 4.1.2 小节中进行详细讨论。

　　虽然这类超分子自组装型有机二阶非线性光学高分子在有限的几个体系内都表现出了良好的综合性能，但是关于这类高分子的研究并不常见。究其原因，没有合适的通用体系是制约其发展的一大难题。

4.1.2　提高线型高分子二阶非线性光学性能的方法

　　如前所述，足够强的宏观二阶非线性光学效应、良好的稳定性以及尽可能低的光学损耗是有机二阶非线性光学高分子满足实际应用的三大基本要求。其中，最难以满足的就是足够强的宏观二阶非线性光学效应。因此，在过去的近 20 年内，科学家们提出了多种方案去试图解决这一问题，也取得了一定的进展。接下来，我们将大体按照时间顺序对其进行详细论述。

　　1. 位分离原理及树枝状间隔基团的引入

　　二阶非线性光学生色团通常是由电子给体 (D) - 共轭桥 (π) - 电子受体 (A) 所构成的刚性棒状结构分子，而其正负电荷分离的结构通常会使生色团之间产生非常强的静电相互作用，使得生色团在宏观上更趋向于中心对称的排列。这也是增强聚合物宏观二阶非线性光学效应如此困难的内在原因[52,53]。

早在 1999 年，Dalton 课题组就对生色团的形状进行了研究[54,55]。图 4-13 是以 FTC 为客体生色团，聚甲基丙烯酸甲酯为主体聚合物所形成的主客体型二阶非线性光学聚合物其宏观二阶非线性光学效应（以电光系数表示）与生色团的浓度关系图。从图中可以明显看出，随着生色团浓度的升高，生色团间的静电相互作用也会越强，这种强静电相互作用会降低生色团的极化取向度，降低宏观二阶非线性光学效应。这一结果与理论计算相符，且在极化后，当生色团之间静电相互作用完全相同时，球型生色团比刚性椭球型生色团表现出更好的有序化排列（图 4-13 虚线），促使其宏观二阶非线性光学效应大幅度增强。因此，他们指出，可以通过化学修饰在生色团上引入一个不影响生色团二阶非线性光学系数 β 的基团作为间隔来改变其空间构象，使其更加趋近于球型结构，进而削弱生色团之间强烈的偶极-偶极静电相互作用，从而增强材料的宏观二阶非线性光学效应。这就是所谓的"位分离原理"。

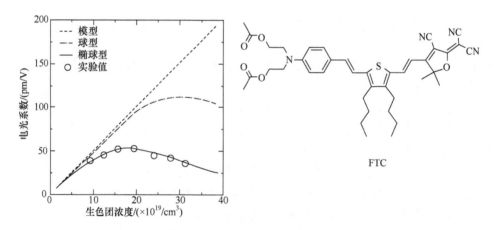

图 4-13　生色团 FTC 的结构以及 FTC 生色团/聚甲基丙烯酸甲酯体系的电光系数与生色团浓度的关系

图 4-14 就是位分离原理应用的一个典型例子。2002 年，Jen 等[56]通过在生色团 **C4-8** 周围引入全氟取代的树枝状基团，合成了生色团 **C4-9**。间隔基团的引入不仅直接降低了生色团之间的静电相互作用，而且使生色团的构象更加趋近于位分离原理所提出的球型结构。因此，基于生色团 **C4-9** 极化薄膜的电光系数 γ_{33} 值达到了 30 pm/V，是其原型棒状生色团 **C4-8** 的 3 倍。同时，其热稳定性与光学透明性也有明显改善。

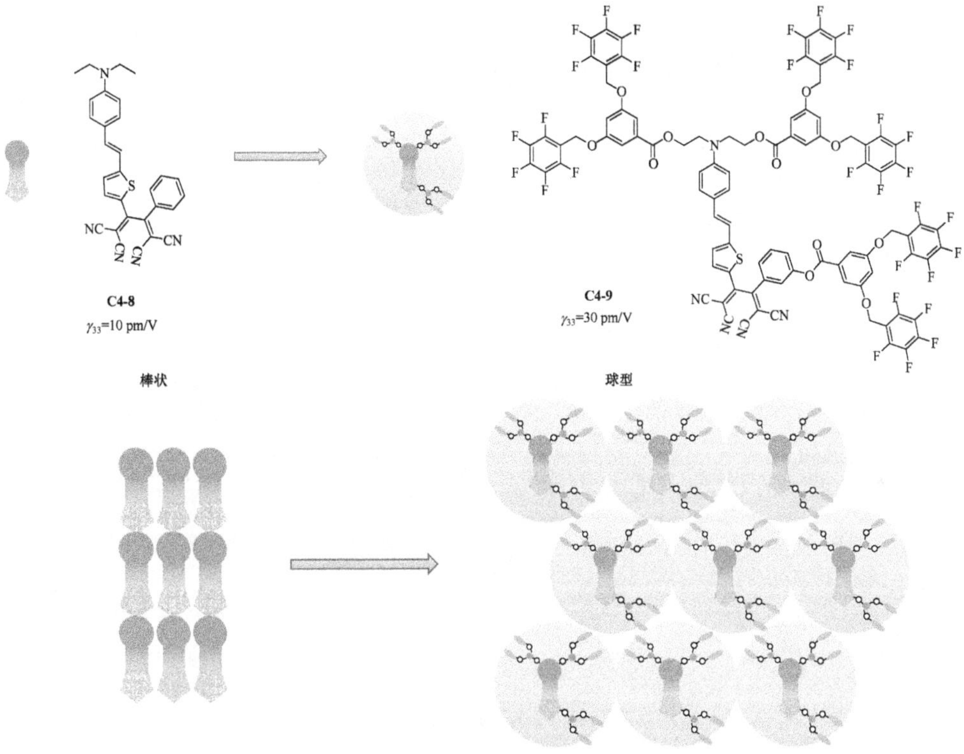

C4-8
$\gamma_{33}=10$ pm/V

棒状

C4-9
$\gamma_{33}=30$ pm/V

球型

图 4-14　位分离原理的典型示例和二维示意图

　　随后，根据位分离原理，科学家们逐渐将树枝状结构引入有机二阶非线性光学高分子中，所得大分子的共同点就是拥有被间隔基团所包围的生色团。2002 年，Jen 等[57]合成了侧链含生色团质量分数在 20%左右的侧链型有机二阶非线性光学聚合物 **P4-9**（图 4-15）。他们在每个生色团的周围均修饰了一个树枝状的间隔基团以降低生色团之间的静电相互作用。测试结果表明，聚合物 **P4-9a** 和 **P4-9b** 的γ_{33}值分别高达 81 pm/V 和 97 pm/V，这在当时也是突破性的结果。在此基础上，他们于 2004 年又在高分子主链上引入了树枝状单元作为间隔基团[58]。而得到的聚合物 **P4-10**（图 4-15）具有更强的宏观二阶非线性光学效应，其γ_{33}值达到了 111 pm/V。同时，研究结果表明，由于 **P4-10** 的高分子主链上也引入了大量的树枝状单元，整个高分子主链的构象为圆柱型，同样有利于生色团的有序化排列。

　　如前所述，当使用具有高玻璃化转变温度的高分子（如聚酰亚胺）作为主链时，得到的二阶非线性光学高分子往往具有非常好的稳定性，然而却难以极化。为了解决此问题，Jen 等[59]于 2004 年进一步将这种含有树枝状间隔基团的生色团引入了聚酰亚胺主链中，制得了聚合物 **P4-11**。除了所用的聚合物主链不同外，其结构与 **P4-9b** 类似。测试表明，**P4-11** 的γ_{33}值也可达 71 pm/V，与 **P4-9b** 的测试结

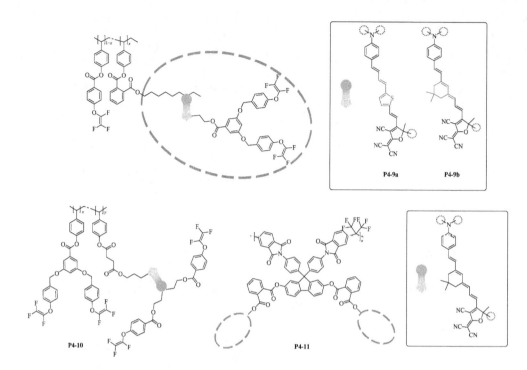

图 4-15　聚合物 **P4-9**、**P4-10** 和 **P4-11** 的结构

果接近，证明树枝状结构的引入可以很好地解决高 T_g 聚合物作为主链时极化效率较低的问题。同时，**P4-11** 体现出 **P4-9b** 所不具有的生色团有序化排列的稳定性：**P4-11** 极化膜的 γ_{33} 值在 85 ℃经过 600 h 后，仍保持了初始值的 90%；而 **P4-9b** 极化膜的 γ_{33} 值在 70 ℃经过 144 h 后，仅保持了初始值的 37%。

　　2006 年，Dalton 等[60]利用生色团与树枝状间隔基团共聚，合成了树枝状聚合物 **P4-12**（图 4-16）。同时，还制备了模型生色团 **C4-10** 作为对比。在该体系中，位分离效应可以通过紫外-可见吸收光谱得以体现：在四氢呋喃溶剂中，聚合物 **P4-12a**、**P4-12b** 以及模型生色团 **C4-10** 的最大吸收波长几乎完全相同，均在 683 nm 左右；而当溶剂的极性增大，如使用氯仿做溶剂时，**C4-10** 的最大吸收波长红移至 754 nm，而聚合物 **P4-12a** 和 **P4-12b** 的最大吸收波长仍然为 690 nm，说明树枝状间隔基团的引入可以很好地将生色团"保护"起来，从而降低外界（如溶剂化作用）对它的影响。同时，在薄膜状态下，**P4-12a** 和 **P4-12b** 的最大吸收波长依然比 **C4-10** 蓝移了近 40 nm，说明间隔基团还可以有效防止生色团之间的聚集。这些都有利于极化过程中生色团的有序化排列。因此，在相同的极化条件下，**P4-12a** 和 **P4-12b** 均表现出了比模型生色团 **C4-10** 更强的宏观二阶非线性光学效应。

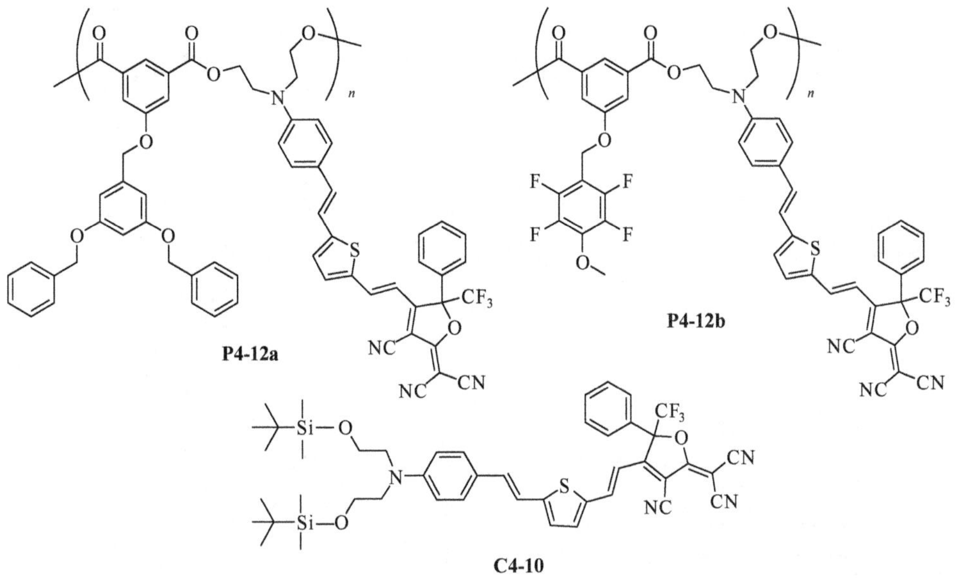

图 4-16 聚合物 **P4-12** 及其模型生色团 **C4-10** 的结构

嵌段共聚物(block copolymer)是由化学结构不同的链段交替聚合而成的线型共聚物，它可以将多种聚合物的优良性质结合在一起，得到性能比较优越的功能聚合物材料[61,62]。2007 年，Jen 等[63]首次将嵌段共聚物应用到二阶非线性光学高分子研究中，制备了含树枝状生色团的聚苯乙烯嵌段共聚物 **P4-13**(图 4-17)。所得聚合物的结构可通过聚苯乙烯的重复单元(n)以及树枝状结构中生色团的含量(x)调节。随着生色团有效浓度的提高，**P4-13** 的宏观非线性光学效应也随之增强，拥有最高生色团浓度的 **P4-13c** 的 γ_{33} 值达到了 64 pm/V。特别需要指出的是，与具有相同生色团浓度的掺杂体系相比，**P4-13** 的 γ_{33} 值均提高了 1.5 倍左右。而且，**P4-13** 在 85 ℃经过 500 h 后，其 γ_{33} 值仍能保持原始值的 81%，表现出良好的长期稳定性。

除此以外，普通的间隔基团也可以替换成含有官能团的间隔基团，并在极化过程中发生交联反应，进一步提升生色团极化取向的稳定性。理想的交联反应应具备以下条件：①反应活性高，且容易控制；②反应无副产物生成或副产物极少；③反应过程无需催化剂；④反应特异性好，不会破坏聚合物主链或生色团的结构。在目前看来，"点击化学"满足上述所有的要求。点击化学是 2001 年由 Sharpless 提出的概念[64]，其本质是选用易得原料，通过高效而又具选择性的化学反应来实现碳与杂原子之间的连接(C—X—C)，高效低价地合成大量新化合物的一种合成方法。点击化学反应的特点主要有：产率高、产物立体选择性强、反应迅速、产物对氧和水不敏感、原料和反应试剂易得、符合原子经济性。

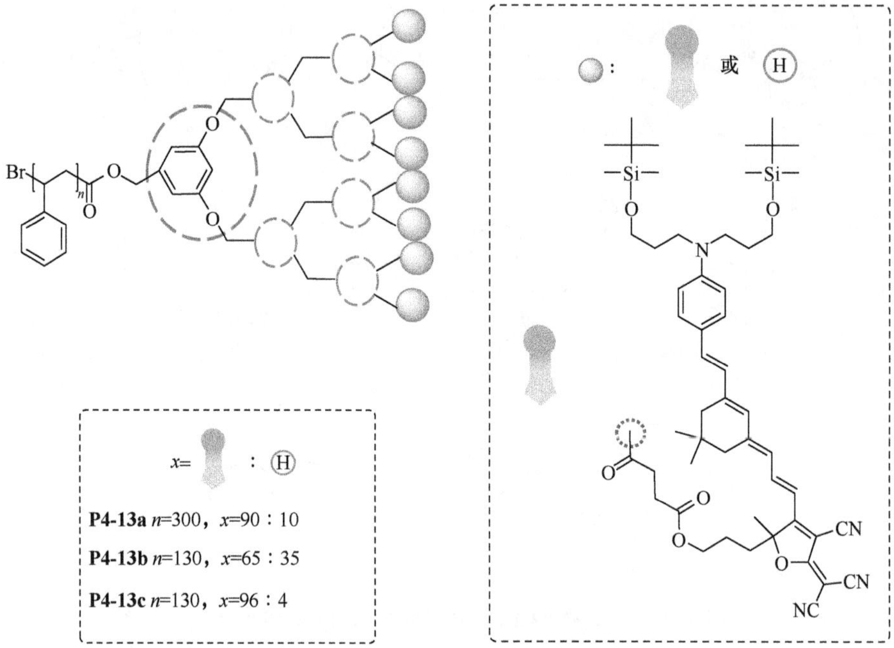

图 4-17 嵌段共聚物 **P4-13** 的结构

  Diels-Alder反应是一种典型的点击化学反应[65,66]。2003 年,基于聚合物 **P4-9b**,Jen 等[67,68]进一步在其侧链上引入了可以发生可逆 Diels-Alder 反应的基团,制备了聚合物 **P4-14** 和 **P4-15**(图 4-18)。为了满足交联反应的要求,这些聚合物的极化过程与一般的二阶非线性光学高分子也略有不同。首先,需要将其加热至 125 ℃ 附近,使得 Diels-Alder 反应发生逆反应,以除去马来酰亚胺上的呋喃保护基团;然后,再略微降低温度至聚合物的玻璃化转变温度(100 ℃)附近,并加以外电场,使聚合物发生极化;最后,在保持电场的情况下,控制聚合物主链上马来酰亚胺与呋喃环之间在 65~85 ℃发生 Diels-Alder 反应,实现极化聚合物的交联。由以上过程可以看出,在这类聚合物中,极化过程在交联反应之前进行,因此可以在不牺牲其宏观二阶非线性光学效应的前提下,显著提高其效应的稳定性。测试结果与预期吻合:聚合物 **P4-14** 极化膜的电光系数γ_{33}值达到了 76 pm/V,且在 70 ℃ 经过 250 h 后,仍能保持初始值的 80%。随后,Jen 等[69]又将这种交联的方法运用到制备含二元生色团体系的极化聚合物中。如图 4-19 所示,在极化过程中,生色团 **C4-11** 均可与聚合物 **P4-16** 发生原位 Diels-Alder 反应而产生交联,所得交联体系的电光系数γ_{33}值为 15~43 pm/V。随后,Jen 等将该交联体系作为主体材料,生色团**C4-12**(其 $\mu\beta$ 值是目前最高值之一)作为客体分子进一步提高体系生色团的有效浓度。其中,以生色团 **C4-11b** 与聚合物 **P4-16** 的交联体系作为主体材料,当

生色团 **C4-12** 以 25%的质量分数掺杂时，所得聚合物极化膜具有最强的宏观二阶非线性光学效应，其 γ_{33} 值可达 263 pm/V，并可在 85 ℃保持稳定。与单生色团高分子体系相比，该结果有了质的飞跃。在此工作基础上，Peyghambarian 等[70]再将该

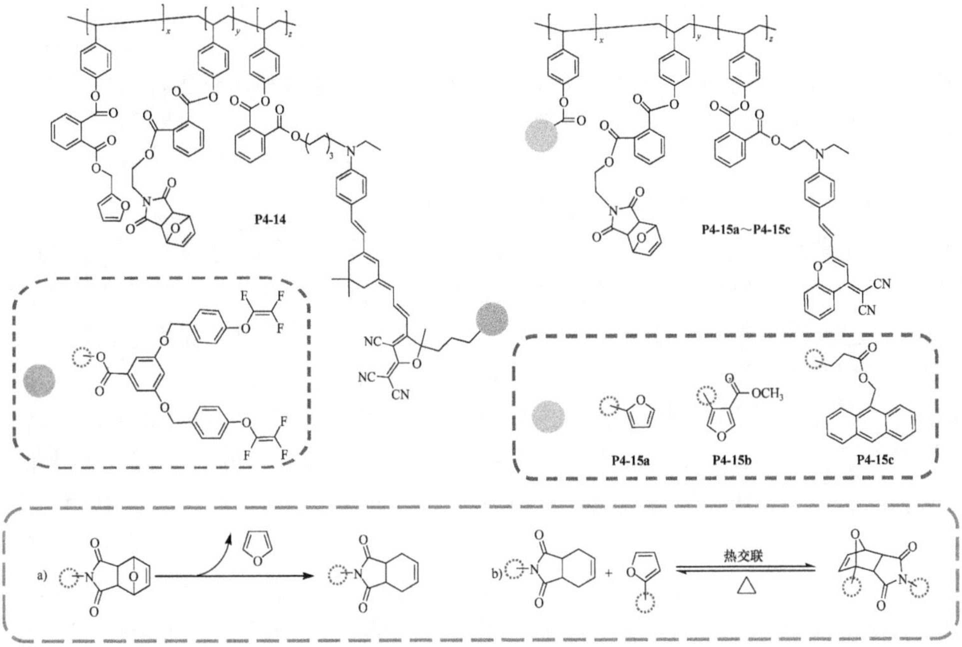

图 4-18　聚合物 **P4-14** 和 **P4-15** 的结构以及其发生交联反应的示意图

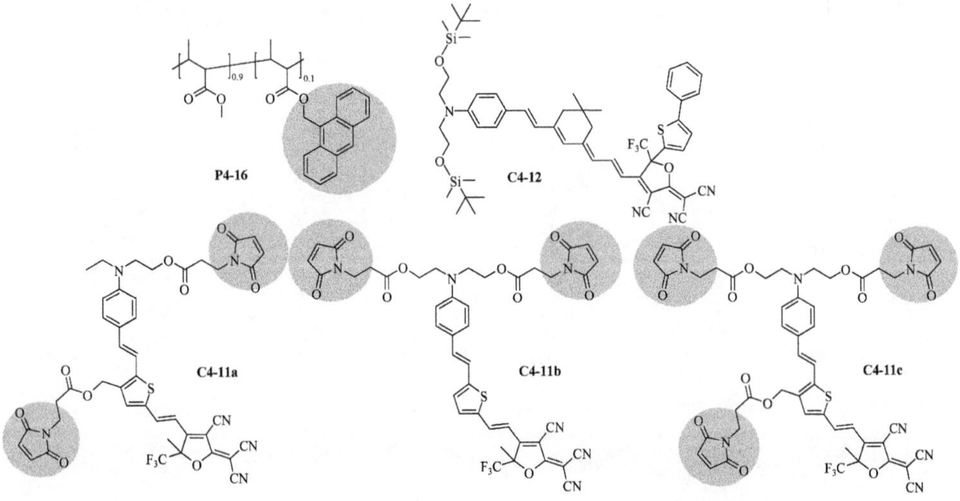

图 4-19　聚合物主体 **P4-16**、可交联生色团 **C4-11** 与生色团客体 **C4-12** 的结构

体系与有机硅凝胶掺杂制成了电光调制器，该器件结构优良，半波电压为 2.5 V 时，电光系数可高达 170 pm/V，是目前已报道的性能最佳电光调制器之一。

叠氮与炔之间的 1,3-偶极环加成反应也是一类十分高效的反应。若在 Cu(Ⅰ) 催化下，该反应在室温下即可进行，且产物只生成单一的 1,4-三氮唑，是一类点击化学反应；若在加热条件下反应，则可得到 1,4-三氮唑和 1,5-三氮唑的异构体[71,72]。此反应十分高效，且几乎无副产物，而且，叠氮和炔对各种亲核试剂、亲电试剂和一般的溶剂均表现出化学惰性，具有很好的官能团兼容性[73]。因此，该反应是另外一种十分合适的交联反应。同时，交联后所产生的三氮唑环还可以作为间隔基团，进一步降低生色团之间的静电相互作用，这无论是对增强极化膜的宏观二阶非线性光学效应，还是效应的稳定性都是十分有利的。Li 等[74]于 2006 年将此反应应用于制备二阶非线性光学高分子后，2009 年 Odobel 等[75]进一步制备了交联型二阶非线性光学高分子体系。他们首先以硝基偶氮苯作为生色团，聚甲基丙烯酸酯为主链，制备了聚合物 **P4-17**(图 4-20)。在 **P4-17** 中，他们在生色团上引入了叠氮基团；在聚合物主链上，引入了三甲基硅基保护的炔基。极化后，在保持电场存在的条件下，将聚合物薄膜加热至 150 ℃保持 0.5 h，三甲基硅基的去保护以及叠氮与炔之间的反应即可完成，以实现聚合物的交联。基于 **P4-17** 的交联型极化膜的 d_{33} 值均在 50 pm/V 以上，且与只极化不交联所得到的聚合物极化膜相比，其稳定性有了很大改善。随后，他们又制备了一系列类似的聚合物 **P4-18**(图 4-20)[76,77]，系统研究了结构与性能之间的关系，发现当生色团上以柔性链接入叠氮基团，聚合物主链上具有被三甲基硅基保护的炔基时，聚合物 **P4-18b** 的综合性能达到最佳，其 d_{33} 值达到了 60 pm/V，且能保持良好的长期稳定性。2012 年，他们又以具有较高 $\mu\beta$ 值的生色团代替该体系中的硝基偶氮苯生色团，进一步提升了所得极化聚合物的综合性能[78]。

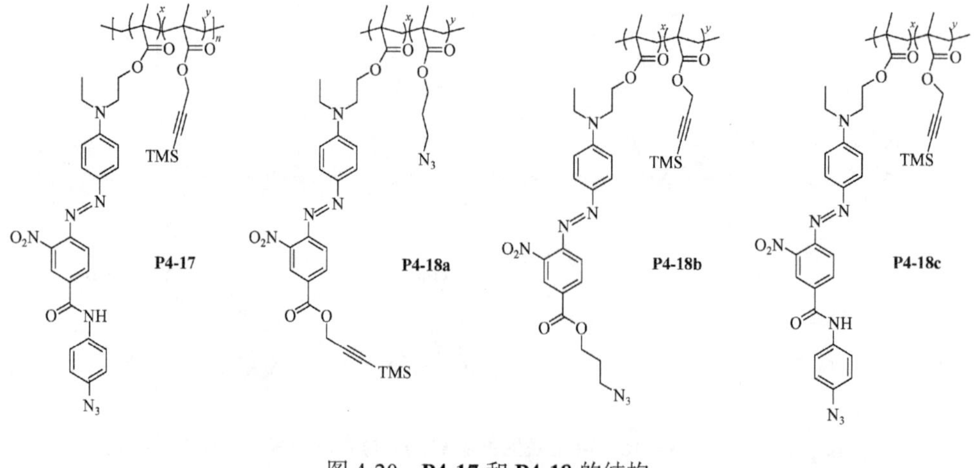

图 4-20 **P4-17** 和 **P4-18** 的结构

2. 合适间隔基团概念及其应用

间隔基团的引入给有机二阶非线性光学高分子带来了许多优良的性能,但可以预见的是:材料的宏观二阶非线性光学性能肯定不会随着间隔基团的增大而一直提升。毕竟间隔基团并不能直接产生二阶非线性光学效应;相反地,间隔基团的引入还能够降低体系中生色团的含量。具体情况可以从 d_{33} 值的计算公式进行分析:

$$d_{33} = 0.5N\beta f_{2\omega}(f_\omega)^2 \langle \cos^3\theta \rangle$$

式中, N 为生色团分子的线密度; β 为分子二阶非线性光学系数; f_ω、 $f_{2\omega}$ 分别为基频、倍频局域场修正因子;$\langle \cos^3\theta \rangle$ 为取向因子。

在介绍位分离原理时,我们强调了间隔基团的引入会大大降低生色团之间的静电相互作用,从而提高了极化效率,即 $\langle \cos^3\theta \rangle$ 会大大提高,因此 d_{33} 值有所提高。但是,间隔基团的引入同样是有不利之处的,如会降低体系中生色团的含量,即 N 值会降低;同时,间隔基团的引入会增大生色团的体积,造成极化困难,即降低 $\langle \cos^3\theta \rangle$ 值。这些都会使体系的 d_{33} 值降低。

从 2006 年开始,Li 等[79-88]开始将不同大小的间隔基团引入不同的有机二阶非线性光学高分子体系中,期望能找出设计最佳间隔基团的方法。他们首先制备了如图 4-21 所示的基于硝基偶氮苯生色团的 **P4-19** 和基于砜基偶氮苯生色团的 **P4-20**[79]。通过 Suzuki 反应,在生色团的给体端引入尺寸不同的间隔基团(氢、溴、苯环、咔唑、芴),较为系统地研究了在不同生色团中不同尺寸大小的间隔基团对材料宏观二阶非线性光学性能的影响。测试结果表明:高分子的极化效率以及宏观二阶非线性光学系数并不随着引入基团尺寸的增大一直增大,而是会出现一个最高值(图 4-22)。以咔唑为间隔基团的 **P4-19d**,其 d_{33} 值在含硝基偶氮苯生色团的高分子中最高,为 82.3 pm/V;以苯环作为间隔基团的 **P4-20c**,其 d_{33} 值在含砜基偶氮苯生色团的聚合物中最高,为 63.0 pm/V。基于此实验结果,Li 等提出了

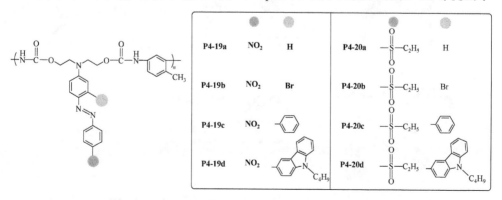

图 4-21　含不同尺寸间隔基团的 **P4-19** 和 **P4-20** 的结构

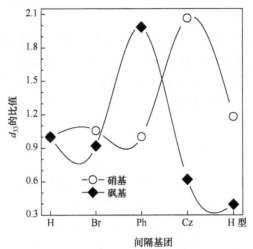

图 4-22　含不同尺寸间隔基团的 **P4-19** 和 **P4-20** 的 d_{33} 值比较图

图中 d_{33} 的比值以不含间隔基团(即仅含 H)的发色团为基准

"合适间隔基团"概念：在一个特定的高分子中，对于一个给定的生色团，一个给定的连接点，将有一个最合适的基团能有效地将生色团微观的 β 值转换为材料尽可能大的宏观二阶非线性光学系数。

在此研究基础上，为进一步拓宽研究的范围，探讨上述实验结果是否可以在其他高分子体系中得以重现，Li 等又通过改变连接间隔基团的位置、间隔基团的种类、高分子的类型以及生色团与高分子主链的连接方式等，制备了一系列含不同尺寸间隔基团的有机二阶非线性光学高分子(图 4-23，表 4-1)[7]，其二阶非线性光学性能测试的结果符合上述合适间隔基团概念。

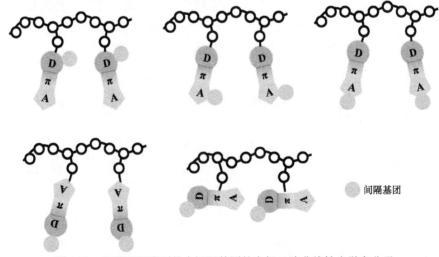

图 4-23　几种不同类型的含间隔基团的有机二阶非线性光学高分子

在这些例子中，我们也能发现一些其他的规律。**P4-24** 和 **P4-25** 中，两者的聚合物主链、制备方法等完全相同，区别仅仅在于所使用的生色团有所不同。**P4-24** 中所采用的生色团为砜基偶氮苯生色团；**P4-25** 中所采用的生色团为硝基偶氮苯生色团。由于硝基偶氮苯生色团具有比砜基偶氮苯生色团更大的偶极矩，因此硝基偶氮苯生色团之间的静电相互作用也会更强。所以，**P4-24** 的合适间隔基团为萘环，其尺寸要小于 **P4-25** 的合适间隔基团咔唑环。同时，当引入合适间隔基团以后，由于硝基偶氮苯的 $\mu\beta$ 值更大，**P4-25c** 的 d_{33} 值就也高于 **P4-24b**。类似的现象在 **P4-31** 系列中也可以观察到。这就说明，合适间隔基团的尺寸是与生色团的偶极矩息息相关的，偶极矩较大的生色团的合适间隔基团的尺寸也会相对较大；而当引入了合适间隔基团后，由于生色团之间的静电相互作用被大幅度削弱，因此含具有较大 $\mu\beta$ 值生色团的高分子也因此会表现出更强的宏观二阶非线性光学效应。

表 4-1　部分合适间隔基团举例

编号	化学结构	合适间隔基团	$d_{33}^{*}/$ (pm/V)	参考文献
P4-21			74.8	[74]
P4-22			54.1	[80]
P4-23			55.9	[81]

编号	化学结构	合适间隔基团	d_{33}^*/ (pm/V)	参考文献
P4-24			45.6	[82]
P4-25			58.2	[83]
P4-26			39.5	[84]
P4-27			83.8	[85]

续表

编号	化学结构	合适间隔基团	$d_{33}^*/$ (pm/V)	参考文献
P4-28	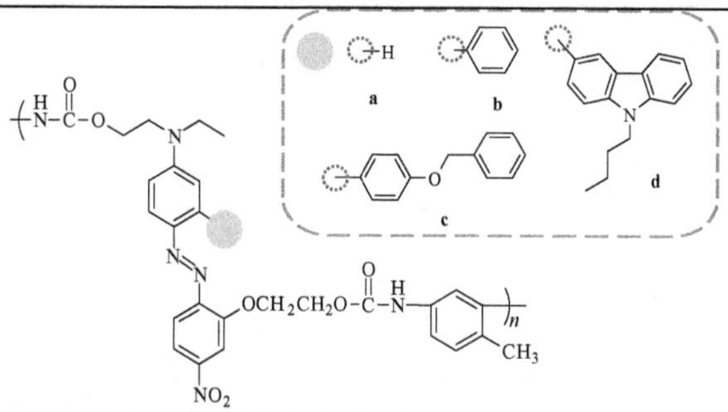	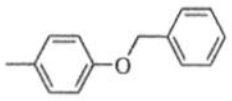	105.6	[86]
P4-29	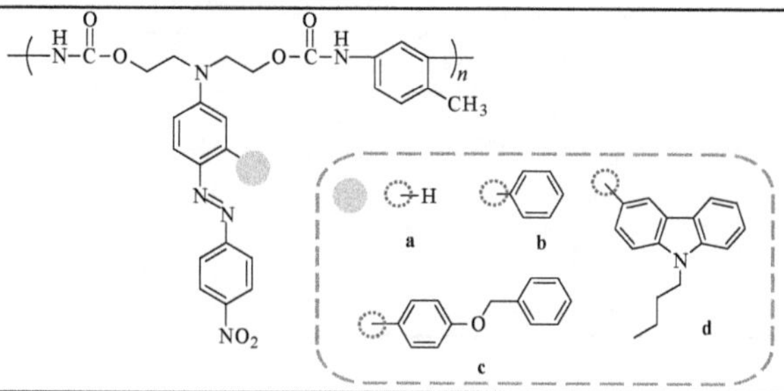	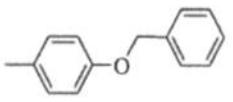	83.8	[86]
P4-30	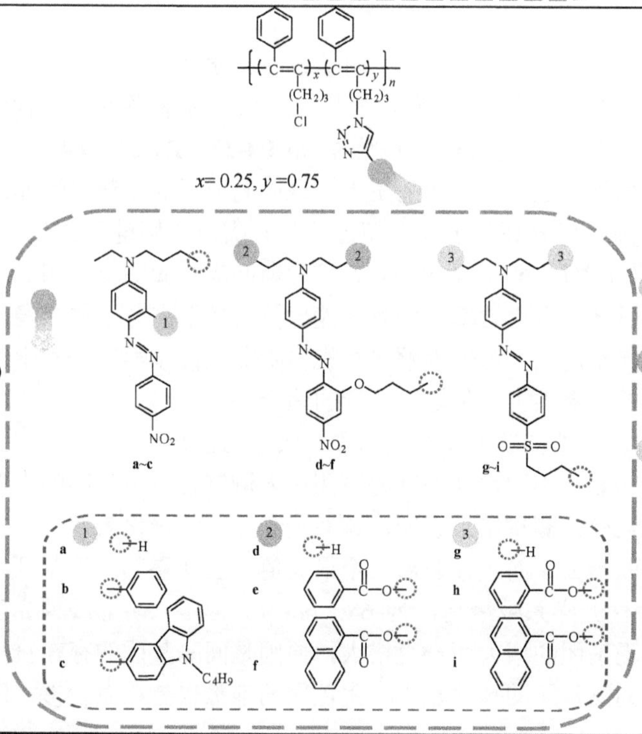	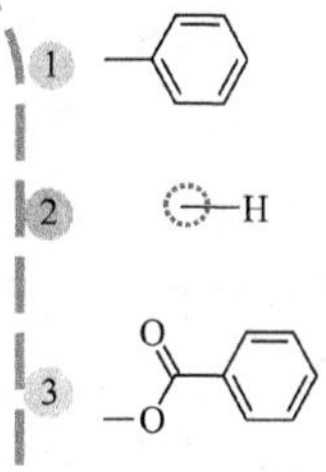	130.5 62.8 53.2	[87]

$x=0.25,\ y=0.75$

编号	化学结构	合适间隔基团	d_{33}^*/(pm/V)	参考文献

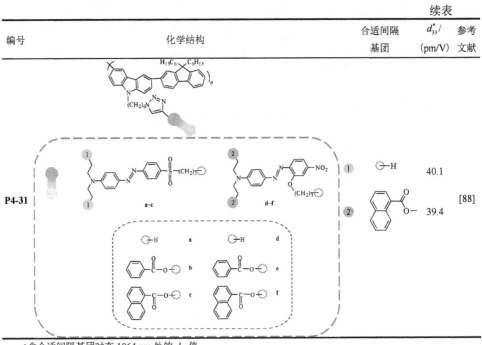

| P4-31 | | ① —H | 40.1 | [88] |
| | | ② | 39.4 | |

*含合适间隔基团时在 1064 nm 处的 d_{33} 值。

　　另外，在之前曾经提到过：主链型有机二阶非线性光学高分子往往具有较好的非线性光学效应的稳定性，然而却十分难以极化。在 Li 等所制备的这些含合适间隔基团的高分子中，同样有许多主链型高分子，如 **P4-22**、**P4-23**、**P4-28** 等。通过表 4-1 不难发现：由于合适间隔基团的引入，这些高分子的宏观二阶非线性光学系数都有大幅度提高，部分高分子甚至超过了与其类似的侧链型高分子（例如，**P4-28c** 的 d_{33} 值就高于 **P4-29c**）。这说明，将含合适间隔基团的生色团引入主链型高分子，可以显著提高其极化效率，同时还能保持主链型高分子的热稳定性以及生色团极化后的取向稳定性。这也为解决有机二阶非线性光学高分子中"非线性"和"稳定性"的矛盾提供了一条切实可行的途径。

　　受 Li 等的工作启发，其他课题组在合适间隔基团方面也开展了出色的工作。2009 年，Hsiue 等[89]将一系列不同尺寸的间隔基团引入侧链含有生色团的聚氨酯中，制备了 **P4-32**（图 4-24）。测试结果表明，该系列高分子的极化效率也不是一直随着间隔基团的增大而增大，而是存在着一个最大值。当间隔基团为苯环时，**P4-32c** 的宏观二阶非线性光学系数最高，为 68.7 pm/V。但是二阶非线性光学活性的稳定性则是随着间隔基团的增大而一直增大，原因是间隔基团的存在直接影响到了生色团的弛豫，间隔基团的尺寸越大，生色团的弛豫也会相对较慢，因此稳定性也越强。

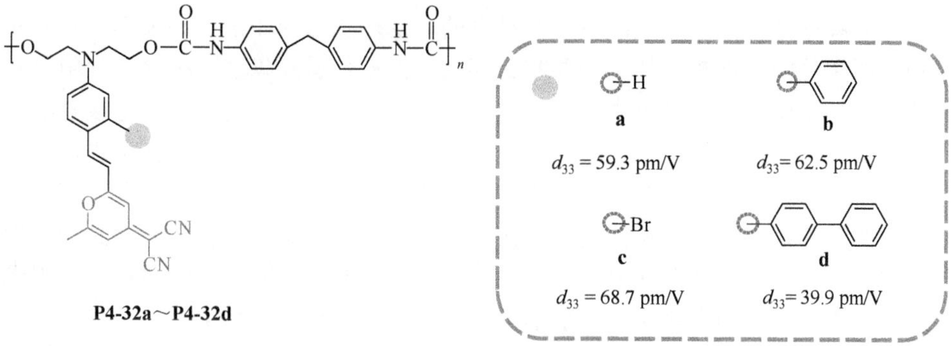

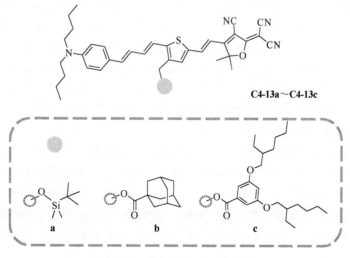

P4-32a～P4-32d

a　d_{33} = 59.3 pm/V

b　d_{33} = 62.5 pm/V

c　d_{33} = 68.7 pm/V

d　d_{33} = 39.9 pm/V

图 4-24　**P4-32** 的结构以及其二阶非线性光学系数

不仅仅是间隔基团的尺寸，Jen 等[90]发现不同类型的间隔基团也会给材料带来不同的宏观二阶非线性光学性能。他们合成了一系列含有不同类型间隔基团的生色团 **C4-13**（图 4-25），并以无定形的聚碳酸酯作为主体材料制备了主客体型极化膜，测试了 **C4-13** 以不同浓度掺杂到其中的电光效应。**C4-13a** 中几乎不存在任何间隔基团，因此其 γ_{33} 值会随着生色团有效浓度的增加而一直下降。而在含有间隔基团时，**C4-13b** 和 **C4-13c** 的 γ_{33} 值都有了近 40% 的提高。但是由于间隔基团的类型不同，**C4-13b** 和 **C4-13c** 拥有明显不同的极化效率。相对而言，**C4-13c** 中柔软、体积大的树枝状的间隔基团可以比 **C4-13b** 中刚性的金刚烷为生色团的有序化排列提供更加自由的空间。正因如此，与 **C4-13a** 相比，**C4-13c** 的极化效率在生色团线密度较低时就有了明显提高，而 **C4-13b** 的极化效率仅在生色团线密度较高时才有所改进。

C4-13a～C4-13c

a

b

c

图 4-25　生色团 **C4-13** 的结构

位分离原理认为：生色团通常所具有的刚性棒状结构非常不利于其定向有序排列，而生色团的理想形状应为球状。那么，根据合适间隔基团概念，利用尺寸适合的间隔基团来连接多个生色团，从而改变生色团的空间构型，则是很容易想到的方案。在这方面，H 型生色团是一个很成功的例子。最早关于 H 型生色团的报道是在 2006 年[79]，Li 等首次将不同尺寸的间隔基团引入高分子，同时利用芴环作为间隔基团，将两个相同的生色团连接一起，并根据其形状将所得到的结构命名为 H 型生色团。如图 4-26 所示，H 型生色团 **P4-19e** 的取向序参数（一个用来描述极化膜中生色团有序化排列的参数）是仅含普通生色团 **P4-19a** 的两倍。不仅如此，**P4-19e** 的最大吸收波长仅为 463 nm，比 **P4-19a** 蓝移了 10 nm，体现出了更好的光学透明性。在此之后，Li 等[91]又继续将这类 H 型生色团应用到了基于吲哚作为给体的生色团体系中。同样，所得到的高分子同时表现出了强的宏观二阶非线性光学效应和良好的透明性。

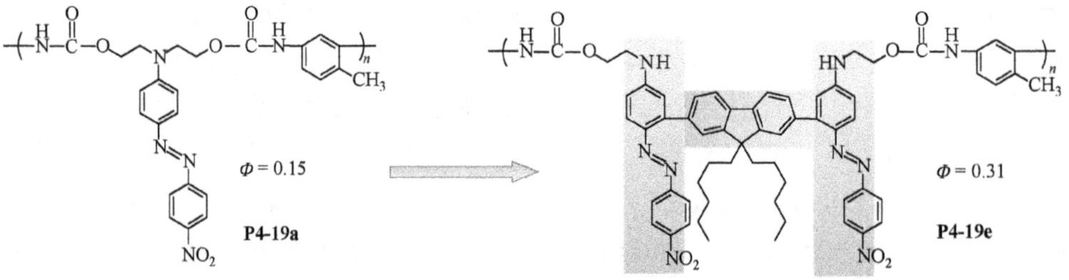

图 4-26　含 H 型生色团的高分子与普通的侧链型有机二阶非线性光学高分子

同样是在 2006 年，Lu 等[92]用 9,10-二氢蒽为分子骨架将两个不同的生色团利用非共轭的方式连接起来（图 4-27）。由于 9,10-二氢蒽的刚性结构，这两个生色团本身几乎就是定向排列的，导致其对二阶非线性光学效应的贡献有着明显的协同增强作用。例如，生色团 **C4-14a** 的 β 值达到了 277×10^{-30} esu，是其原型生色团 **C4-15a** 的 4 倍（四氢呋喃溶液，1064 nm 处测得）。紧接着，他们将这类生色团接入氟化的聚酰亚胺主链中（图 4-27）[93]。令人惊奇的是，仅仅以三氟甲基为受体的 **P4-33a** 的 d_{33} 值就高达 70.2 pm/V。同时，其最大吸收波长也仅仅为 353 nm，表现出了非常好的光学透明性。

通常来讲，若想获得强的宏观二阶非线性光学效应，首先其生色团就必须要有高的 β 值；而 β 值的增大则不可避免地会使生色团给体与受体之间电荷转移程度增大，这就会使得生色团的最大吸收波长红移，造成其光学透明性下降。这就是之前所提到的"非线性-透光性"矛盾。这类 H 型生色团在某种程度上是解决此矛盾的一种方法，因为其对宏观二阶非线性光学效应的增强并不依赖于生色团更高的 β 值。

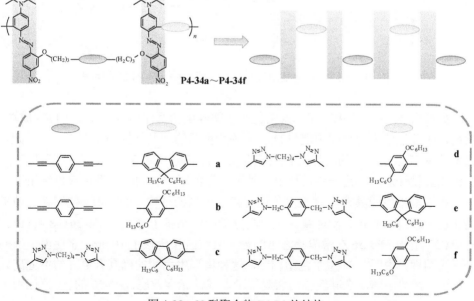

C4-15a～C4-15e　　**C4-14a～C4-14e**

a　b　c　d　e

P4-33a～P4-33c

a　b　c

图 4-27　**C4-14** 及其原型生色团 **C4-15** 的结构以及 **P4-33** 的结构

　　在 H 型生色团的基础上，Li 等[94,95]又继续设计并合成出了一系列 H 型二阶非线性光学高分子 **P4-34**（图 4-28）。在这种高分子中，所有的生色团部分均可以看作 H 型生色团，因此这种结构非常有利于生色团在电场作用下的定向有序排列。测试结果也证明了这一点：这些 H 型高分子的 d_{33} 值均高于通常的含 H 型生色团

P4-34a～P4-34f

a　b　c　d　e　f

图 4-28　H 型聚合物 **P4-34** 的结构

的高分子，其中 **P4-34f** 的 d_{33} 值更是达到了 94.7 pm/V。同时，在 H 型高分子中，所有的生色团均以半主链的形式引入高分子主链中，因此极化膜的宏观二阶非线性光学效应也具有良好的稳定性。

不久之后，Li 等[96]又尝试在含 H 型生色团的高分子中进一步引入合适间隔基团，合成了一系列高分子 **P4-35**（图 4-29）。**P4-35a**～**P4-35d** 的 d_{33} 值分别为 118.6 pm/V、127.7 pm/V、108.1 pm/V 和 83.5 pm/V，高于前面所述的仅含有 H 型生色团的高分子，说明间隔基团的引入，同样有利于降低 H 型生色团之间的静电相互作用。但同时，从 **P4-35a** 到 **P4-35b**，其改善的幅度是非常有限的，说明此类 H 型生色团本身已经能够大幅度降低生色团之间的静电相互作用。因此，进一步调节 H 型生色团结构有可能在很大程度上不能提高高分子的极化效率，相反，却有可能导致生色团的浓度下降，从而引起 d_{33} 值下降，如 **P4-35c** 和 **P4-35d**。

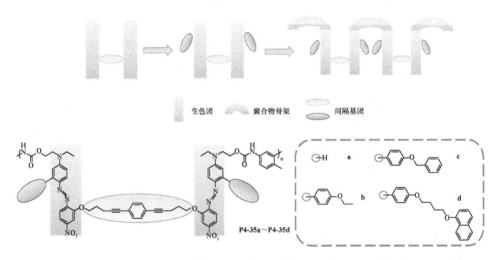

图 4-29　同时含间隔基团与 H 型生色团的高分子 **P4-35** 的结构

　　如前所述，H 型生色团在降低生色团之间静电相互作用方面取得了巨大成功。然而，H 型生色团的空间构型与 Dalton 等所推荐的球型结构仍然存在一定差距，这意味着 H 型生色团的结构还有进一步优化的空间。2013 年，Li 等[97]基于 H 型生色团的设计思想，进一步设计出一种星型生色团（图 4-30）。理论模拟结果证明了这种星型生色团具有比 H 型生色团更接近球型的结构（图 4-30）。他们将这种星型生色团应用于有机二阶非线性光学高分子中，制备了聚合物 **P4-36**（图 4-31）。与 **P4-37** 相比，**P4-36** 在薄膜状态下的最大吸收波长蓝移了 10 nm，表现出更好的光学透明性，说明与 H 型生色团相比，这种星型生色团的确具有更好的位分离效应。这一优势也体现在其较强的宏观二阶非线性光学效应：**P4-36** 的 d_{33} 值达到了 115.5 pm/V，是 **P4-37** 的 1.8 倍。

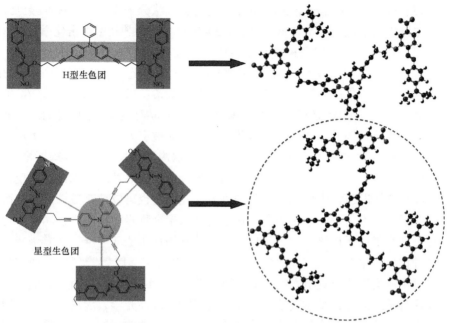

图 4-30 经 PM6 半经验方法模拟后的 H 型生色团和星型生色团的空间构型

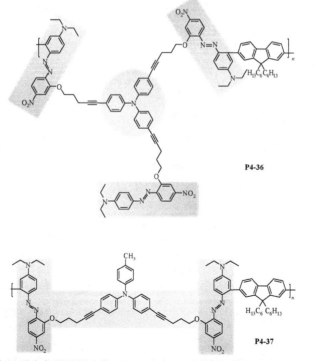

图 4-31 含星型生色团的聚合物 **P4-36** 和含 H 型生色团的聚合物 **P4-37** 的结构

　　树枝状聚合物(dendronized polymers)是将树枝状分子作为一个枝连接到线型聚合物主链中而形成的一类特殊聚合物。2009 年，Li 等[98]利用点击化学反应，制备了一系列侧链含不同代数树枝状生色团的树枝状聚合物 **P4-38**(图 4-32)。由于，点击化学反应的高效性，**P4-38** 中树枝状生色团侧链的接枝率达到了 100%。随着接入树枝状生色团代数的增加，生色团有效线密度也随之提高，其 d_{33} 值也从 **P4-38a** 的 38.1 pm/V 提高到了 **P4-38c** 的 106.0 pm/V。**P4-38c** 优良的二阶非线性光学行为主要是因为高代数的树枝状生色团单元被引入聚合物中，大大提高了生色团的线密度。同时，树枝状单元所具有的特殊构型也是位分离原理所推荐的，且点击化学反应所生成的三氮唑环也可以作为合适的间隔基团，因此，即使在高生色团线密度情况下，生色团之间强的静电相互作用也可以被有效抑制，从而具有较高的极化效率。美中不足的是，这些树枝状聚合物极化膜的生色团有序化排列的稳定性不强，在加热至 80 ℃时，其 d_{33} 值就出现了明显下降。作者推测其原因是这种树枝状聚合物的玻璃化转变温度不高。2015 年，Li 等[99]继续将树枝状大分子以"主链型"的方式引入线型聚合物主链中(图 4-33)，期望所得到的聚合物能够在保持普通的侧链型树枝状聚合物较强二阶非线性光学效应的同时，利用主链型聚合物的特点去解决生色团有序化排列稳定性不高的问题。需要特别说明的是，这也是首次提出主链型树枝状聚合物，拓宽了含树枝状结构的聚合物的范围。二阶非线性光学测试结果与预期吻合：**P4-39b** 与 **P4-38c** 具有相同的 d_{33} 值(106 pm/V)，但其去极化温度提高了 30 ℃。

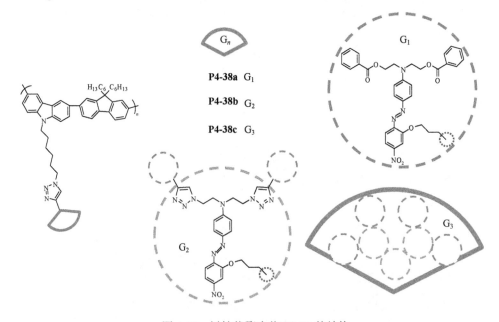

图 4-32　树枝状聚合物 **P4-38** 的结构

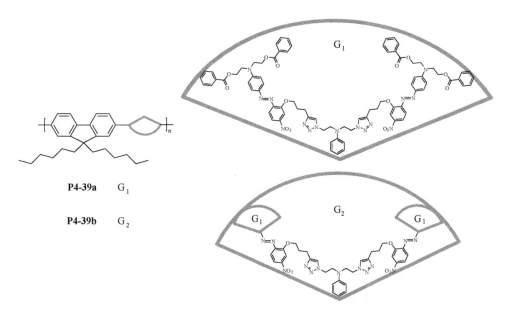

图 4-33　主链型树枝状聚合物 **P4-39** 的结构

3. 苯与全氟苯自组装作用

　　根据位分离原理和合适间隔基团概念，在十余年的时间内，科学家们设计了多种结构以增强聚合物的宏观二阶非线性光学效应以及透明性和稳定性。然而，在这个过程中，科学家们更多考虑的是如何利用间隔基团去降低生色团之间的静电相互作用，而较少考虑到间隔基团之间的相互作用。事实上，间隔基团之间的相互作用同样会对二阶非线性光学效应产生影响。

　　较早开始这方面研究的是美国华盛顿大学的 Jen 课题组[51,100]。他们设计了如图 4-34 所示的一系列树枝状生色团 **C4-16**，并利用该系列生色团中树枝状间隔基团上的芳香环与全氟代芳香环(Ar-Ar^F)的自组装作用，制备出了一系列性能优良的材料。普通的芳香基团几乎都是富电子的，而氟原子具有所有原子中最强的电负性，其强拉电子作用导致全氟代芳香环的缺电子性。因此，富电子的芳香环与缺电子的全氟代芳香环之间存在很强的静电相互作用，导致二者之间可以形成规整的紧密堆积排列(图 4-35)[101]。因此，在 Jen 等设计的生色团 **C4-16** 中，**C4-16c** 即通过这种静电相互作用在极化后形成如图 4-34 所示的超分子结构，体现出较强的宏观二阶非线性光学效应，其 γ_{33} 值达到了 108 pm/V，约是 **C4-16a**(51 pm/V)与 **C4-16b**(52 pm/V)的两倍。除此以外，**C4-16a** 与 **C4-16b** 等摩尔混合时，同样可形成类似的超分子体系，极化后其 γ_{33} 值可达到 130 pm/V。在此基础上，他们又以 **C4-16c** 所形成的超分子体系为主体，以生色团 **C4-12**(其 $\mu\beta$ 值是目前最高值之一)为客体，制备了一系列主客体有机二阶非线性光学聚合物。当 **C4-16c** 与

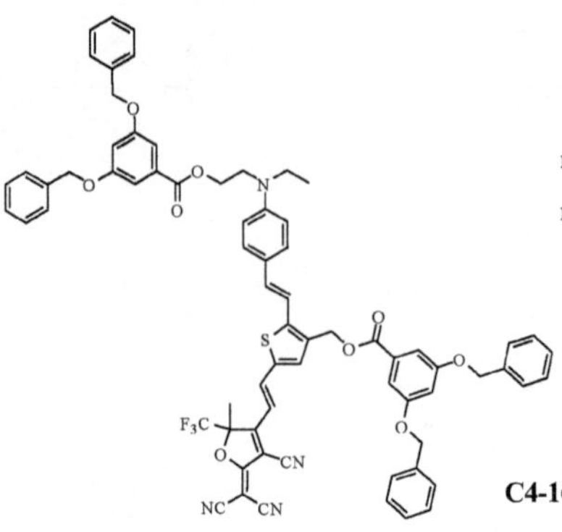

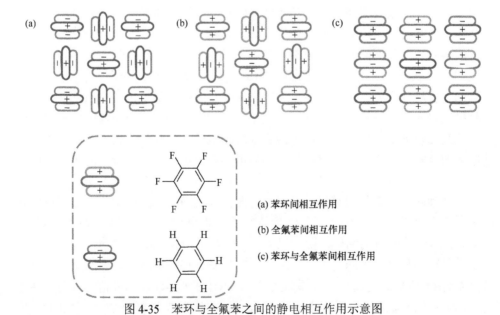

C4-16a

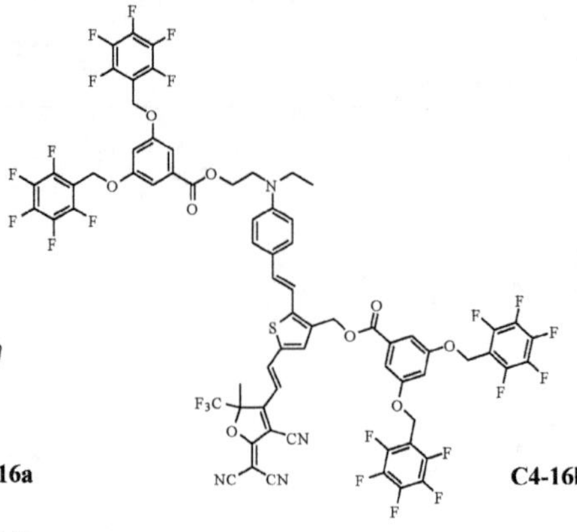

C4-16b

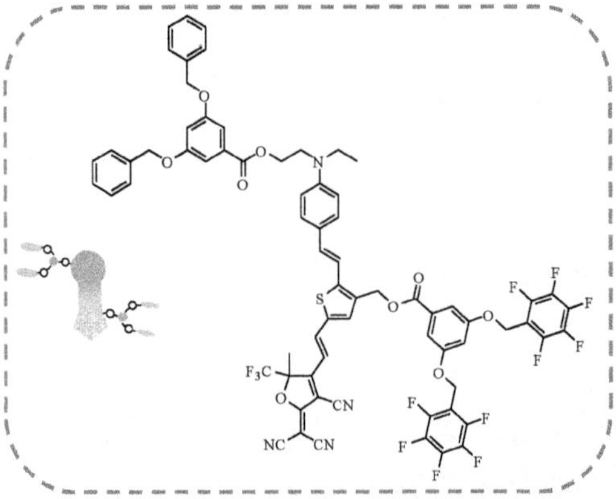

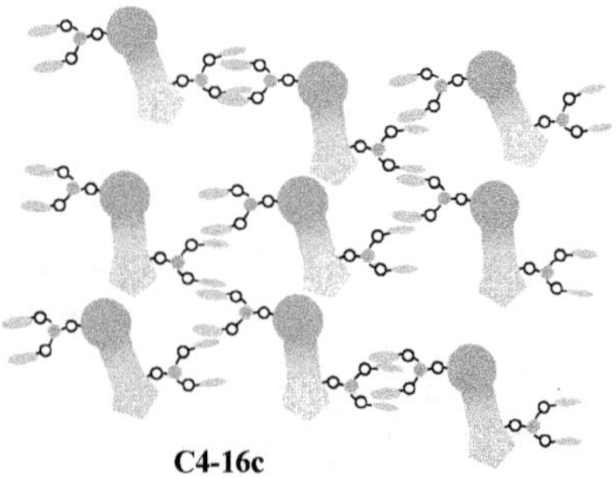

C4-16c

图 4-34　生色团 **C4-16** 的结构以及 **C4-16c** 在极化后形成的超分子示意图

(a)

(b)

(c)

(a) 苯环间相互作用

(b) 全氟苯间相互作用

(c) 苯环与全氟苯间相互作用

图 4-35　苯环与全氟苯之间的静电相互作用示意图

C4-12 的摩尔比为 1∶1 时,其综合效果达到最佳。此时,体系的 γ_{33} 值为 327 pm/V,是无机晶体 LiNbO$_3$ 的 10 倍。且由于苯与五氟苯之间的静电相互作用,该体系的宏观二阶非线性光学效应也具有良好的长期稳定性,三个月后,其 γ_{33} 值依然能保持初始值的 83%。

　　随后,Jen 和 Jang[102]又将这种苯与全氟苯形成的超分子体系进一步应用于具有更高 $\mu\beta$ 值的生色团(图 4-36)。他们将含五氟苯的树枝状间隔基团引入了 CLD 生色团的共轭桥上,同时将含有普通芳香环的树枝状间隔基团引入了 CLD 生色团的给体端,制备了一系列生色团 **C4-17**。这些生色团均可通过苯与五氟苯之间的静电相互作用形成超分子体系。由于这些生色团具有更高的 $\mu\beta$ 值,其宏观二阶非线性光学效应也有了进一步的增强。其中,**C4-17a** 的 γ_{33} 值达到了 318 pm/V,并可在 85 ℃的温度下保持长期稳定性。

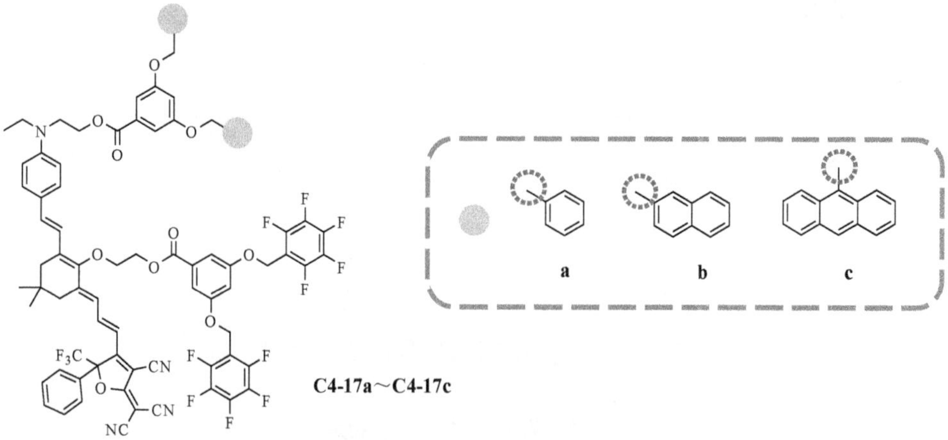

图 4-36　可形成超分子体系的生色团 **C4-17** 的结构

　　2012 年,Li 等[103,104]进一步将这种苯与全氟苯之间的静电相互作用应用于聚合物体系。他们通过改变聚合物主链的结构与间隔基团的类型,制备了一系列以硝基偶氮苯作为生色团的聚合物 **P4-40**(图 4-37)[103]。同时,他们还制备了与其类似的小分子模型化合物。通过对比核磁共振氢谱与氟谱,确定在该体系中,自组装作用存在于侧链的五氟苯与聚合物主链中苯环(或三苯胺)之间,而且当主链含有比苯环更富电子且尺寸更大的三苯胺时,这种自组装作用会更强。由于这种自组装作用的存在,与以普通的苯环作为间隔基团的聚合物 **P4-40a** 和 **P4-40c** 相比,以五氟苯作为间隔基团的聚合物 **P4-40b** 和 **P4-40d** 具有更强的宏观二阶非线性光学效应。而且,由于极化后,生色团的弛豫需要额外破坏这种自组装作用,五氟苯作为间隔基团的聚合物 **P4-40b** 和 **P4-40d** 同时也具有较好的生色团排列的稳定性(表 4-2)。随后,Li 等[104]又继续制备了如图 4-38 所示的聚合物 **P4-41**,研究了不同初始状态时，全氟苯对侧链型聚合物宏观二阶非线性光学效应的影响。结果表明，当初始状态不同时，全氟苯对聚合物的宏观二阶非线性光学效应的影响也有所不同。如图 4-39 所示，在单体中，作为间隔基团的五氟苯会与其单体上的苯环产生强烈的静电相互作用，聚合后，这类五氟苯就不会对生色团在极化中的有序化排列产生任何影响。相反，由于氟原子的分子量比氢原子大，五氟苯的引入会降低生色团线密度，导致其宏观二阶非线性光学效应略有下降。由于没有其他芳香环的存在，在同样以五氟苯作为间隔基团的单体 **C4-19b** 中，五氟苯是单独存在的，在聚合后会像 **P4-40b** 和 **P4-40d** 那样在极化过程中帮助生色团实现更加有序化的排列，从而增强聚合物的宏观二阶非线性光学效应。因此，以苯环作为间隔基团的 **C4-18a** 和以五氟苯作为间隔基团的 **C4-19b** 作为单体聚合而得到的聚合物 **P4-41b** 具有最高的 d_{33} 值，为 162.3 pm/V，而且同样具有最好的生色团有序化排列的稳定性。

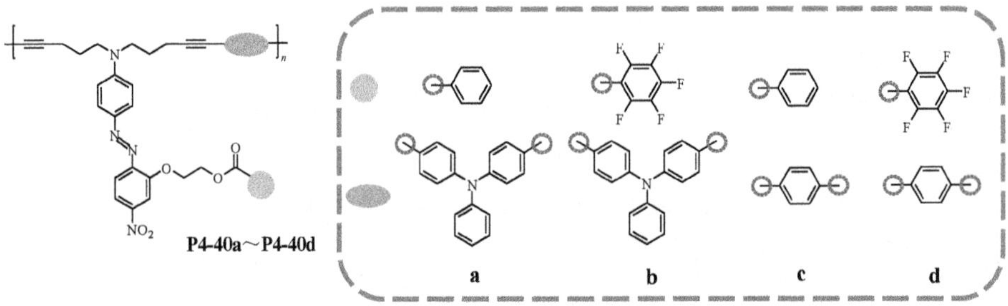

图 4-37　含不同类型间隔基团的聚合物 **P4-40** 的结构

表 4-2　聚合物 **P4-40** 的性质

序号	间隔基团的种类	d_{33}^{a}/(pm/V)	T_{onset}^{b}/℃	序号	间隔基团的种类	d_{33}^{a}/(pm/V)	T_{onset}^{b}/℃
P4-40a	苯基	21.4	90	**P4-40c**	苯基	50.4	64
P4-40b	五氟苯	128.5	104	**P4-40d**	五氟苯	166.7	74

a 1064 nm 处的 d_{33} 值；b d_{33} 值开始下降时的温度。

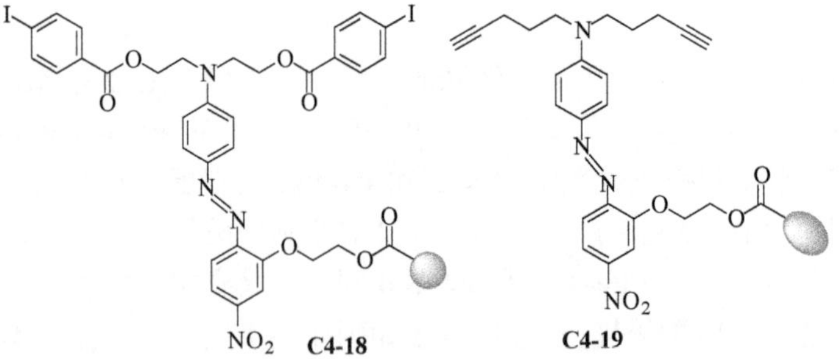

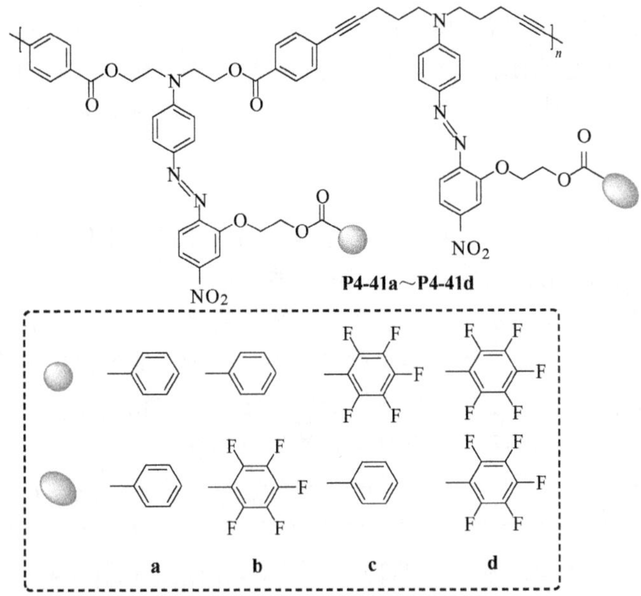

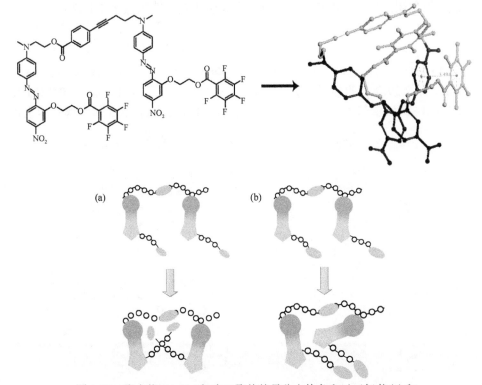

P4-41a～P4-41d

图 4-38　含不同类型间隔基团的聚合物 **P4-41** 的结构

图 4-39　聚合物 **P4-41d** 相应二聚体的最稳定构象和以五氟苯(a)和
苯(b)作为间隔基团的聚合物片段的最稳定构象

实际上，这种利用间隔基团之间的相互作用增强宏观二阶非线性光学效应的方法并不常见，上述利用苯与全氟苯之间的自组装作用也是少有的例子。但这些例子均表明，这是一种可以同时增强材料宏观二阶非线性光学效应和稳定性的有效方法。

4. 间隔生色团概念及其应用

以前研究中所用到的间隔基团都是非极性的，在降低生色团之间静电相互作用的同时，也会降低聚合物中有效生色团的线密度。换个角度考虑，既然使用非极性的间隔基团会降低有效生色团线密度，那么直接用具有较低 β 值的生色团来作为高 β 值生色团的间隔基团又会对材料的宏观二阶非线性光学效应产生怎样的影响呢？会不会像普通间隔基团那样降低生色团之间的相互作用，同时又因为自身也是生色团而不会过度降低聚合物中有效生色团线密度呢？

基于此考虑，Li 等[105]在 2012 年时，设计了如图 4-40 所示的聚合物 **P4-42**。其中，在 **P4-42a** 中，仅含硝基偶氮苯作为生色团；在 **P4-42b** 中，仅含砜基偶氮苯作为生色团；在 **P4-42c** 中，这两种生色团无规排列；而在 **P4-42d** 中，硝基偶氮苯生色团与砜基偶氮苯生色团交替排列。由于砜基偶氮苯生色团的 $\mu\beta$ 值低于硝基偶氮苯生色团，所以 **P4-42a** 的宏观二阶非线性光学效应强于 **P4-42b**，二者的 d_{33} 值分别为 78.1 pm/V 和 34.3 pm/V。而 **P4-42c** 中，这两种生色团是无规排列的，其 d_{33} 值也就处于 **P4-42a** 与 **P4-42b** 之间，为 45.1 pm/V。但是，同样由这两种生色团构成，具有两种生色团交替排列结构的 **P4-42d** 的 d_{33} 值却高达 116.8 pm/V，是 **P4-42c** 的 2.59 倍。即便是与只含有较大 $\mu\beta$ 值硝基偶氮苯生色团的 **P4-42a** 相比，**P4-42d** 的 d_{33} 值依然是其 1.5 倍。这说明，具有较低 $\mu\beta$ 值的砜基偶氮苯生色

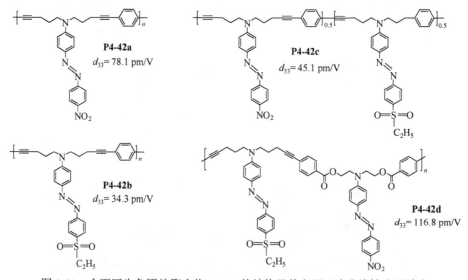

图 4-40　含不同生色团的聚合物 **P4-42** 的结构及其宏观二阶非线性光学效应

团确实可以作为具有较高 $\mu\beta$ 值的硝基偶氮苯生色团的间隔基团。Li 等将这种现象总结为 "间隔生色团" 概念，即：一个具有较低 β 值的生色团(即间隔生色团)可以作为另一个具有较高 β 值生色团(即主生色团)的间隔基团，能降低生色团之间的静电相互作用，提高生色团在极化过程中定向有序排列的程度；同时，具有较低 β 值的生色团依然可以对宏观二阶非线性光学效应做出贡献。另外，由于间隔生色团较低的 β 值，聚合物的光学透明性同样会得到改善。这也可以认为是解决非线性光学领域中 "非线性-透光性" 矛盾的一种有效方法。

随后，Li 等[106]又将不同尺寸的间隔基团引入到了含间隔生色团的侧链型二阶非线性光学聚合物中，制备了一系列聚合物 **P4-43**(图 4-41)。结果表明，在含有间隔生色团的体系中，引入尺寸合适的间隔基团同样非常重要。在该体系中，萘环为最佳间隔基团，而含有此间隔基团的 **P4-43c** 的 d_{33} 值也高达 122.1 pm/V。值得注意的是，在此体系中，平均两个生色团仅需一个萘环作为间隔基团即可使其宏观二阶非线性光学系数达到最大，其合适间隔基团的尺寸远小于仅含硝基偶氮苯作为生色团的体系，甚至小于部分仅含砜基偶氮苯作为生色团的体系(表 4-1)。这也从一个侧面说明了间隔生色团的引入，确实能降低生色团之间的静电相互作用，也就间接验证了间隔生色团概念的正确性。

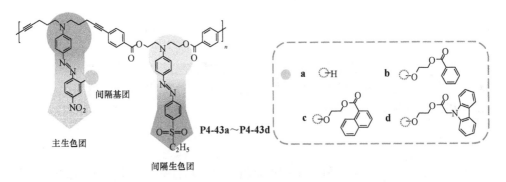

图 4-41　同时含不同尺寸的间隔基团和间隔生色团的聚合物 **P4-43** 的结构

在介绍合适间隔基团概念时，我们提到：H 型聚合物是合理应用合适间隔基团概念，所设计出的一种具有较强宏观二阶非线性光学效应的聚合物。既然在 **P4-43** 的体系中证明了合适间隔基团和间隔生色团可以同时提高聚合物的综合性能，那么制备含有间隔生色团的 H 型聚合物则是很容易想到的设计思路。如图 4-42 所示，Li 等[107]在具有最好效果的 "H" 型聚合物 **P4-34d** 的基础上，进一步引入了间隔生色团，制备了聚合物 **P4-44**。与聚合物 **P4-34d** 相比，**P4-44** 的性能有了明显提升，其 d_{33} 值从 94.7 pm/V 提高至 134 pm/V；其去极化温度从 100 ℃ 提高至 150 ℃；其薄膜状态下的紫外-可见吸收光谱最大吸收波长从 491 nm 蓝移至

471 nm。由于存在"非线性"与"透光性"之间的矛盾，还有"非线性"与"稳定性"之间的矛盾，要同时提升聚合物材料的这三种性能是十分困难的。而将间隔生色团引入 H 型聚合物所制备的 **P4-44**，也为解决这种矛盾提供了一条切实可行的途径。

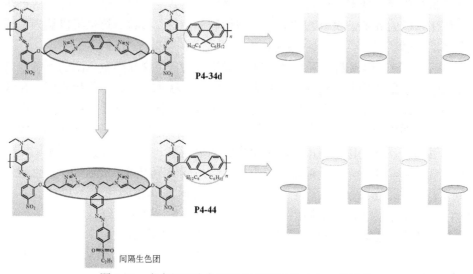

图 4-42 含有间隔生色团的 H 型聚合物 **P4-44** 的结构

除此以外，间隔生色团概念还被用于其他类型的有机二阶非线性光学高分子材料中，如主链型高分子[108]和主客体型高分子[109,110]等，均取得了良好的效果，在此不做过多阐述。

4.1.3 小结

在过去的二三十年里，科学家们对有机二阶非线性光学线型高分子的研究已经十分充分了。线型聚合物的一大特点就是容易制备，这也使其成为研究二阶非线性光学高分子结构与性能关系的很好的模型。无论是最开始的极化聚合物概念，还是后来的合适间隔基团概念，抑或是间隔生色团概念，其提出的过程都是从线型高分子开始，并逐渐应用于其他类型的高分子中的。

然而，需要指出的是，线型高分子的宏观二阶非线性光学效应和稳定性往往不是很高，其原因就在于这种最为普通的高分子的空间结构并不能有效降低生色团之间的静电相互作用。在极化时，这种静电相互作用会降低生色团的有序化排列程度，导致其宏观二阶非线性光学效应降低；而在极化后，这种静电相互作用则会导致生色团的弛豫，从而降低极化膜二阶非线性光学效应的稳定性。因此，近年来，科学家们逐渐将目光从线型高分子转向了含有树枝状结构的高分子。

4.2　有机二阶非线性光学树枝状大分子

4.2.1　树枝状大分子简介

树枝状大分子(dendrimers)是一类具有完美支化结构的单分散性大分子化合物，通常由核、枝状单元以及大量外围基团所组成(图 4-43)[111]。早在 1941 年，Flory[112]就理论预测了这种三维枝状大分子化合物的形成。然而，直到 1978 年，Vögtle 等[113]才首次合成出这类分子。紧接着，Newkome 等[114]和 Tomalia 等[115]都合成出具有类似空间结构的分子，并分别称其为 arborols 和 dendrimers。现在，我们多用树枝状大分子来表示这类具有特殊枝状结构的大分子。

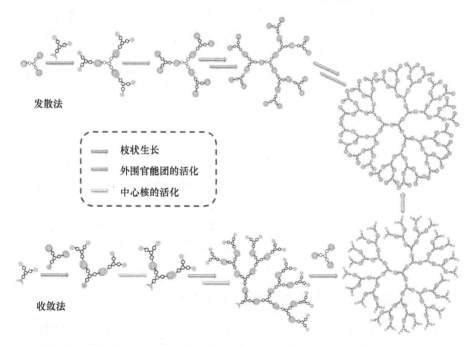

图 4-43　树枝状大分子的结构及利用发散法和收敛法合成树枝状大分子的路线

树枝状大分子含有重复单元结构，属于高分子范畴，但同时，由于它具有典型的结构特征而往往被区别于普通的高分子。首先，树枝状大分子具有精确的分子结构，其分子尺寸、形状、溶解度等都能够在合成中得到精确的控制；其次，树枝状大分子重复单元的增长方式特殊——围绕核呈发散性的增长，每增加一个支化层，重复单元数量呈指数式增长；而且，树枝状大分子内部存在大量空腔，外围存在大量官能团[116-120]。这种特殊的结构使得树枝状大分子通常具有十分特殊的性质，如较好的溶解性、较低的黏度、较低的玻璃化转变温度等。除此以外，还有通常被称为"树枝状效应"(dendritic effect)[121,122]的特殊理化性质。这主要表现在两个方面：树枝状大分子具备某些性质，而这些性质单体没有或者较弱，称为"多价效应"(multi-valency effect)；树枝状大分子的性质随其代数的不同表现出较大差异，称为"代数效应"(generation effect)。目前，基于这些特殊的性质，树枝状大分子已经在催化剂[123]、药物传递[124]、生物传感[125]、超分子化学[126]、材料科学[127]和能量传递[128]等诸多领域显示出了十分广阔的应用前景。

尽管如此，相对于普通的线型聚合物而言，科学家们对树枝状大分子的研究相对较少，其原因就在于树枝状大分子(特别是高代数树枝状大分子)不易合成。在现代化的生活中，我们的日常生活以及工业生产已经离不开聚合物材料了，而如何实现树枝状大分子的大规模合成依然是限制其实际应用的最大难点。当前，世界范围内，仅有几家企业可以实现极少种类树枝状大分子的小规模生产(克级)。发散(divergent)法和收敛(convergent)法(图 4-43)是合成树枝状大分子的主要方法。发散法是指以多个反应位点的分子为核，通过逐步反应向四周发散生长的合成方法[115]。在利用此方法合成树枝状大分子时，随着代数的增加，分子最外围的反应位点呈几何级数增多，导致末端官能团经常反应不完全，使产物产生缺陷。收敛法则是由外围向中心核生长的合成树枝状大分子的方法[129]。此法最大的缺点在于，当外围树枝状单元尺寸较大时，位阻效应会极大地降低位于中心的反应位点的活性，导致反应的产率降低，甚至无法得到产物。某种程度上，点击化学高效的反应活性[64]可以弥补上述缺点。自 2004 年 Sharpless 等首次将点击化学反应应用于树枝状大分子的合成后[130]，点击化学反应逐渐成为制备树枝状大分子的首选反应类型[131]，但能否真正实现树枝状大分子的大规模生产，还有待检验。而在科学研究的范围内，树枝状大分子相对复杂的合成路线并不影响实验室对其构性关系进行研究。

4.2.2 有机二阶非线性光学树枝状大分子简介

理论上，将树枝状大分子应用于二阶非线性光学领域时，其特殊的空间构型会给其带来一些独特的优势。首先，树枝状大分子高度支化的三维结构使得分子内部存在大量空腔，这些空腔可以起到很好的"位分离"作用，减弱生色团之间的偶极-偶极静电相互作用，提高极化效率；其次，高代数树枝状大分子的空间构型为球型，与位分离原理中推荐的结构恰好相同，这也能增强材料的宏观二阶非线性光学效应；再次，树枝状大分子的中心核和不同支化层可以被不同的功能基团修饰，非常便于我们研究有机二阶非线性光学树枝状大分子的构性关系；最后，高度支化的结构使得树枝状大分子通常具有好的溶解度和可加工性。

正是因为这些优势，科学家们早在 1996 年就开始了这方面的研究。Sasabe 等首先报道了一系列含有咔唑的有机二阶非线性树枝状大分子 **D4-1**(图 4-44)[132]。这些树枝状大分子的 d_{33} 值为 49.6~76.9 pm/V。与含有类似生色团的线型聚合物相比，**D4-1** 表现出了较强的宏观二阶非线性光学效应。在 **D4-1** 中，生色团被引入最外围，因此，树枝状的核可为生色团提供良好的位分离效应，从而提高了极化效率。自此，这类有机二阶非线性光学树枝状大分子就逐步进入了科学家的视线。至今，科学家们设计了多种方案来进一步提高其综合性能，其宏观二阶非线性光学系数已经达到 300 pm/V，其光学透明性和稳定性也有了显著提升。在此，我们将对这 20 多年的研究成果进行详细阐述。

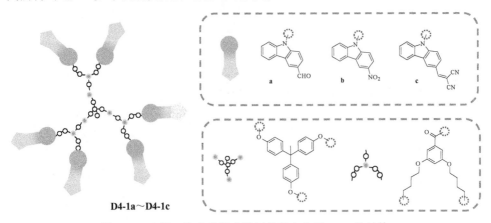

D4-1a~D4-1c

图 4-44　有机二阶非线性光学树枝状大分子 **D4-1** 的结构

4.2.3　有机二阶非线性光学树枝状大分子的分类

如前所述，树枝状大分子通常由核、树枝状单元以及大量外围基团所组成。那么作为有机二阶非线性光学材料核心的生色团也可以分别引入这三部分中，形成三类不同的有机二阶非线性光学树枝状大分子(图 4-45)。

1. 以生色团作为最外围官能团的有机二阶非线性光学树枝状大分子

以生色团作为最外围官能团的有机二阶非线性光学树枝状大分子是最早被研究的一类二阶非线性光学树枝状大分子。前面提到的 Sasabe 等所制备的 **D4-1** 就属于此类。但是 **D4-1** 仅仅属于第一代树枝状大分子，其树枝状结构与极化膜宏观二阶非线性光学效应之间的关系并不清晰。基于此，Do 等制备了一系列生色团在最外围的树枝状大分子 **D4-2**(图 4-46)[133]。从 **D4-2-G1** 至 **D4-2-G4**，树枝状大分子的代数随之增大。通过对其构性关系的研究，Do 等发现，在 **D4-2** 中，代数较低的 **D4-2-G1** 和 **D4-2-G2** 具有比代数较高的 **D4-2-G3** 和 **D4-2-G4** 更强的宏观二阶非线性光学效应。其原因在于，随着代数的提高，其所使用的树枝状的核也就

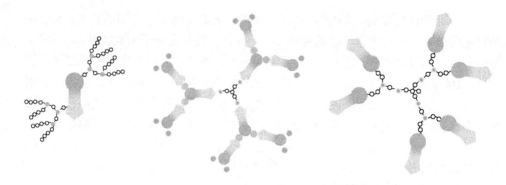

图 4-45　有机二阶非线性光学树枝状大分子的种类

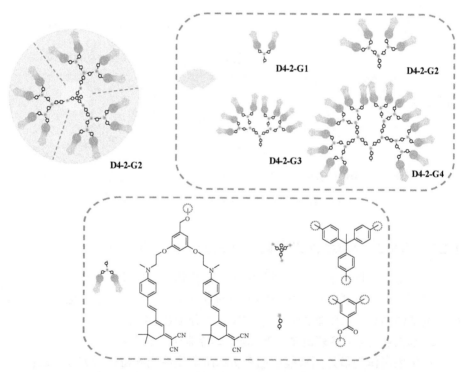

图 4-46　有机二阶非线性光学树枝状大分子 **D4-2** 的结构

越大。如此大的核并不能对宏观二阶非线性光学效应产生直接贡献，反而导致其宏观二阶非线性光学效应降低。虽然 Do 等所设计的树枝状大分子并未能获得强的宏观二阶非线性光学效应，但其对树枝状大分子构性关系的研究却表明：在生色团作为最外围官能团的有机二阶非线性光学树枝状大分子中，采用相对容易合成的低代数树枝状大分子是更好的选择。

美国华盛顿大学的 Jen 等在以生色团作为最外围官能团的有机二阶非线性光学树枝状大分子的研究方面开展了非常出色的工作，制备了许多综合性能优异的树枝状大分子。早在 2001 年，他们就利用具有高 β 值的生色团作为臂，制备了三支链的树枝状大分子 **D4-3**(图 4-47)[134]，其分子量达 4664(具有良好的成膜性)，生色团的质量线密度为 33%。由于生色团之间的刚性核恰好可以作为间隔基团来降低生色团之间的相互作用，其 γ_{33} 值达到了 60 pm/V。同时，在 **D4-3** 的最外围拥有很多可发生热交联反应的三氟乙烯基，因此 **D4-3** 在极化后可进一步发生交联，提高其生色团定向排列的稳定性。85 ℃下加热 1000 h 后，其极化薄膜的 γ_{33} 值仍然可以保留原来的 90%，达到 54 pm/V。为了证明三氟乙烯基交联基团的重要性，Jen 等还制备主体结构与 **D4-3** 相同，但是不含三氟乙烯基交联基团的树枝状大分子作为对比，发现在室温条件下，其极化膜的电光效应衰减非常快。这说明 **D4-3** 高的 γ_{33} 值是由于树枝状大分子良好的位分离效应，而其良好的热稳定性则来源于有效的连续交联极化过程。

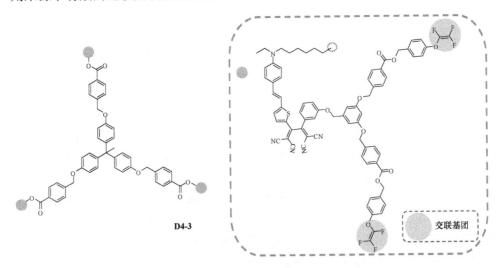

图 4-47　可交联的有机二阶非线性光学树枝状大分子 **D4-3** 的结构

为改善树枝状大分子合成步骤较多的问题，且进一步提高其在空气中的光稳定性，2004 年，Gopalan 等[135]制备了一系列偶氮类星型树枝状大分子 **D4-4**(图 4-48)。他们首先构建了母体树枝状大分子，然后通过后功能化的方法引入具有不同拉电子能力的受体形成生色团。这种后功能化的方法在保证高产率的同时大大简化了实验步骤，为今后合成复杂树枝状大分子提供了宝贵经验。而且，研究表明，以偶氮苯为共轭桥的生色团可以很好地增强其在空气中的光稳定性。同样地，**D4-4** 的极化膜也具有较强的宏观二阶非线性光学效应，其中，**D4-4a** 在

1550 nm 处的 γ_{33} 值达到 25 pm/V。

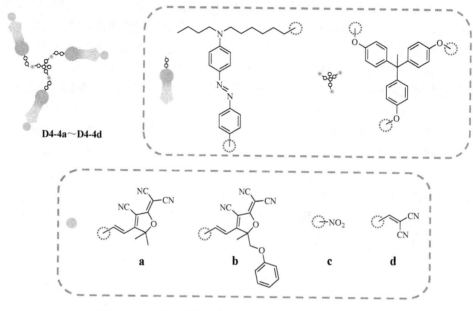

图 4-48　二阶非线性光学树枝状大分子 **D4-4** 的结构

2006 年，Dalton 等[136]通过改变生色团与核连接的位置以及连接两者基团 R1 的长度和刚性，合成了四种不同形状、两种类型的树枝状电光大分子(图 4-49)。将这四种树枝状大分子作为客体材料掺杂到主体材料 APC(无定形态、聚碳酸酯)中后，可制备成均一透明的电光薄膜。对其二阶非线性光学性能的系统研究表明：将生色团从共轭桥上引入树枝状大分子所得到的 **D4-5** 的热稳定性要明显好于将生色团从给体端引入树枝状大分子所得到的 **D4-6**，而此差别对其宏观二阶非线性光学效应几乎没有影响。然而，当连接生色团与核的柔性链从乙基延长至戊基时，其宏观二阶非线性光学系数均提高了 3～4 倍。其原因在于柔性链的延长可以有效增强整个生色团的柔韧性，从而降低有序化排列的阻力，提高极化效率。由此可见，即便是树枝状结构，也有必要对其结构与形状进一步调节。另外，这些树枝状大分子的极化膜与其原型生色团极化膜相比，其生色团取向稳定性都有了明显提升。基于此,他们与 Jen 等合作,制备了另一系列的树枝状大分子 **D4-7**(图 4-50)[137]。基于 **D4-7** 的极化膜均具有良好的宏观二阶非线性光学效应，其电光系数 γ_{33} 值分别为 140 pm/V(**D4-7a**) 和 90 pm/V(**D4-7b**)。作为对比，将同样的生色团作为客体生色团掺杂到聚碳酸酯主体材料时,其 γ_{33} 值最高也仅能达到 52 pm/V。**D4-7a** 的 γ_{33} 值是它的将近 3 倍，再次说明树枝状结构所带来的位分离效应有利于增强宏观二阶非线性光学效应。同时，作者还对该体系进行了非常详细的理论研究。结合测试结果，他们发现，**D4-7** 的 γ_{33} 值和生色团的有效线密度呈现了较好的线性关系。基于此，他们指出，合理的分子设计可以实现将生色团的微观二阶非线性光学效应线性地叠加到宏观二阶非线性光学效应中。

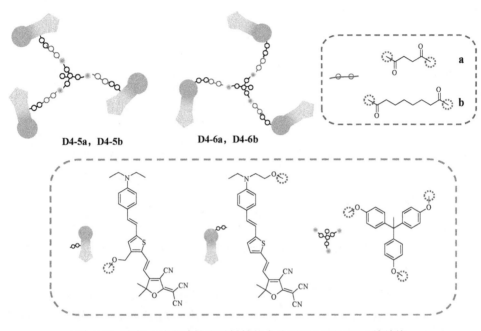

图 4-49 有机二阶非线性光学树枝状大分子 **D4-5** 和 **D4-6** 的结构

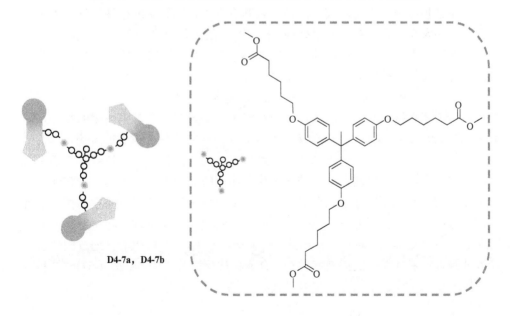

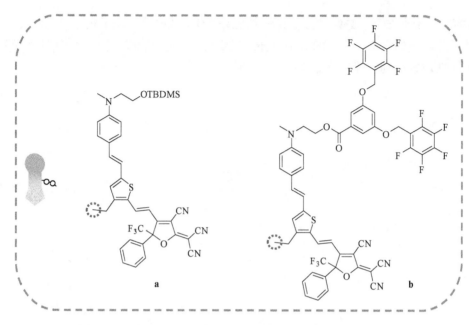

图 4-50　有机二阶非线性光学树枝状大分子 **D4-7** 的结构

　　相对来说，在这种以生色团作为最外围基团的树枝状大分子中，树枝状的核可以有效降低生色团之间的静电相互作用，从而有效增强树枝状大分子的宏观二阶非线性光学效应。然而，这方面的工作往往都是相对早期的一些工作。其原因在于，在这种结构中，相对较大的核导致其有效生色团线密度往往较低，不利于实现更强的宏观二阶非线性光学效应。Do 等[133]的工作更是说明了这一点。因此，在最近的工作中，科学家们的注意力往往集中在以生色团作为核的树枝状大分子以及以生色团作为枝的树枝状大分子。

　　2. 以生色团作为核的有机二阶非线性光学树枝状大分子

　　以生色团为核的有机二阶非线性树枝状大分子最初源于对生色团的修饰。随着 21 世纪初，Dalton 等对"位分离原理"和球型结构生色团概念的提出，人们尝试在生色团周围引入一些间隔基团对其结构进行修饰，其中，树枝状结构的引入很好地实现了位分离原理，从而减弱了生色团之间的静电相互作用。在 2000 年，Dalton[138]接着提出对分子微观结构的调控，即对纳米级尺寸原子的空间排列进行调整，可以实现生色团的位分离作用，同时控制电子的非定域化和材料的局部折射率进一步改变其光学性质。基于此，他们提出在 FTC 生色团周围通过固化反应接入外围含羟基官能团的树枝状结构，合成树枝状大分子 **D4-8**（图 4-51）。这种以生色团为核的树枝状结构可以提升其化学和光化学稳定性。

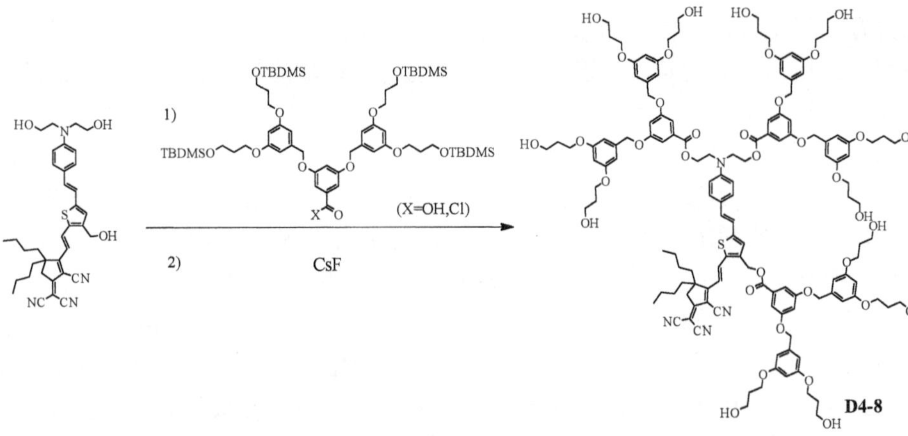

图 4-51　有机二阶非线性光学树枝状大分子 **D4-8** 的结构

随着这一概念的提出，在 2002 年，Jen 等[56]设计合成了一类被含五氟苯的树枝状结构包围的树枝状大分子 **D4-9**（图 4-52）。与其原型生色团 **C4-8**（图 4-52）相比，其外围的树枝状结构可以起到良好的间隔作用；同时，其树枝状结构所带来的空腔结构可以提供生色团极化取向的空间，提高其极化效率；另外，**D4-9** 的空间结构更接近于理想的球型结构。并且，由于含氟化合物较高的热稳定性能、化学惰性、低的介电常数和光学透明性等，**D4-9** 最外围的五氟苯也会提高其极化膜的综合性能。与其原型生色团 **C4-8** 相比，**D4-9** 的热分解温度提高了近 20 ℃，表

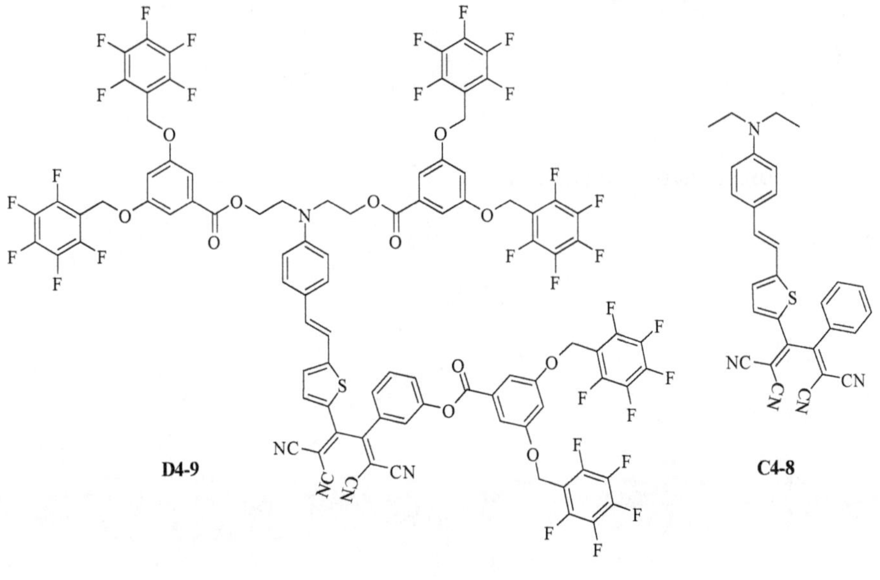

图 4-52　有机二阶非线性光学树枝状大分子 **D4-9** 的结构

现出更好的稳定性；其薄膜的最大吸收波长蓝移了近 40 nm，表现出了更好的光学透明性；更为重要的是，其宏观二阶非线性光学系数提高了 3 倍。这些结果充分体现了树枝状结构的优越性。

以生色团作为核的一大优点就是其引入的树枝状间隔基团的结构易于调控，可进一步改善所得到极化膜的生色团有序化排列稳定性、机械强度和热稳定性等。在该领域，Jen 等做了很多探索性的工作，前面中所提到的 Ar-Ar^F 自组装作用就是其中一个例子。通过 Diels-Alder 反应所实现的交联体系，则是另外一个非常重要的例子。他们于 2007 年设计并合成了一系列含双烯体修饰的树枝状大分子 **D4-10**(图 4-53)，其中所含的呋喃环或蒽环能在极化的过程中与亲双烯体发生原位 Diels-Alder 反应[139]，因此 **D4-10a**～**D4-10c**/TMI 体系能在极化后交联。这些交联后体系的γ_{33}值可以达到 63 ~99 pm/V，同时，在 100 ℃下加热 500 h 后，其宏观二阶非线性光学系数仍然可以保持初始值的 90%，体现出此类原位交联体系的优势。**D4-10d** 与 **D4-10e** 混合体系是另外一个例子(图 4-53)[140]。由于不需要加入

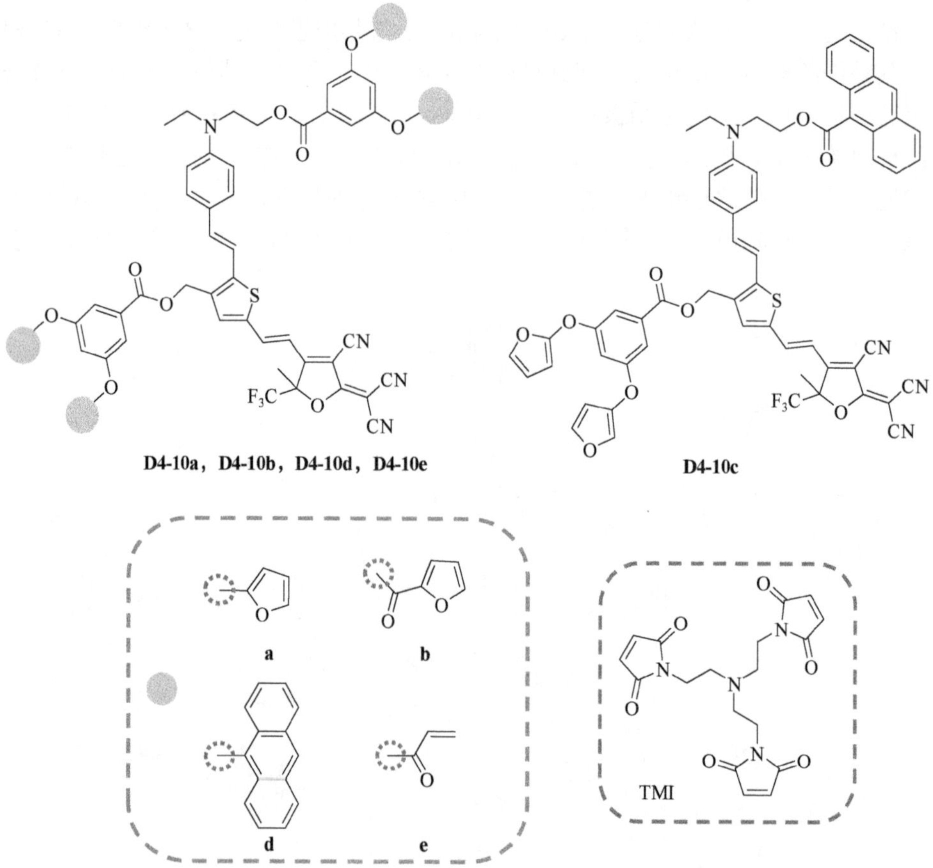

D4-10a, D4-10b, D4-10d, D4-10e   D4-10c

图 4-53　树枝状大分子 **D4-10** 以及交联剂 TMI 的结构

额外的交联剂，其有效生色团的浓度比 **D4-10a～D4-10c**/TMI 交联体系高，因此其极化后可以在保证稳定性的同时表现出更高的电光效应(γ_{33}=84 pm/V)。紧接着，Jen 小组又将这种原位 Diels-Alder 交联的方法运用到了主客体体系中[69]。如图 4-54 所示，在极化过程中，树枝状大分子 **D4-11** 均可与聚合物 **P4-16** 发生原位 Diels-Alder 反应而产生交联。

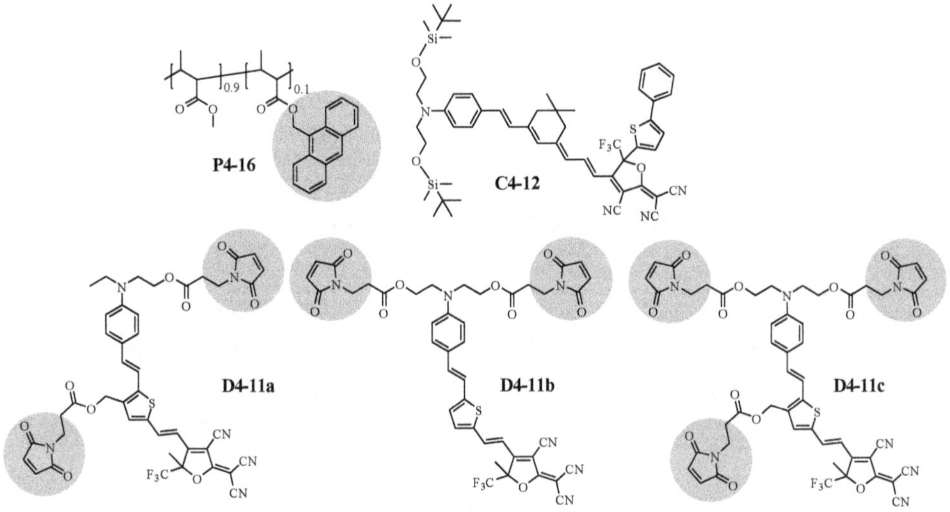

图 4-54　树枝状大分子 **D4-11**、交联聚合物 **P4-16** 以及客体生色团 **C4-12** 的结构

这种以生色团为核的树枝状大分子多是对高 $\mu\beta$ 值生色团修饰所得到的产物。树枝状间隔基团的引入对改善生色团的空间构型、降低生色团之间的静电相互作用起到了重要的作用。另外，对最外围间隔基团功能的调节，是增强其宏观二阶非线性光学效应以及其他综合性能的关键。目前多数的研究都集中于具有 Ar-Ar^{F} 自组装作用的间隔基团以及可交联的官能团，而这种以生色团为核的树枝状大分子也是当前有机二阶非线性光学树枝状大分子的一大主流研究方向。

3. 以生色团作为枝的有机二阶非线性光学树枝状大分子

以生色团为枝的有机二阶非线性光学树枝状大分子的研究始于 2000 年。Yokoyama 等[141]通过逐步法合成了一系列以偶氮苯生色团为重复单元的高代数树枝状大分子 **D4-12**，图 4-55 是其中含 15 个偶氮生色团的第四代分子 **D4-12d**。凝胶渗透色谱(GPC)和质谱(MS)的结果显示，其重均分子量(M_{w})和分散度($M_{\text{n}}/M_{\text{w}}$，$M_{\text{n}}$ 为数均分子量)分别为 13190 和 1.01。其圆锥型的构象使得其中的生色团在无外加电场的条件下具有宏观非中心对称结构，增强了其分子的 β 值。超瑞利散射(HRS)结果表明，随着代数的增加，其生色团的含量逐渐增大，而 β 值也随之增大。其中，第四代树枝状大分子 **D4-12d** 在环己酮和二氧六环中的 β 值分别为

3857×10^{-30} esu 和 2203×10^{-30} esu，是单个偶氮苯生色团的约 20 倍。可以预测，这样一种构建树枝状大分子的方式在光电子领域中具有非常好的应用前景。

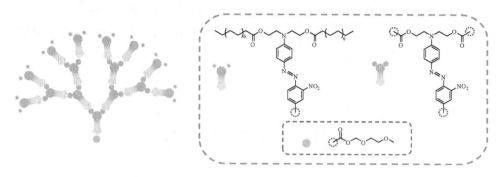

图 4-55　第四代树枝状大分子 **D4-12d** 的结构

　　然而，在随后的近 10 年里，对于以生色团为枝的有机二阶非线性光学树枝状大分子的研究基本处于空白。其原因是，这种以生色团为枝的结构，通常在较高代数时才会表现出较强的二阶非线性光学效应，而高代数树枝状大分子的合成路线通常极其烦琐，极大地限制了其相关研究工作。2009 年，Li 等[142,143]首次将叠氮-炔的点击化学反应应用于制备有机二阶非线性光学树枝状大分子，并采取了收敛法与发散法相结合的合成路线部分解决了这一问题。其具体的合成路线可见图 4-56。采用这种合成方案，可以相对容易地制备五代以内的树枝状大分子，极大地方便了科学家们的研究工作。此外，点击化学反应的产物三氮唑也正好可以作为合适间隔基团降低生色团之间的静电相互作用。从第一代树枝状大分子 **D4-13a** 到第五代树枝状大分子 **D4-13e**，其生色团的有效浓度也在逐步提升，尺寸也越来越大，结构也越来越精细，位分离效应也逐渐变好，因此其宏观二阶非

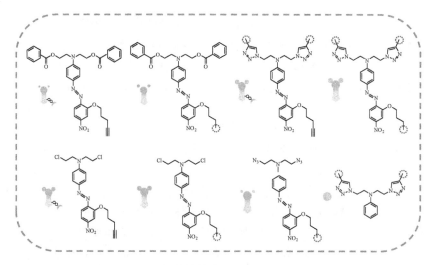

图 4-56　第五代树枝状大分子 **D4-13e** 的合成路线

线性光学效应也有明显的增强。其中，第五代树枝状大分子的 d_{33} 值已经达到了 193.1 pm/V，这是当时以硝基偶氮苯作为生色团的最高值。同时，其光学透明性也较单个生色团有很大的改善，其薄膜的最大吸收波长仅为 470 nm。

　　自此，以生色团作为枝的树枝状大分子迎来了其蓬勃发展的时期，越来越多的方法被用来提高这种树枝状大分子的综合性能。基于这种树枝状大分子，以简单的硝基偶氮苯作为生色团，就可以获得接近 300 pm/V 的 d_{33} 值[144]。

　　整体来说，这三种树枝状大分子对宏观二阶非线性光学效应的增强都是显而易见的。以生色团作为最外围官能团的二阶非线性光学树枝状大分子是最早被研究的一类，可是，由于生色团有效线密度往往较低，其宏观非线性光学性能的提高有限，目前已经逐渐被淘汰。而另外两类树枝状大分子在二阶非线性光学材料中的应用则各有优劣。由于通常使用低代数树枝状间隔基团，以生色团作为核的树枝状大分子的制备通常较为简便，且其树枝状间隔基团很容易修饰，因此，这类树枝状大分子往往具有较好的综合性能；而以生色团作为枝的高代数树枝状大分子对宏观二阶非线性光学效应的增强更为明显，但其制备往往十分烦琐。因此，如何进一步提升二阶非线性光学树枝状大分子的综合性能，并尽可能简化其合成，是该领域急需解决的问题。

4.2.4　提高树枝状大分子二阶非线性光学性能的方法

　　树枝状大分子高度支化的空间结构和球型的空间构型，使得树枝状大分子通常具有比普通线型聚合物更强的宏观二阶非线性光学效应。因此，近年来，越来越多的科学家们开展了这方面的研究，也取得了相当好的成绩。如何进一步提升树枝状大分子的二阶非线性光学性能，则是该领域研究的重中之重。

1. 进一步提高树枝状大分子极化膜的生色团有效线密度

D4-5～D4-7 以及 **D4-12** 和 **D4-13** 的二阶非线性光学性能表明，随着生色团有效线密度的提高，精心设计的树枝状大分子的宏观二阶非线性光学效应也均在逐步增强。因此，在不影响树枝状大分子良好空间结构的基础上，进一步提高树枝状大分子极化膜中生色团的有效线密度是非常有意义的。

最外围具有大量官能团是树枝状大分子的一大特点，使得在有机二阶非线性光学树枝状大分子的基础上引入官能团非常方便，从而进一步改善其性能。例如，2007 年，Dalton 等[145]合成了一种外围有双烯官能团的树枝状大分子 **D4-14** (图 4-57)。他们将 **D4-14**、含有被保护亲双烯体的生色团 **C4-20** 和无光学活性的预交联剂 R1 三部分混合，并用改进后的基于反射的单光束椭偏仪对混合组分的电光效应进行实时监测，调节体系的最佳极化条件。他们在树枝状大分子 **D4-14** 中加入交联剂 R1 发生预交联反应，调节体系的玻璃化转变温度高于 120 ℃，达到生色团亲双烯体 **C4-20** 的去保护温度，使得体系的最佳极化温度和 Diels-Alder 交联反应最佳反应温度一致。经过这种高效的交联反应，这个三组分体系的去极化温度可高达 130 ℃。并且，由于高 $\mu\beta$ 值生色团 **C4-20** 的引入，三组分体系的最佳 γ_{33} 值达到了 150 pm/V，远高于不含生色团 **C4-20** 的极化膜。

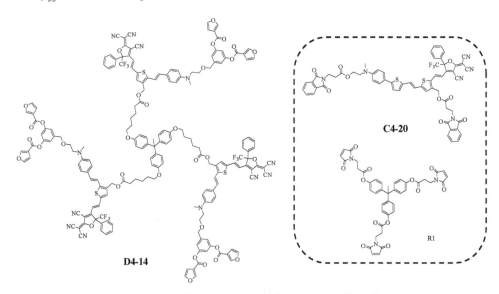

图 4-57　二阶非线性光学树枝状大分子 **D4-14**、生色团 **C4-20** 和交联剂 R1 的结构

随后，Jen 等也开展了这方面的工作，并得到了更加可喜的结果。2008 年，他们制备了一系列外围为五氟苯基团的树枝状大分子 **D4-15**(图 4-58)[146]。**D4-15a**

与 **D4-15b** 的分子量分别为 3840 和 5292,可直接通过旋涂法制备均一透明的薄膜。由于空间结构相似,且使用的生色团完全相同,所得到的树枝状大分子也具有类似的宏观二阶非线性光学效应。其中,三个支链的树枝状大分子 **D4-15a** 的 γ_{33} 值为 79 pm/V,四个支链的 **D4-15b** 的 γ_{33} 值为 83 pm/V。生色团 **C4-12** 是已知的 $\mu\beta$ 值最高的生色团之一,将其作为客体掺杂在树枝状大分子 **D4-15** 后,可显著提高极化膜的生色团有效线密度。当 **C4-12** 掺杂于 **D4-15b** 且浓度达到 14%时,极化膜具有最强的宏观二阶非线性光学效应,其 γ_{33} 值可达 198 pm/V,几乎是 **D4-15b** γ_{33} 值的 2.4 倍。Jen 等又通过原位反应同步极化的方法,采用 Diels-Alder 反应制备了基于树枝状大分子 **D4-16**(图 4-59)的极化膜,获得了比 **D4-15** 更强的宏观二阶非线性光学效应[146]。由于 Diels-Alder 反应是高效的点击化学反应的一种,反

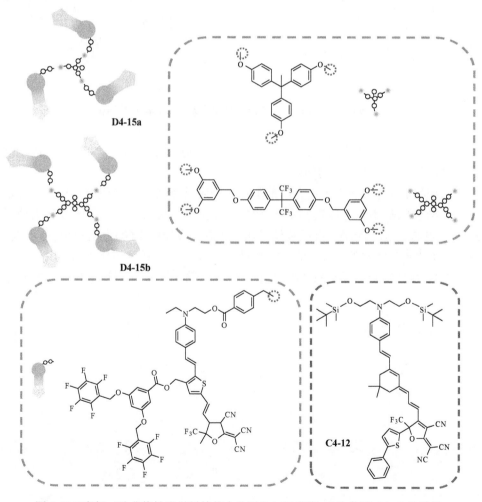

图 4-58　有机二阶非线性光学树枝状大分子 **D4-15** 和高 $\mu\beta$ 生色团 **C4-12** 的结构

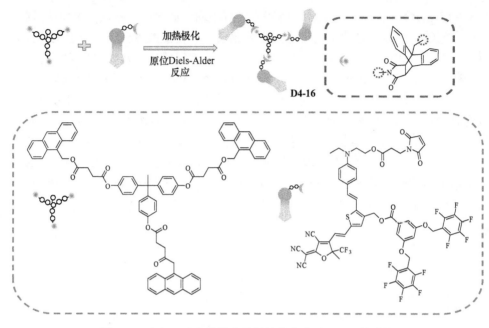

图 4-59 有机二阶非线性光学树枝状大分子 **D4-16** 的结构

应无需催化剂，且无任何副产物产生，因此可避免制备 **D4-15** 时难以除去离子杂质等会影响后续极化效率的问题。

正如我们在本章 4.1 节所介绍的那样，利用具有 Ar-Ar^F 自组装作用的间隔基团作为树枝状基团，可以得到更强的宏观二阶非线性光学效应。树枝状大分子 **D4-17c** 可通过这种 Ar-Ar^F 自组装作用在极化后形成如图 4-60 所示的超分子结构，因此表现出更强的宏观二阶非线性光学效应[51]，其电光系数 γ_{33} 值达到了 108 pm/V，约是 **D4-17a**（51 pm/V）与 **D4-17b**（52 pm/V）的两倍。在此基础上，将 **C4-12** 作为

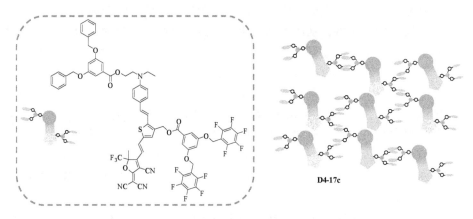

图 4-60 含不同类型间隔基团的树枝状大分子 **D4-17** 的结构

客体掺杂，可进一步提高该体系的生色团有效线密度。将 **D4-17c** 和 **C4-12** 分别以 3∶1 和 1∶1 的比例混合后，其 γ_{33} 值不可思议地分别达到 275 pm/V 和 327 pm/V。

在这些例子中，基本上是先选择一个合适的树枝状大分子体系作为主体，如热交联体系或超分子体系，然后进一步将具有高 $\mu\beta$ 值的生色团作为客体掺杂其中，以提高体系中生色团的有效线密度，从而获得更强的宏观二阶非线性光学效应。2008 年，Jin 等制备了树枝状大分子 **D4-18**（图 4-61），为设计树枝状主体材料提供了新的思路[147]。在 **D4-18a** 中，生色团在给体端通过柔性链与三支链的核相连，形成树枝状大分子；而查耳酮则通过柔性链引入生色团的受体端。紫外灯

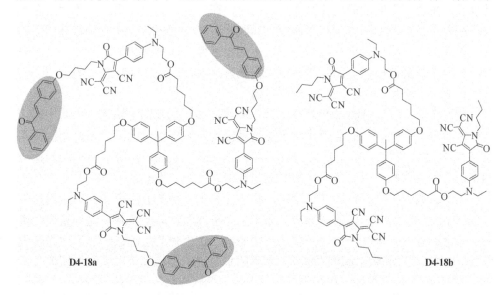

图 4-61 有机二阶非线性光学树枝状大分子 **D4-18** 的结构

照射下查耳酮自身会发生加成反应，因此，在极化后，紫外灯照射其极化膜一段时间后，薄膜会发生交联，从而提高极化后生色团有序化排列的稳定性。作为对比，他们同时制备了不含查耳酮的树枝状大分子 **D4-18b**。与其相比，**D4-18a** 的去极化温度提高了近 30 ℃。与传统的热交联相比，光交联反应可以在室温下进行，因此可大幅度降低高温对生色团有序化排列的影响，从而增强树枝状大分子的宏观二阶非线性光学效应。在 Jin 等的体系中，由于所采用生色团的 $\mu\beta$ 值较低，因此获得的二阶非线性光学效应并不强，但这种光交联的方法为同时增强树枝状大分子极化膜的宏观二阶非线性光学效应和热稳定性提供了一种新的设计方案。如果以该体系作为主体，并选择合适的客体生色团掺杂其中以提高体系的生色团有效线密度，有望获得良好的综合性能。

除此以外，在生色团作为枝的树枝状大分子中，直接提高树枝状大分子的代数，即可提高生色团的有效线密度。这是因为提高树枝状大分子的代数，就意味着增加了树枝状大分子的树枝部分，而这正好是由生色团所构成的。例如，在前述的树枝状大分子 **D4-13** 中，随着树枝状大分子代数的提高，其生色团有效线密度也从第一代 **D4-13a** 的 0.402，提升到了第二代 **D4-13b** 的 0.488，再到第三代 **D4-13c** 的 0.520，第四代 **D4-13d** 的 0.537，直到第五代 **D4-13e** 的 0.544。相应地，d_{33} 值也从第一代树枝状大分子 **D4-13a** 的 100.0 pm/V，逐步提升到了 **D4-13e** 的 193.1 pm/V。此结果再次说明，在生色团作为枝的树枝状大分子中，高代数的树枝状大分子可以表现出更加优秀的宏观二阶非线性光学性能。

在树枝状大分子中，其特殊结构为生色团带来了良好的位分离效应，能够有效地降低生色团之间的静电相互作用。此时，在一定范围内，提高生色团的有效线密度并不会大幅增强这种相互作用。Dalton 等[136]更是发现，在一些特殊的体系中，宏观二阶非线性光学效应与生色团有效线密度可以呈现较好的线性关系。因此，合理地提高树枝状大分子体系中生色团有效线密度是十分有意义的。

2. 进一步改善树枝状大分子的空间构型

研究表明，对于 AB$_2$ 型树枝状大分子而言，当其代数低于四代时，其空间构型更加接近于锥型，而非球型[148]。虽然这种结构对降低生色团之间静电相互作用依然有效，然而其空间构型却与 Dalton 等根据实验事实和理论计算得到的球型结构相去甚远。因此，树枝状大分子的空间构型还需进一步改进。

在本章关于线型聚合物的讨论中，我们介绍了一种星型生色团。理论模拟结果证明了这种星型生色团的空间构型非常接近于球型，因此，基于这种星型生色团的聚合物也具有比基于其他类型生色团的聚合物更强的宏观二阶非线性光学效应。2012 年，Li 等提出了以这种星型生色团来改进树枝状大分子空间构型的设计思想[149]。如图 4-62 所示，以星型生色团为核，低代数 AB$_2$ 型树枝状大分子为枝，他们制备了三个以硝基偶氮苯作为生色团的树枝状大分子 **D4-19**，并且基于其接近于球型的空间构型,这种树枝状大分子被命名为"类球型树枝状大分子"(global-like dendrimer)。紫外-可见吸收光谱以及凝胶渗透色谱的结果表明,第二代类球型树枝状大分子 **D4-19a** 已经拥有了可与第五代树枝状大分子 **D4-13e** 相媲美的位分离效应,这表明了以星型生色团为核对树枝状大分子空间构型进行改进的优势。宏观二阶非线性光学性能的测试结果也支持这一观点。**D4-19a** 的 d_{33} 值达到了214.2 pm/V,已经高于了 **D4-13e** 的 193.1 pm/V。更为可喜的是,随着代数的增加,类球型树枝状大分子 **D4-19** 中生色团的有效线密度随之提升,其宏观二阶非线性光学效应也得到了进一步增强。其中,第四代类球型树枝状大分子 **D4-19c** 的 d_{33} 值更是达到了 246.0 pm/V。值得一提的是,这是首次以简单的硝基偶氮苯作为生色团,获得了超过 200 pm/V 的 d_{33} 值。

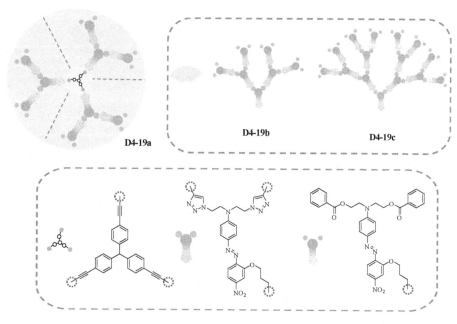

图 4-62　有机二阶非线性光学树枝状大分子 **D4-19** 的结构

紧接着,Li 等[150]又使用砜基偶氮苯生色团代替硝基偶氮苯生色团,制备了另外两个系列的树枝状大分子 **D4-20a**~**D4-20e** 和 **D4-21a**~**D4-21d**(以 **D4-20b** 和 **D4-21b** 为例说明其结构,图 4-63)。与硝基偶氮苯生色团相比,砜基偶氮苯生色团至少能够带来三点明显的改进。第一,硝基的氮原子是 sp² 杂化的,而砜基的硫原子是 sp³ 杂化的,杂化轨道的区别会使得砜基与生色团给体之间的共轭变差,进而降低生色团的偶极矩,赋予基于砜基偶氮苯生色团的树枝状大分子更好的光学透明性。第二，如图 4-63 所示，砜基偶氮苯生色团中硫比氮原子容易修饰，砜基偶氮苯生色团可以整体嵌入树枝状大分子中，因此基于砜基偶氮苯生色团的树枝状大分子的热稳定性更好。第三，作为间隔基团的三氮唑或苯环在砜基偶氮苯的给体端和受体端都有分布；而在硝基偶氮苯生色团受体端却没有合适的间隔基团，这会使得位分离效应在基于砜基偶氮苯生色团的树枝状大分子中表现得更加明显。上述三点优势足以弥补砜基偶氮苯生色团 $\mu\beta$ 值较小的缺点，使得基于砜基偶氮苯生色团的树枝状大分子在具有与基于硝基偶氮苯生色团的树枝状大分子相媲美的宏观二阶非线性光学效应的同时，大大提高了其光学透明性和稳定性。

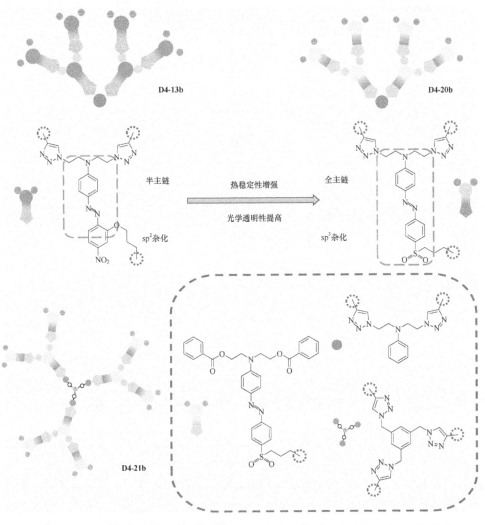

图 4-63　基于砜基偶氮苯的树枝状大分子 **D4-20b** 和 **D4-21b** 的结构以及硝基偶氮苯与砜基偶氮苯生色团应用于树枝状大分子时的区别

随后，Li 等又针对星型生色团通常难以合成的问题（例如，从生色团到制备 **D4-19** 所用的星型生色团核的两步总产率不足 9%），对这种类球型树枝状大分子的合成方法进行了改进，希望能在尽可能容易制备的前提下获得更强的宏观二阶非线性光学效应。2013 年，他们首先将点击化学反应引入制备星型生色团核的方案中[151]。虽然星型生色团核仍然需要两步反应，但其总产率已经提高至 82.9%，是之前的 9 倍。同时，"叠氮-炔"点击化学反应的产物为 1,4-三氮唑，其体积远比 Sonogashira 交叉偶联反应的产物碳碳三键大。根据合适间隔基团概念，三苯胺已经不再适合作为核，此时，Li 等选取了比三苯胺尺寸小得多的苯环作为核（图 4-64）。随后，将低代数树枝状大分子作为枝连接到星型生色团的外围，即可相对方便地获得目标类球型树枝状大分子 **D4-22**（图 4-64）。由于结构类似，**D4-22** 的性质与 **D4-19** 几乎完全相同，其中第四代树枝状大分子 **D4-22d** 的 d_{33} 值也达到了 233 pm/V，与 **D4-19c** 十分接近。但其更为简便的合成步骤，使其在实际应用中更具有优势。

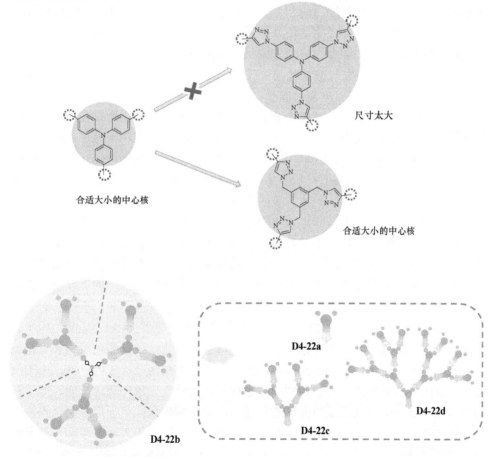

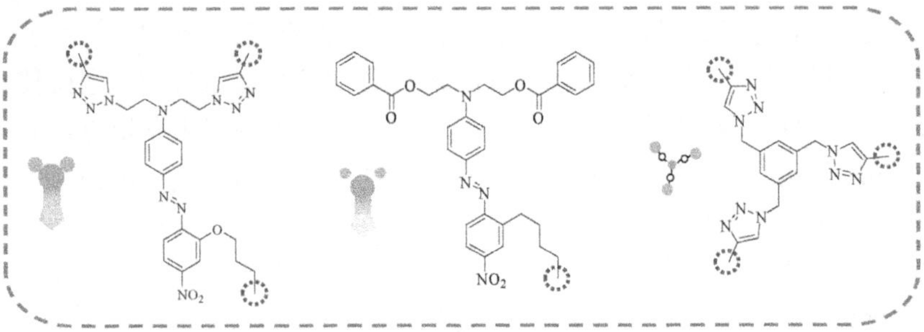

图 4-64　基于砜基偶氮苯的树枝状大分子 **D4-22** 的结构以及星型生色团核的选择

　　2014 年，Li 等又继续将"正交法"(orthogonal)的合成思想应用于制备这种类球型树枝状大分子，其合成方法示意图如图 4-65 所示。这种方法由 Fréchet 等提出[152]，并由 Zimmerman 等首次用来制备高代数树枝状大分子(第六代)[153]。利用这种方法需要制备两种不同的单体(在此记为 AB$_2$ 型单体和 CD$_2$ 型单体)，其中，官能团 A 只与 D 发生反应，B 只与 C 发生反应。首先使用外围反应基团为 D 的核与 AB$_2$ 型单体反应，即可生成最外围反应基团为 B 的第一代树枝状大分子，然后与 CD$_2$ 型单体反应，即可生成最外围反应基团为 B 的第二代树枝状大分子，重复上述步骤，即可得到高代数树枝状大分子。利用这种方法，仅需一步反应(通常需要至少两步反应)就可以使树枝状大分子增长一代，从而大大缩短合成步骤。在此，Li 等选择了高效的"叠氮-炔"点击化学反应和酯化反应来实现正交路线[154]，其具体的合成路线可见图 4-66。首先将 G0-alk 和 AB$_2$ 型单体 R4 通过点击化学反应生成 G1-OH，接着与 CD$_2$ 型单体 R5 通过酯化反应生成 G2'-alk，最后 G2'-alk 与通过酯化反应生成的 G1-6N$_3$ 反应生成 **D4-23**。这一方法结合了正交、发散和收敛法的优点，仅通过四步就得到了一个第四代的树枝状大分子，总产率达到 33.8%。随后，Li 等认为，参加点击化学反应和参加酯化反应的官能团相互之间是没有影响的，因此，这两个反应有可能通过"一锅法"完成。如图 4-66 所示，首先在 G0-alk 中加入 AB$_2$ 型单体 R4 和点击化学反应对应的催化剂，点击化学反应结束后，在反应混合液中加入 CD$_2$ 型单体 R5 和酯化反应对应的催化剂、脱水剂和络合剂，并调节反应温度，通过"一步法"得到 G2'-alk。而由于一一对应的反应位点，从 G2'-alk 到 D4-21 的"一步法"反应更为简单，将 G2'-alk 与两个含不同官能团的单体 R4、R5 和催化剂在有机溶剂中混合，根据酯化反应和点击化学反应不同的反应活性，通过改变不同的反应条件控制两个反应的进行。由于点击化学反应的活性更高，考虑到空间位阻效应，选择优先进行酯化反应，即一开始将体系维持一个较低的反应温度进行酯化反应，酯化反应完全后升温至点击化学反应的最佳反应温度，生成 **D4-23**。通过"一步法"的引入，仅用两步就得到了第四代树枝状大分子，总产率更是达到了 49.2%。更为重要的是，这种通过"一锅法"所制备出的树枝状大分子，其二阶非线性光学性能与通过传统的方法所制备的树枝状大分子几乎完全相同。这表明，高代数树枝状大分子是有可能通过简便的方法以高产率制备出来的，意味着对树枝状大分子的构性关系研究会更加方便，这也为二阶非线性光学树枝状大分子的实际应用提供了可行的制备方案。

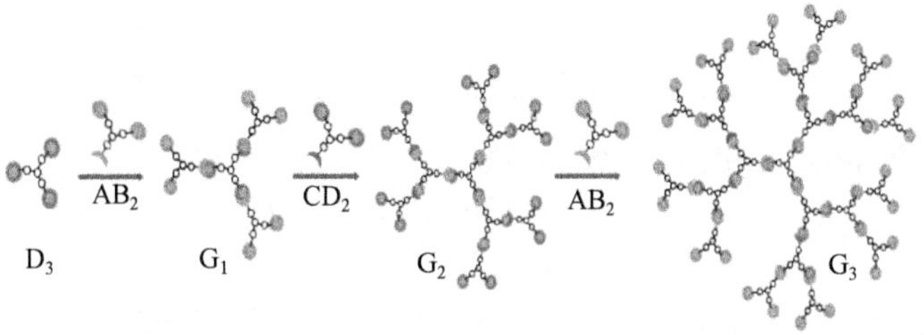

图 4-65　正交法合成高代数树枝状大分子示意图

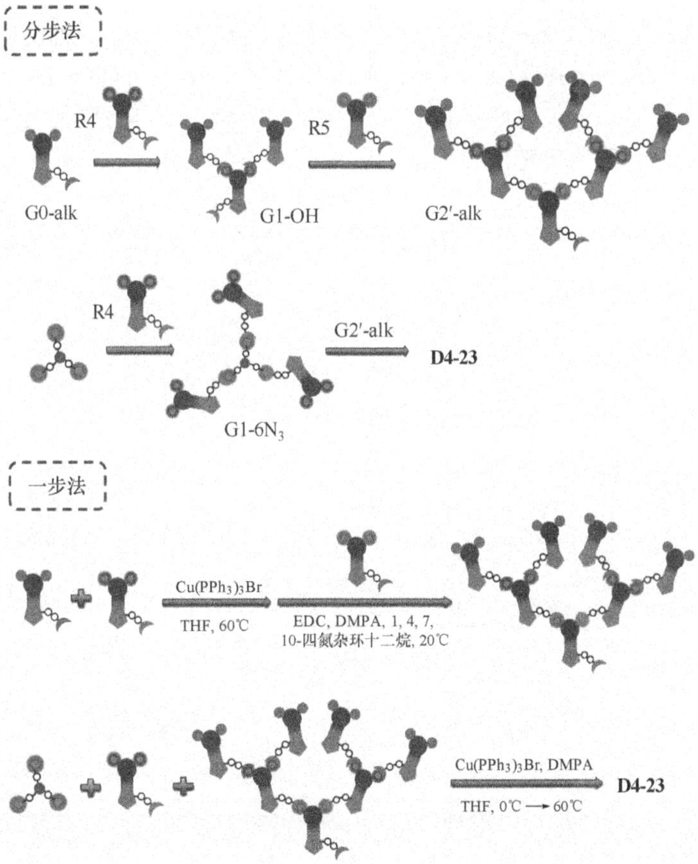

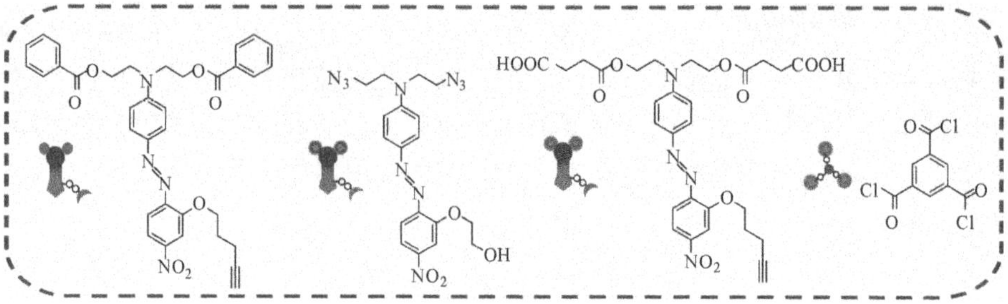

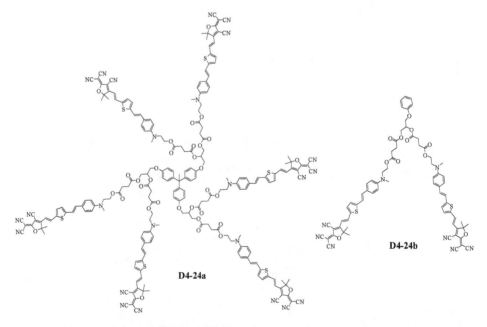

图 4-66　利用正交法和一锅法对高代数类球型二阶非线性光学
树枝状大分子合成方法的改进

在对树枝状大分子空间构型的改进中，Qian 等也做了出色的工作[155,156]。2011年，Qian 等[155]将含羧基的 FTC 生色团和含六个羟基的中心核通过酯化反应合成了一个六支链的树枝状大分子 **D4-24a**（图 4-67），研究了树枝状大分子空间结构对其宏观二阶非线性光学效应的影响。分子模拟实验表明，**D4-24a** 的空间构型接近于球型，非常有利于增强薄膜的宏观二阶非线性光学效应。同时，**D4-24a** 的位分离效应也非常明显，与仅含两支链的分子 **D4-24b** 相比，其薄膜的最大吸收波长蓝移了 17 nm，表明六支链的核在降低生色团静电相互作用、防止生色团聚集方面起到了至关重要的作用。在生色团有效线密度几乎相同的情况下，**D4-24a** 的 d_{33} 值达到了 192 pm/V，是 **D4-24b** 的 3 倍。同时，由于具有较大的体积，**D4-24a**

图 4-67　有机二阶非线性光学树枝状大分子 **D4-24** 的结构及其空间构型

极化膜中生色团的弛豫也变得困难，从而其薄膜极化后具有更好的稳定性。与 **D4-24b** 相比，**D4-24a** 的去极化温度提高了 25 ℃。随后，他们又将不同类型的间隔基团引入这类六支链的树枝状大分子[156]，其宏观二阶非线性光学效应也有了进一步增强。这些结果充分表明，对树枝状大分子空间结构的调控，是提高树枝状大分子综合性能的一种有效方法。

2009 年，Pizzotti 等[157,158]开始研究生色团初始排列状态对最终获得的宏观二阶非线性光学效应的影响。图 **4-68** 是其中一个典型的例子[157]。在生色团 **C4-21** 中，4 个非线性光学生色团通过其受体端的硅氧键固定在了一起，形成了一种短程有序的结构。生色团的有序化排列是产生二阶非线性光学效应的根本，所以这种短程有序化的结构有利于极化过程中生色团形成长程有序化的结构。因此，基于生色团 **C4-21** 的极化膜的宏观二阶非线性光学系数达到了其原型生色团 **C4-22** 的 2.3 倍。由于 Pizzotti 等所使用的生色团的 $\mu\beta$ 值并不高，因此其所达到的宏观二阶非线性光学效应并不强，**C4-22** 的 d_{33} 值仅为 0.69 pm/V。但其工作有一定启发性，让我们在设计树枝状大分子时开始考虑生色团的初始排列。

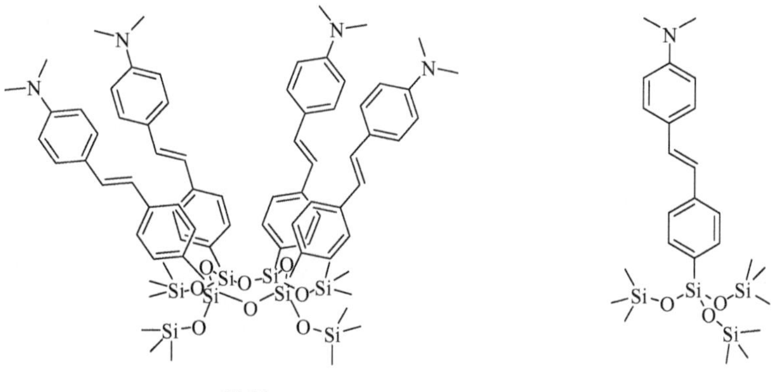

C4-21   **C4-22**

图 4-68   短程有序的生色团 **C4-21** 及其原型生色团 **C4-22** 的结构

2015 年，Li 等[159]设计的 X 型树枝状大分子就充分考虑了生色团的初始排列。他们首先采用先收敛后发散的方法合成了分别含有 5 个和 9 个硝基偶氮苯生色团的第一代和第二代的树枝状大分子 **D4-25a** 和 **D4-25b**（图 4-69）。分子模拟实验表明，这两个树枝状大分子均拥有球型结构，且生色团具有特定的排列。紫外-可见吸收光谱的结果表明，在 **D4-25a** 和 **D4-25b** 中，树枝状结构所带来的位分离效应要弱于前述的树枝状大分子，如 **D4-13** 系列。这是由于 **D4-25a** 和 **D4-25b** 的代数相对较低，其树枝状结构还不够完美。即便如此，**D4-25a** 和 **D4-25b** 依然拥有非常优异的二阶非线性光学性能。极化后，它们的 d_{33} 值分别为 157 pm/V 和

195 pm/V。**D4-25b** 的宏观二阶非线性光学效应甚至强于第五代树枝状大分子 **D4-13e**，再次表明了生色团初始排列状态对最终宏观二阶非线性光学效应的影响，也证明了调节树枝状大分子的空间构型对增强宏观二阶非线性光学效应的意义。

2016 年，Li 等[144]在 **D4-25** 的基础上，进一步制备了高代数 X 型树枝状大分子 **D4-26**（图 4-70）。**D4-26** 可以看作是两个含不同朝向生色团的树枝状大分子通过一个核相连而构成的。此时，他们发现一味地提高树枝状大分子的代数并不总能增强其宏观二阶非线性光学效应。这是由于提高树枝状大分子的代数，同样会对其空间构型以及生色团初始排列状态产生影响。Li 等采用理论计算的方法对 **D4-26** 的空间构型进行了模拟，结果如图 4-70 所示。为了方便描述，他们将 **D4-26** 的结构分为两个方向（x 和 x 方向的反方向，图 4-70）。**D4-26a** 的 x 和 x 方向反方向的树枝状结构比较对称，各自呈扁平状锥体，两个锥体之间近乎垂直从而形成了 **D4-26a** 比较接近于球体的结构。两个锥体分离明显，没有出现树枝状结构之间的交错，从而保持了生色团较大的有序度，其中，位于中心的五个生色团排列比较有序，且有效地受到外围结构和空间的保护。正是这种特殊的生色团短程有

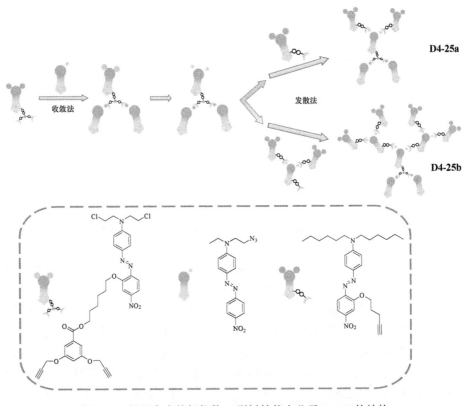

图 4-69　短程有序的低代数 X 型树枝状大分子 **D4-25** 的结构

序结构，使得 **D4-26a** 表现出非常强的宏观二阶非线性光学效应，其 d_{33} 值达到了 299 pm/V。这是首次以简单的硝基偶氮苯作为生色团实现约 300 pm/V 的 d_{33} 值，也是迄今为止以偶氮苯作为生色团所能达到的最高值。**D4-26b** 在 **D4-26a** 的结构基础上于 x 方向增加了一代。由于 **D4-26b** 在 x 方向树枝状部分的尺寸大于 x 方向反方向的树枝状结构，因而其 x 方向树枝状结构最外围的部分生色团导向了 x 方向反方向，反而降低了生色团有序化排列的程度。因此，在增加了树枝状结构代数的情况下，**D4-26b** 的 d_{33} 值与 **D4-26a** 相比，反而有所下降，为 261 pm/V。为了验证这一观点，Li 等又制备了 **D4-26c**。与 **D4-26b** 相比，**D4-26c** 的树枝状结构在 x 方向反方向又减少了一代，完全破坏了其在 x 和 x 方向反方向的树枝状结构方面的对称性。在 **D-26c** 中，x 方向的树枝状结构占据了主要的体积，由于 x 方向反方向的树枝状结构较小，x 方向树枝状结构向 x 方向反方向伸展造成了很多生色团的偶极相互抵消。因此，**D4-26c** 的 d_{33} 值最小，为 238 pm/V。

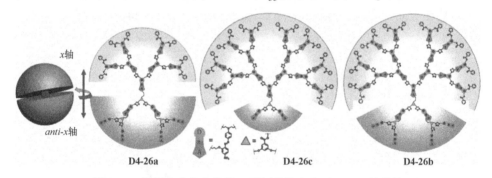

图 4-70　短程有序的高代数 X 型树枝状大分子 **D4-26** 的结构

从 **D4-13e** 到 **D4-19c** 再到 **D4-26a**，树枝状大分子的代数在逐渐降低，单个树枝状大分子中所含生色团的数量也在逐步变少，但所得到的宏观二阶非线性光学效应却在逐渐增强。这充分说明了进一步调节树枝状大分子的空间构型的重要性。目前，基于这种方法，以简单的硝基偶氮苯作为生色团已经可以获得将近 300 pm/V 的宏观二阶非线性光学效应。然而，对树枝状大分子空间构型的调节往往会使其合成变得更加烦琐。因此，如何简化有机二阶非线性光学树枝状大分子的合成路线，也逐渐成为这一领域的重要研究内容。

3. 苯与全氟苯自组装作用

之前我们提到，间隔基团之间的相互作用同样会对二阶非线性光学效应产生很大的影响。比较典型的例子就是苯与全氟苯之间的静电相互作用。在对线型聚合物的研究中，我们发现，Ar-Ar^F 自组装作用可以有效提高线型聚合物的综合性能，主要包括二阶非线性光学效应以及效应的稳定性。

将这种 Ar-Ar^F 自组装作用应用于树枝状大分子的工作，始于前面讨论过的

2007 年 Jen 等[51]基于 **D4-17** 中的苯与五氟苯之间的相互作用形成的超分子体系（图 4-60）。而将这种相互作用应用于具有更好空间构型的高代数树枝状大分子体系，则主要由 Li 等完成。2013 年，Li 等[160]将 **D4-13** 最外围基团由苯基换为五氟苯，制备了一系列树枝状大分子 **D4-27**（图 4-71）。对其核磁共振氟谱的研究表明，在低代数树枝状分子中（第一代或第二代），Ar-Ar^F 自组装作用并不明显；而当代数高于三代时，Ar-Ar^F 之间的相互作用明显增强，以至于可以在核磁共振氟谱中观察到额外的信号。二阶非线性光学性能测试结果表明，第四代树枝状大分子 **D4-27d** 的 d_{33} 值达到了 187 pm/V，第五代树枝状大分子 **D4-27e** 的 d_{33} 值更是高达 206 pm/V，均高于同代数、最外围为苯环的树枝状大分子 **D4-15d** 和 **D4-15e**。而且，由于 Ar-Ar^F 自组装作用的存在，**D4-27d** 和 **D4-27e** 极化膜的生色团有序化排列的稳定性也有了明显提升，这与前面所讨论的在线型聚合物中所观察到的现象一致。令人困惑的是，在代数较低时，五氟苯的存在反而使得树枝状大分子的宏观二阶非线性光学性能有所下降，其原因可能是有效生色团线密度降低。

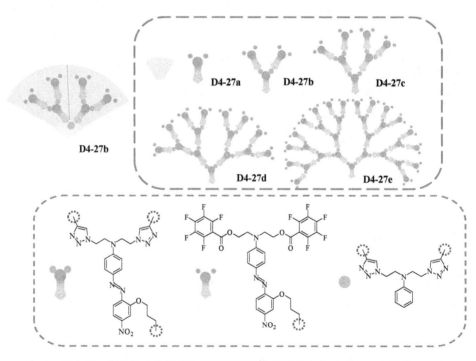

图 4-71　最外围含五氟苯作为间隔基团的树枝状大分子 **D4-27** 的结构

　　为深入研究五氟苯的引入对树枝状大分子宏观二阶非线性光学效应的影响，2014 年，Li 等[161]继续制备了三个系列的最外围为五氟苯的树枝状大分子（图 4-72），分别是以硝基偶氮苯作为生色团的类球型树枝状大分子 **D4-28**，以砜基偶氮苯作为生色团的树枝状大分子 **D4-29**，以及以砜基偶氮苯作为生色团的类球型树枝状大分子 **D4-30**。核磁共振氟谱的结果表明，在这些树枝状大分子中，Ar-Ar^F 自组装作用在高代数时均明显强于低代数时，而且在以砜基偶氮苯作为生色团时明显高于以硝基偶氮苯作为生色团时。因此，Li 等推测这种相互作用发生在最外围的五氟苯树枝状大分子内部的苯环之间。如图 4-73 所示，在树枝状大分子中，Ar-Ar^F 相互作用的方式有两种：分子内作用或分子间作用。如果 Ar-Ar^F 相互作用是分子内作用，那么在低代数时，由于最外围的五氟苯与内部苯环的距离太短，产生强烈的位阻效应，因此，随着树枝状大分子代数的增加，这种相互作用也会越来越强。另外，随着树枝状大分子代数的增加，其最外围基团的数目也会越来越多，这些外围基团会形成一个"保护层"将树枝状大分子内部保护起来。因此，如果 Ar-Ar^F 相互作用是分子间作用，随着树枝状大分子代数的增加，这种相互作用就会越来越弱。结合核磁共振氟谱的结果，很容易得知在树枝状大分子中，这种 Ar-Ar^F 相互作用是一种分子内作用，而不是分子间作用。另外，有可能与树枝状大分子最外围的五氟苯基团产生 Ar-Ar^F 相互作用的苯环有两种：一种是生色团的给体；另外一种是生色团的受体。其中，相对于生色团的受体，生色团给体部分是富电子的，更容易与缺电子的五氟苯产生 Ar-Ar^F 相互作用。如果这种 Ar-Ar^F 相互作用确实来自于树枝状大分子内部生色团的给体与最外围的五氟苯，那么在以砜基偶氮苯作为生色团的树枝状大分子中，这种相互作用将会更强，因为砜基的拉电子作用比硝基弱，砜基生色团给体部分的电子云密度会高于相应的硝基生色团。事实也正是如此，在代数相同的情况下，**D4-29** 和 **D4-30** 的核磁共振氟谱中来源于 Ar-Ar^F 相互作用的峰的强度均比 **D4-27** 和 **D4-28** 强。另外，凝胶渗透色谱的实验结果也表明，这种 Ar-Ar^F 相互作用可以使得树枝状大分子的空间构型更加接近于球型。此时，在树枝状大分子中引入五氟苯的作用已经比较清晰了。最外围的苯环与五氟苯之间的相互作用会进一步改善树枝状大分子的空间构型，并进一步增强其宏观二阶非线性光学效应，同时提高其生色团有序化排列的稳定性。然而，由于氟原子的相对原子质量与尺寸均高于氢原子，因此五氟苯的引入会降低树枝状大分子中生色团有效线密度（表 4-3）。当树枝状大分子的代数比较低时（如 **D4-27a**、**D4-27b** 和 **D4-27c** 的情形），由于 Ar-Ar^F 相互作用较弱，此时生色团有效线密度的降低将成为主要因素，导致 d_{33} 值的下降。而当树枝状大分子本身就具有较好的球型结构时（如以砜基作为生色团的高代数类球型树枝状大分子 **D4-30b** 和 **D4-30c**），Ar-Ar^F 相互作用对树枝状大分子空间构型的改进也会非常有限，此时其宏观二阶非线性光学效应也会有所减弱。除此以外，大部分例子均表明，Ar-Ar^F 相互作用会明显提升树枝状大分子的 d_{33} 值。其中，以硝基偶氮苯为生色团的类球型树枝状大分子 **D4-28d** 的 d_{33} 值更是高达 252 pm/V。

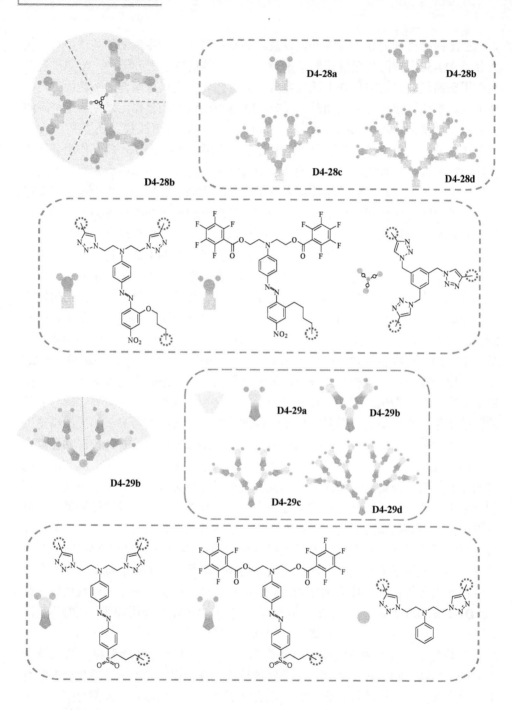

D4-28b

D4-28a

D4-28b

D4-28c

D4-28d

D4-29b

D4-29a

D4-29b

D4-29c

D4-29d

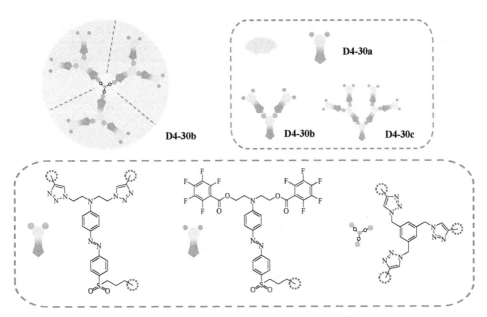

图 4-72　最外围含五氟苯作为间隔基团的不同类型的树枝状大分子
D4-28、**D4-29** 和 **D4-30** 的结构

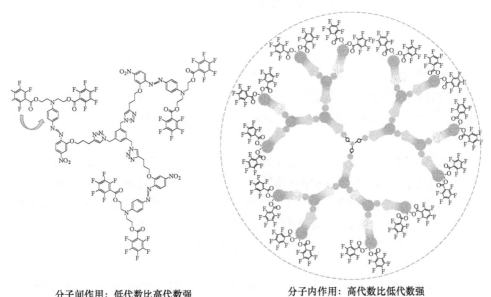

分子间作用：低代数比高代数强　　　　　分子内作用：高代数比低代数强

图 4-73　在树枝状大分子中两种可能的 Ar-Ar^F 相互作用方式

表 4-3　最外围含不同类型的间隔基团的树枝状大分子的二阶非线性光学效应

化合物序号	d_{33}^a/(pm/V)	N^b	化合物序号	d_{33}^a/(pm/V)	N^b
D4-13a	100	0.402	D4-27a	84	0.326
D4-13b	108	0.488	D4-27b	89	0.411
D4-13c	123	0.520	D4-27c	108	0.444
D4-13d	177	0.537	D4-27d	187	0.459
D4-13e	193	0.544	D4-27e	206	0.466
D4-20a	52	0.467	D4-28a	199	0.376
D4-20b	72	0.567	D4-28b	220	0.474
D4-20c	103	0.604	D4-28c	233	0.512
D4-20d	117	0.620	D4-28d	252	0.529
D4-20e	133	0.627	D4-29a	76	0.339
D4-22a	184	0.426	D4-29b	86	0.417
D4-22b	196	0.501	D4-29c	114	0.447
D4-22c	212	0.529	D4-29d	140	0.460
D4-22d	233	0.540	D4-30a	119	0.390
D4-21a	107	0.490	D4-30b	127	0.401
D4-21b	136	0.578	D4-30c	145	0.516
D4-21c	181	0.609			

a 二阶非线性光学系数；b 树枝状大分子有效生色团线密度。

最近，李振课题组[162]又在 X 型树枝状大分子的最外围引入了五氟苯。通过刚才的讨论可知，X 型树枝状大分子本身已经具有非常完美的空间构型了。因此，五氟苯的引入对其空间构型的改进也非常有限，此时，五氟苯的引入反而使得其宏观二阶非线性光学效应有所减弱。此例也是对树枝状大分子中 Ar-Ar^F 相互作用方式的一个证明。

本质上，Ar-Ar^F 自组装作用是改善树枝状大分子空间构型的一种特殊情况，只不过是通过间隔基团之间的相互作用实现的。由于最近发展了更加有效的改善树枝状大分子空间构型的方法(如类球型树枝状大分子和 X 型树枝状大分子概念)，对这种 Ar-Ar^F 自组装作用的研究已经越来越少。但不可否认，这是能同时提升宏观二阶非线性光学效应和稳定性的简便易行的方法之一。

4. 进一步引入间隔生色团

在线型聚合物的讨论中，我们曾经详细讨论过间隔生色团概念。这是 Li 等于2012 年提出的，即：一个具有较低 $\mu\beta$ 值的生色团(即间隔生色团)可以作为另一个具有较大 $\mu\beta$ 值生色团(即主生色团)的间隔基团来降低生色团之间的静电相互作用，提高生色团在极化过程中定向有序排列的程度；同时，具有较低 $\mu\beta$ 值的生色团依然可以对宏观二阶非线性光学效应做出贡献[60]。在线型聚合物中已经证明了间隔生色团的引入可以同时增强聚合物的宏观二阶非线性光学效应和光学透明性。

　　差不多在提出间隔生色团概念的同时，Li 等[163]就将这种方法应用于提高树枝状大分子的综合性能了。在 Li 等所制备的 **D4-31**(图 4-74)中，硝基偶氮苯与砜基偶氮苯生色团交替排列，符合间隔生色团概念的要求。如前所述，生色团的有效线密度与树枝状大分子的宏观二阶非线性光学效应关系密切。在 **D4-31** 中，为了尽可能增大 $\mu\beta$ 值较大的硝基偶氮苯生色团的含量，他们将硝基生色团置于树枝状大分子的最外围。因此，在 **D4-31** 中，无论代数如何，硝基偶氮苯生色团的数目都大约是砜基生色团数目的两倍。这种设计大大增强了其宏观二阶非线性光学效应，与仅含单一硝基生色团的同代数树枝状大分子 **D4-13** 相比，**D4-31** 的宏观二阶非线性光学效应都有了明显增强。特别是第五代树枝状大分子 **D4-31d**，其 d_{33} 值已经达到了 253 pm/V，远高于 **D4-13e** 的 193 pm/V。同时，由于 $\mu\beta$ 值相对较小的砜基偶氮苯生色团的引入，与 **D4-13** 相比，**D4-31** 的极化膜都表现出了更为优秀的光学透明性。这与线型聚合物中得到的结论类似。

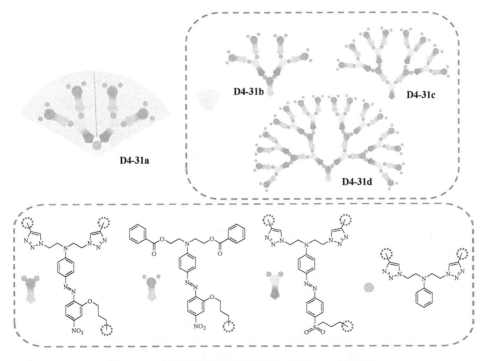

图 4-74　含间隔生色团的树枝状大分子 **D4-31** 的结构

　　在不久之后的 2013 年，Li 等[164]继续将间隔生色团概念引入具有更好空间构型的类球型树枝状大分子，制备了另一系列树枝状大分子 **D4-32**(图 4-75)。结果表明，间隔生色团概念在具有更好空间构型的类球型树枝状大分子中同样有效。以第四代树枝状大分子为例，**D4-32c** 极化膜的最大吸收波长比仅以硝基偶氮苯作

为生色团的 **D4-19c** 蓝移了 24 nm，表现出更加优异的光学透明性。更为重要的是，其宏观二阶非线性光学系数也达到了 **D4-19c** 的 1.5 倍。延续这种思路，如果能找到合适的合成方案，将间隔生色团进一步引入具有更好空间构型的树枝状大分子中（如前述的 X 型树枝状大分子），有望获得更强的宏观二阶非线性光学效应。

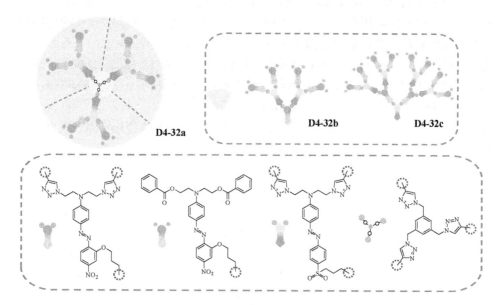

图 4-75　含间隔生色团的类球型树枝状大分子 **D4-32** 的结构

4.2.5　小结

树枝状大分子完美无缺的支化结构可以带来良好的位分离效应，而且其空间构型接近位分离原理所推荐的球型结构，以其作为二阶非线性光学材料时，均能表现出优秀的非线性光学性能。经过 20 余年的发展，科学家们提出了多种方法来进一步增强树枝状大分子的宏观二阶非线性光学效应。例如，使用高 $\mu\beta$ 值的生色团作为客体提高体系中生色团有效线密度，可以直接增强宏观二阶非线性光学效应；间隔生色团的引入更是在增强其非线性光学效应的同时，还改善其极化膜的光学透明性等；X 型树枝状大分子更是以简单、$\mu\beta$ 值较低的硝基偶氮苯作为生色团获得了接近 300 pm/V 的二阶非线性光学效应。至今，几乎所有的具有高宏观二阶非线性光学效应的有机高分子材料为树枝状大分子。单从宏观二阶非线性光学效应这一角度来讲，树枝状大分子已经能够满足实际应用的要求了。

但同时，树枝状大分子，特别是高代数树枝状大分子烦琐的合成步骤，极大地限制了其实际应用。因此，该领域内将来的研究重点不仅包括"如何获得更强的宏观二阶非线性光学效应",还要考虑"如何在不影响其宏观二阶非线性光学效应的同时,尽可能简化其制备成本"或"如何以相对容易合成的低代数树枝状大分子获得强的宏观二阶非线性光学效应"。在这方面,Li 等的几个工作很有代表性。他们通过两步"一锅法"的合成方案,以接近 50%的总产率制备了第四代类球型二阶非线性光学树枝状大分子;设计了 X 型树枝状大分子,在低代数时就获得了接近了 300 pm/V 的 d_{33} 值;将类球型树枝状大分子与间隔生色团概念和 Ar-Ar^F 自组装作用相结合,树枝状大分子在第二代时就拥有了与第四代树枝状大分子相当的宏观二阶非线性光学效应[165],等等。

另外一个设计思路是选取与树枝状大分子具有类似空间构型,但非常容易制备的超支化聚合物替代树枝状大分子,从而简化合成步骤。这方面的工作,我们将在 4.3 节进行详细探讨。

4.3 有机二阶非线性光学超支化聚合物

4.3.1 超支化聚合物简介

超支化聚合物(hyperbranched polymers)因其分子结构而得名,它是一种经一步法合成得到的高度支化的聚合物[166]。1952 年,Flory[167]首先从理论研究的角度预见 AB$_n$($n \geqslant 2$) 型单体通过缩聚反应会生成超支化聚合物,但是,对于这种非结晶、无链缠结的超支化聚合物,当时并未引起足够的重视。1988 年,杜邦公司的 Kim 和 Webster[168,169]首次采用 AB$_2$ 型单体合成了超支化聚苯,令人惊讶的是,这些聚合物具有良好的溶解性,而线型聚苯则不溶于任何溶剂,于是,沉寂了几十年的 AB$_n$ 型单体缩聚反应开启了崭新的篇章。迄今,超支化聚合物的研究已经历了三十多年的历程。

超支化聚合物与 4.2 节所述的树枝状大分子同属于高度支化的聚合物,都具有三维结构和大量末端官能团,因此继承了许多树枝状大分子的性质,如良好的溶解性、较低的黏度等;但其合成要比树枝状大分子简便得多。从实际应用的角度考虑,相对于树枝状大分子,超支化聚合物更具发展前景[170-172]。但是,二者还是有较多差别(图 4-76)[173,174];第一,超支化聚合物的支化单元是随机分布的,而且其支化度(degree of branching, DB)小于 1,而树枝状大分子的支化度则固定为 1;第二,超支化聚合物是多分散性的,一般分子量分布较宽,而树枝状大分子则是单分散性的;第三,除了最外围拥有大量的末端官能团外,其内部线型单元上同样会有部分官能团,而树枝状大分子的官能团则通常只会出现在最外围;第四,超支化聚合物的空间构型为三维椭球型,而树枝状大分子为球型。正是由

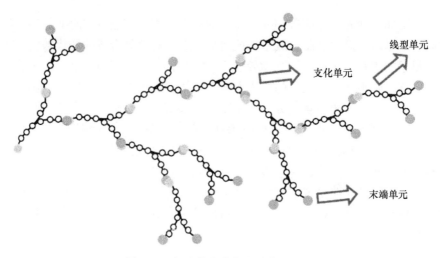

图 4-76 超支化聚合物的结构示意图

于这些差别，采用超支化聚合物来构筑二阶非线性光学材料仍然与树枝状大分子有许多不同。

4.3.2 有机二阶非线性光学超支化聚合物简介

顾名思义，将有机二阶非线性光学生色团引入超支化聚合物主链中，所得到的就是有机二阶非线性光学超支化聚合物。理论上，将超支化聚合物应用于二阶非线性光学领域时，其特殊的空间构型与合成方法会带来一些独特的优势：首先，其高度支化的三维结构可以有效产生位分离效应，从而削弱生色团之间偶极-偶极静电相互作用，提高极化效率；其次，其空间构型为三维椭球型，与位分离原理中推荐的球型结构接近，从而可增强材料的宏观二阶非线性光学效应；最后，超支化聚合物通常由一步法合成，与同样具有高度支化结构的树枝状大分子相比，非常有利于大规模生产。

考虑到超支化聚合物的诸多优势，早在 1996 年，Wada 等[175-177]就开展了有机二阶非线性光学超支化聚合物的研究。他们通过 AB_2 型苯胺单体与氰基乙酸经 Knoevenagel 缩合和酯交换反应制备了超支化聚合物 **HP4-1**（图 4-77）。该聚合物可溶于 DMF、DMSO 等有机溶剂，在 DMSO 中其特性黏度为 0.27 dL/g，其热分解温度为 330 ℃，玻璃化转变温度为 86 ℃。电晕测试表明，超支化聚合物极化薄膜的二阶非线性光学系数（d_{33}）为 2.8 pm/V。随后，他们将 3,6 位取代的咔唑基团引入此类超支化聚合物的主链中，合成了一种主体框架含咔唑基团的多功能超支化聚合物 **HP4-2**，其极化薄膜的二阶非线性光学系数（d_{33}）比 **HP4-1** 略大，为 7 pm/V。但是与当时已报道的线型聚合物的 d_{33} 值相比，这个数值仍然很小，所以并未引起广泛的关注。作者认为是生色团的降解影响了材料的二阶非线性光学性能。现在看来，可能还有另外两个原因：第一，该系列聚合物中生色团的 β 值过小；第二，生色团正好处于支化点上，这种结构类似头对尾的主链型的聚合物，不利于生色团的有序化排列。

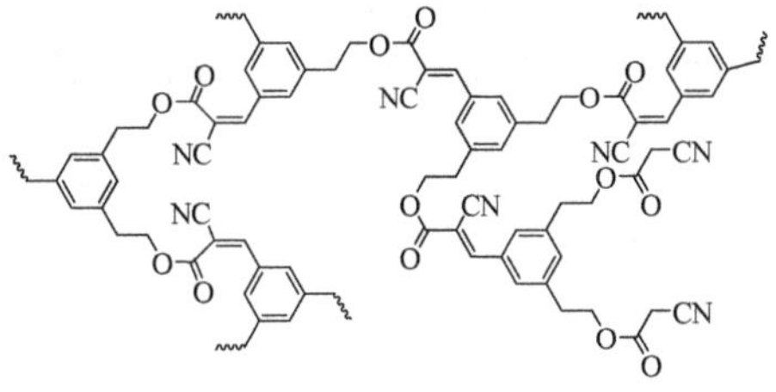

HP4-1

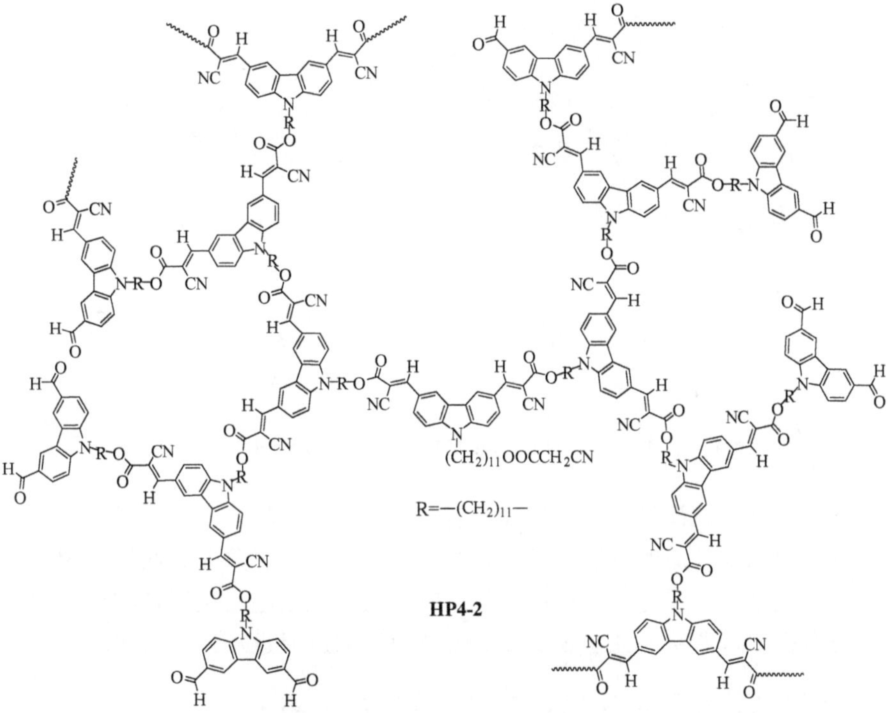

HP4-2

R=—(CH₂)₁₁—

图 4-77　有机二阶非线性光学超支化聚合物 **HP4-1** 和 **HP4-2** 的结构

　　随后，有机二阶非线性光学超支化聚合物的研究沉寂了长达八年之久。直到 2004 年，Li 和 Tang 等[178]利用 Sonogashira 交叉偶联反应，以"A₃+B₂"的聚合方式首次合成了基于硝基偶氮苯生色团的超支化聚合物 **HP4-3**（图 4-78）。所得超支化聚合物在有机溶剂中均可溶，并具有良好的成膜性和热稳定性（热分解温度 T_d>180 ℃）。令人兴奋的是，以苯酚醚作为共聚单元的超支化聚合物 **HP4-3b**，其极化薄膜的二阶非线性光学系数(d_{33})高达 177 pm/V，大约是无机晶体铌酸锂的 3.5 倍，这也是当时以硝基偶氮苯作为生色团所能达到的最高值，远高于其他线型聚合物的二阶非线性光学系数，充分体现出了超支化聚合物位分离效应的优势。同时，由于在加热极化的过程中该聚合物中所含的炔基会发生热交联，可以有效阻止生色团的取向弛豫，因此其取向稳定性十分优秀，在加热至 133 ℃时，其 SHG 信号还未出现任何衰减。

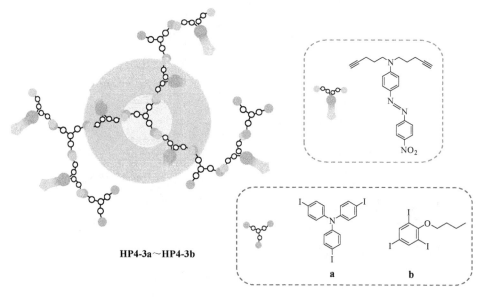

HP4-3a～HP4-3b

图 4-78　有机二阶非线性光学超支化聚合物 **HP4-3** 的结构

自此，这类合成简易、综合性能优良的超支化聚合物才引起了科学家们广泛的关注，并得到了长足的发展。在此，我们将根据有机二阶非线性光学超支化聚合物的不同类别，以及进一步提高有机二阶非线性光学超支化聚合物综合性能的方法，对有机二阶非线性光学超支化聚合物取得的进展进行详细叙述。

4.3.3　有机二阶非线性光学超支化聚合物的分类

刚才提到，有机二阶非线性光学超支化聚合物就是将有机二阶非线性光学生色团引入超支化聚合物主链中所得到的产物。那么，根据生色团引入超支化聚合物方法的不同，可以将其分为几类：侧链型、主链型和生色团封端型(图 4-79)等。

1. 侧链型有机二阶非线性光学超支化聚合物

侧链型有机二阶非线性光学超支化聚合物是最早研究的一类非线性光学超支化聚合物，它是将生色团引入超支化聚合物侧链所形成的。前面所述的 2004 年 Li 等制备的 **HP4-3** 就是典型的此类超支化聚合物。

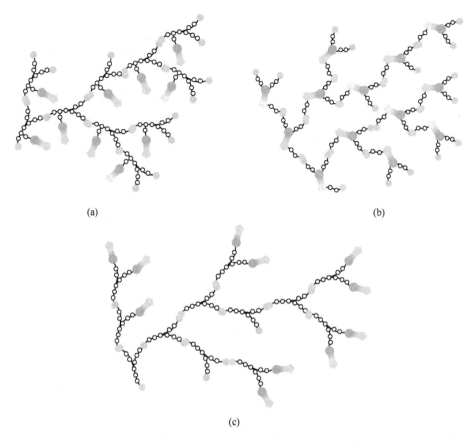

图 4-79　三类有机二阶非线性光学超支化聚合物示意图

(a)侧链型；(b)主链型；(c)生色团封端型

　　紧随其后，Wang 等[179]通过 A_3+B_2 方式合成了侧链型超支化寡聚物 **HP4-4**（图 4-80）。该寡聚物所使用的生色团为两性生色团，在 1064 nm 处，其在 DMF 溶液中 β 值高达 1930×10^{-30} esu。但由于分子量较低，只有 $3300(M_n)$，因而自身成膜性不佳，只能作为客体掺杂在其他的聚合物主体中。将 **HP4-4** 以不同质量分数掺杂到聚合物聚醚砜(PES)中形成掺杂体系，在 **HP4-4** 的质量分数低于 20 wt%(质量分数)时，其掺杂极化薄膜的电光系数 γ_{33} 随着聚合物 PES 中 **HP4-4** 含量的增加而增大。当其含量为 15 wt%时，其掺杂极化薄膜的 γ_{33} 值高达 65 pm/V。与相应的线型聚合物相比，**HP4-4**/PES 掺杂体系具有更高的极化效率，更进一步证实了超支化聚合物的位分离效应在降低生色团之间静电相互作用方面的优势。同时，由于该寡聚物中的 BCBO 在加热时可发生开环反应，在极化时可发生交联，因此 **HP4-4** 的取向稳定性非常好，在 85 ℃经过 500 h 后其电光系数仍可保持 90%。

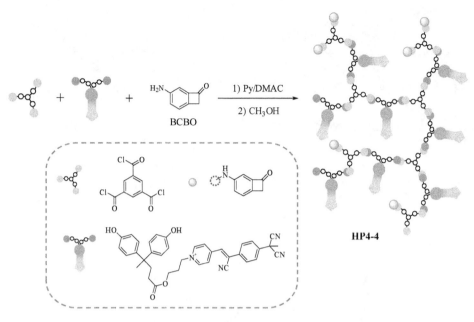

图 4-80　有机二阶非线性光学超支化寡聚物 **HP4-4** 的结构及其合成路线

　　Shi 等[180-182]也基于硝基偶氮苯生色团，通过"A₃+B₂"型的聚合方法制备了一系列侧链型有机二阶非线性光学超支化聚合物。2007 年，通过简单的酯化反应，她们制备了两个具有良好溶解性与可加工性的超支化聚合物 **HP4-5a** 和 **HP4-5b**（图 4-81）[180]。由于结构相似，**HP4-5a** 和 **HP4-5b** 的宏观二阶非线性光学效应也类似，其二阶非线性光学系数分别为 51 pm/V 和 59 pm/V。**HP4-5b** 采用了可发生热交联反应的环氧基团进行封端，在加热极化时可以发生交联反应，因此 **HP4-5b** 中生色团的极化取向稳定性要远远好于 **HP4-5a**。在加热至 154 ℃之前，看不到任何 SHG 信号的衰减。这也是利用超支化聚合物最外围大量末端官能团来改善其性能的一个很好的例子。相应地，最多拥有两个末端官能团的线型聚合物难以实现这一点。紧接着在 2008 年，他们又利用点击化学反应合成了一个超支化聚合物 **HP4-6** 和其相应的线型类似物 **P4-45**（图 4-82）[181,182]。与 **P4-45** 相比，超支化聚合物 **HP4-6** 的二阶非线性光学系数(d_{33})约是其 4 倍，去极化温度比其高 42 ℃，再次显示出了超支化结构位分离效应的巨大优势。

　　从这些例子中可以明显看出，与普通的线型聚合物相比，超支化聚合物的宏观二阶非线性光学效应都有了明显增强，这应归因于其高度支化的结构所带来的位分离效应。然而，在没有其他后处理方法(如极化后的交联)时，这些侧链型聚合物宏观二阶非线性光学效应的稳定性并不佳(如 **HP4-5a** 和 **HP4-6**)。这也是侧链型有机二阶非线性光学超支化聚合物的不足之处。

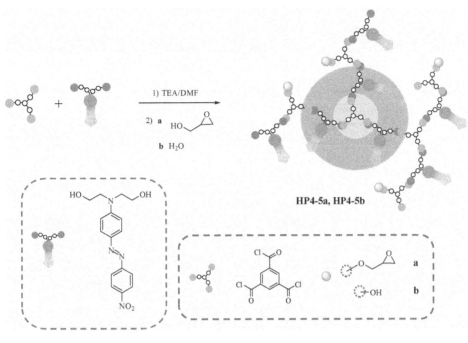

图 4-81　有机二阶非线性光学超支化聚合物 **HP4-5** 的结构

HP4-5a, HP4-5b

HP4-6

d_{33}=96.8 pm/V

P4-45

d_{33}=23.5 pm/V

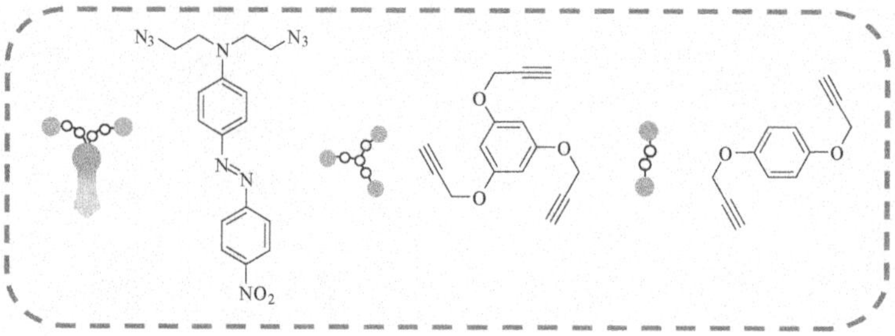

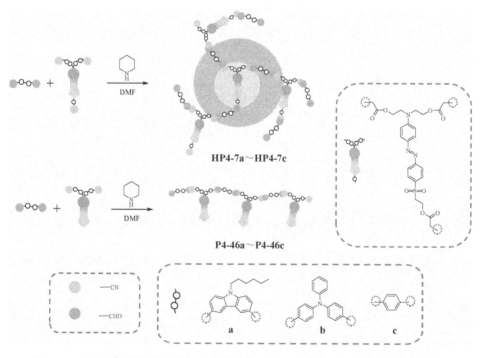

图 4-82　有机二阶非线性光学超支化聚合物 **HP4-6** 和其线型类似物 **P4-45** 的结构

2. 主链型有机二阶非线性光学超支化聚合物

在本章的 4.1 节提到，主链型有机二阶非线性光学聚合物的稳定性非常好，但其不足之处是难以极化。而超支化聚合物的一大优点就是其位分离效应可以显著增强宏观二阶非线性光学效应。那么，将主链型聚合物与超支化聚合物相结合，制备主链型有机二阶非线性光学超支化聚合物则是很容易想到的思路。

2006 年，Li 等[183]通过 Knoevenagel 缩合反应，以不同的芳香二醛(对苯二醛、三苯胺二醛及咔唑二醛)和砜基偶氮苯生色团作为单体，通过"A₃+B₂"型的聚合方法成功制备了一系列新型有机二阶非线性光学超支化聚合物 **HP4-7**(图 4-83)。

图 4-83　有机二阶非线性光学超支化聚合物 **HP4-7** 和其线型类似物 **P4-46** 的结构

同时，他们还将合适间隔基团的概念引入其中，将一系列尺寸不同(苯、三苯胺、咔唑)的间隔基团以共聚单元的方式引入聚合物主链中。这些聚合物均具有良好的溶解性和成膜性，说明超支化结构也可以解决普通主链型聚合物溶解性和可加工性不佳的问题。测试结果表明，这些超支化聚合物(**HP4-7**)的二阶非线性光学性能均好于相应的线型聚合物 **P4-46**。这表明超支化聚合物高度支化三维球状结构的确有利于其二阶非线性光学性能的提高。另外，在 **HP4-7** 中，随着生色团有效线密度的提高，其宏观二阶非线性光学效应也随之增强，以对苯二醛作为共聚单元的 **HP4-7a** 的 d_{33} 值最高，达到了 51.1 pm/V，是其侧链型线型类似物 **P4-46a** 的近 4 倍。同时，其稳定性也有了提高，去极化温度达到了 118 ℃。随后，Li 等[184]又利用 Sonogashira 交叉偶联反应，制备了具有类似结构的主链型超支化聚合物 **HP4-8**(图 4-84)，所得到的结论也与 **HP4-7** 类似：主链型有机二阶非线性光学超支化聚合物可以兼具强的宏观二阶非线性光学效应和高的效应稳定性。在 **HP4-8** 中，苯环同样是最佳的共聚单元，而 **HP4-8a** 的宏观二阶非线性光学系数 d_{33} 值也达到了 86.2 pm/V。

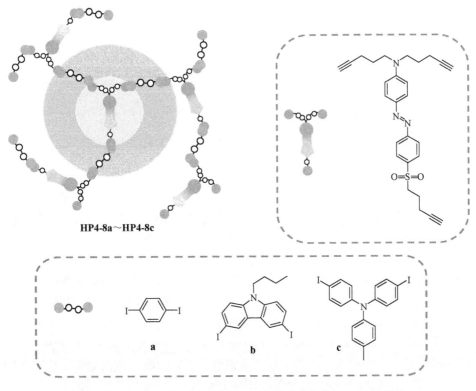

图 4-84　主链型有机二阶非线性光学超支化聚合物 **HP4-8** 的结构

2010 年，Li 等[185]利用 Sonogashira 交叉偶联反应，通过"A$_3$+B$_2$"型聚合方法制备了一个新的主链型超支化聚合物 **HP4-9**（图 4-85）。与之前的主链型超支化聚合物不同，在 **HP4-9** 中，并非所有的生色团部分都被嵌入了主链中，而仅仅是将生色团的给体至共轭桥部分嵌入其中。这种特殊的"半主链型"结构，使得生色团在极化的过程中依然具有一定自由运动的空间，便于其有序化排列；同时，部分生色团直接嵌入了聚合物主链中，可以限制极化后生色团的弛豫，提升宏观二阶非线性光学效应的稳定性。实验结果表明，**HP4-9** 的 d_{33} 值也达到了 143.8 pm/V，远高于前面所述的主链型超支化聚合物。同时，其极化膜也保持了主链型超支化聚合物所具有的良好稳定性，在加热至 150 ℃时，其 d_{33} 值依然没有任何衰减。

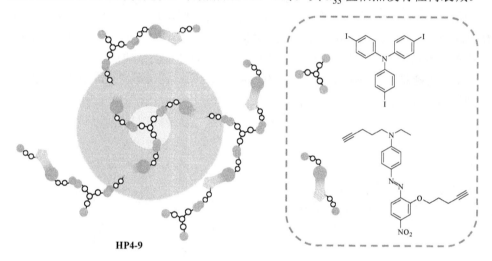

图 4-85　"半主链型"非线性光学超支化聚合物 **HP4-9** 的结构

3. 生色团封端型有机二阶非线性光学超支化聚合物

超支化聚合物的一大特点就是其最外围具有很多未反应的末端官能团。这些末端官能团可以用二阶非线性光学生色团进行修饰，制备另外一种新类型的有机二阶非线性光学超支化聚合物，即生色团封端型有机二阶非线性光学超支化聚合物。

Odobel 等在此方面做了非常出色的工作。2009 年，该课题组制备了首例该类型的有机二阶非线性光学超支化聚合物 **HP4-10**（图 4-86）[186]。他们首先制备了最外围含大量羧基的超支化聚酰亚胺，然后通过后功能酯化反应，将硝基偶氮苯生色团引入其最外围，得到了超支化聚合物 **HP4-10a**。另外，他们同样利用后功能酯化反应，将聚酰亚胺最外围的官能团修饰为端炔，再利用后功能点击化学反应，将硝基偶氮苯生色团引入，制得了超支化聚合物 **HP4-10b**。这两个超支化聚合物的 d_{33} 值分别为 65 pm/V 和 42 pm/V。**HP4-10b** 的 d_{33} 值略低的原因在于，该聚合物上生色团的引入是通过点击化学反应实现的，而该反应引入的三氮唑环降低了

HP4-10b 中生色团的有效线密度，从而导致其宏观二阶非线性光学效应的下降。此外，由于超支化聚合物的主链聚酰亚胺具有较高的玻璃化转变温度，因此其同时具有较好的二阶非线性光学效应稳定性，去极化温度均达到了 130 ℃。更为重要的是，这种利用超支化后功能化的方法也为迅速调节超支化材料的性能提供了一条快捷的途径。在本章的 4.1 节提到，Odobel 课题组在叠氮-炔交联领域做出了非常出色的工作。2012 年，他们分别将叠氮和炔基进一步引入 d_{33} 值较高的 **HP4-10a**，制备了一系列超支化聚合物 **HP4-11**（图 4-87），并系统研究了其交联过程[187]。其中，**HP4-11c** 的最外围同时含有叠氮和炔基，因此自身即可发生交联反应；而 **HP4-11b** 的最外围只含有叠氮，**HP4-11a** 的最外围只含有炔基，因此将二者混合后才可以发生交联反应。结果表明，基于 **HP4-11b** 和 **HP4-11c** 混合物的交联体系，其宏观二阶非线性光学效应拥有最好的稳定性，其 d_{33} 值在加热至 150 ℃时，也未能观测到明显降低。然而，无论是 **HP4-10** 还是 **HP4-11**，它们的宏观二阶非线性光学效应都不强，对此，Odobel 等认为，这主要是他们在该体系中所使用的生色团的 $\mu\beta$ 值较低所导致的。因此，他们随后利用 $\mu\beta$ 值较高的生色团 CPO1 代替 **HP4-11c** 中的硝基偶氮苯生色团，合成了 **HP4-12**（图 4-88）[188]。CPO1

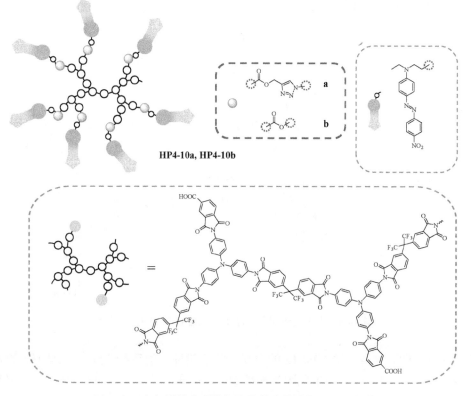

图 4-86　生色团封端型的超支化聚合物 **HP4-10** 的结构

HP4-11

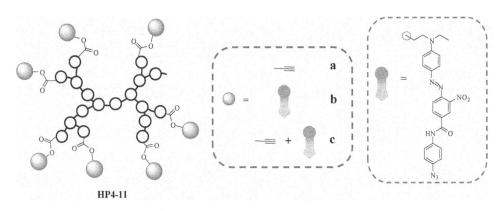

图 4-87　含可交联基团的生色团封端型的超支化聚合物 **HP4-11** 的结构

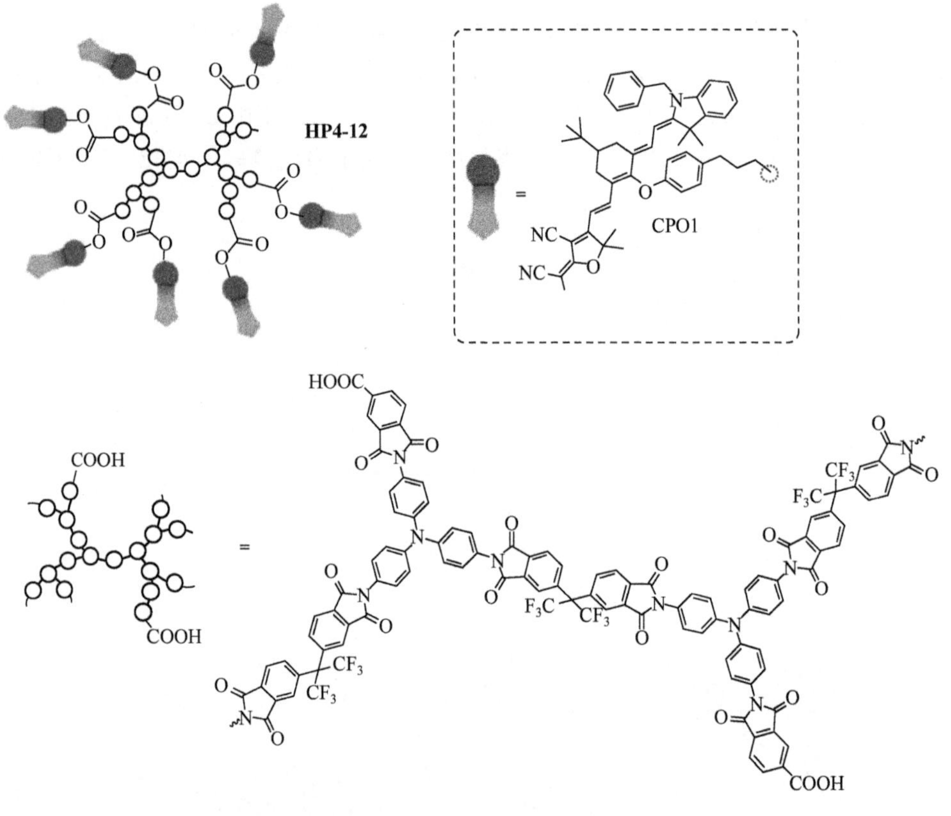

图 4-88　生色团封端型的超支化聚合物 **HP4-12** 的结构

生色团较高的 $\mu\beta$ 值使得 **HP4-12** 的宏观二阶非线性光学系数达到了 **HP4-10c** 的 6 倍多。这也说明，在这种生色团封端型的超支化聚合物中，超支化主链同样能够提供良好的位分离效应，从而提高聚合物薄膜的极化效率。

除这三种典型的结构外，还有一些其他类型的有机二阶非线性光学超支化聚合物。例如，利用溶胶-凝胶法所形成的无机-有机杂化体系[189,190]，在广义上讲，也可归于超支化聚合物的范畴。但由于该体系自身的一些劣势(如宏观二阶非线性光学效应不强，难以继续修饰等)限制了其发展，这类二阶非线性光学体系的研究已经越来越少。

4.3.4　提高超支化聚合物二阶非线性光学性能的方法

在之前的介绍中，我们可以了解到，超支化聚合物应用于二阶非线性光学领域中非常具有优势。其原因在于，超支化聚合物特殊的高度支化结构所带来的位分离效应可以提升聚合物的宏观二阶非线性光学性能；同时，超支化聚合物本身所具有的易合成、低黏度、易加工等特性也十分有利于其实际应用。因此，近年来，越来越多的科学家将目光转移到该领域的研究，为进一步提高其综合性能做出了突出的贡献。随后，我们将对这些工作分门别类进行详细概述。

1. 进一步调控超支化聚合物的空间构型

如前所述，超支化聚合物较强的宏观二阶非线性光学效应主要来自于其良好的位分离效应。然而，我们也知道，超支化聚合物的空间构型为三维椭球型，与位分离原理所推荐的球型构型还是略有差距。那么，进一步调控其宏观构型，使其更加接近于树枝状大分子的球型结构则是很容易想到的思路。

通过 AB_2 型单体所制备的超支化聚合物的空间构型与 A_3+B_2 型超支化聚合物的略有不同，其空间构型会更加接近于超支化聚合物(图 4-89)[191]。因此其宏观二阶非线性光学效应应强于与其结构类似的 A_3+B_2 型超支化聚合物。图 4-90 中所示

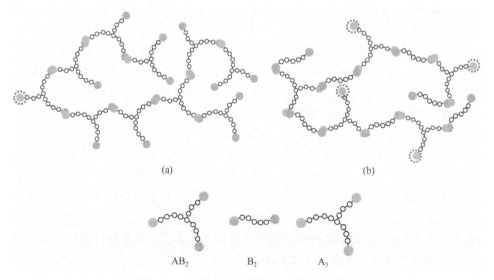

(a)　　　　　(b)

AB_2　　　B_2　　　A_3

图 4-89　AB_2 型超支化聚合物(a)和 A_3+B_2 型超支化聚合物(b)的结构差异

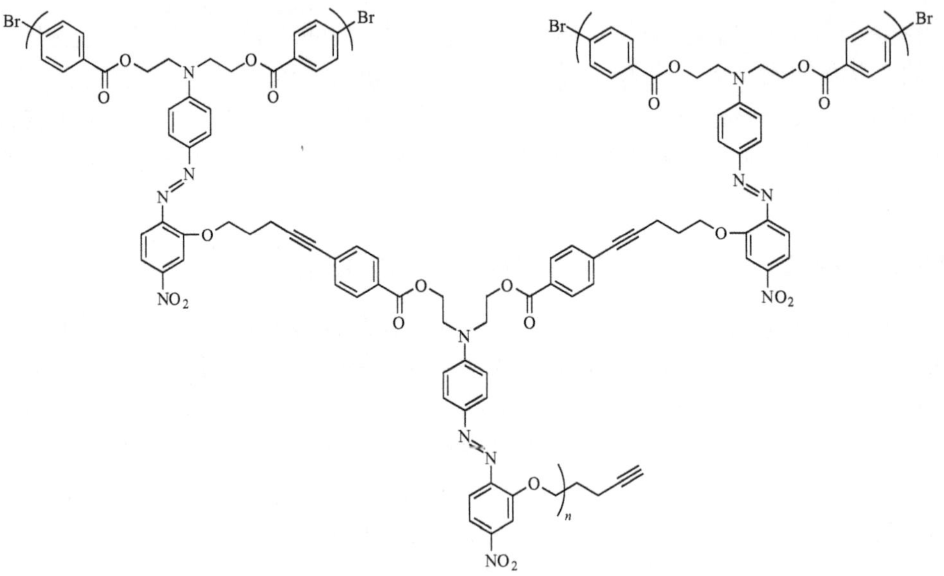

图 4-90　AB$_2$ 型超支化聚合物 **HP4-13** 的结构

的 **HP4-13** 就是一个很好的例子[192]。其结构与之前所述的超支化聚合物 **HP4-9** 非常类似。不同的是，**HP4-13** 通过 AB$_2$ 型单体制备，而 **HP4-9** 通过 A$_3$ 型和 B$_2$ 型单体之间的共聚反应制备。因此，**HP4-13** 的空间结构更类似于树枝状，从而具有更好的位分离效应。而其 d_{33} 值也有了更进一步提升，达到了 153.9 pm/V。

　　在介绍树枝状大分子的时候我们就介绍了点击化学反应的诸多优势，以及其产物三氮唑在树枝状大分子中所表现出的良好的间隔作用。再考虑到 AB$_2$ 型超支化聚合物在增强聚合物宏观二阶非线性光学效应中所体现出的优势，从 2009 年起，Li 等开始利用点击化学反应通过 AB$_2$ 的聚合途径来制备有机二阶非线性光学超支化聚合物。在此之前，在点击化学方面做出出色工作的 Voit 等[193]曾在 2004 年报道过，由于反应过快且产生自身低聚反应，利用 Cu（Ⅰ）催化的点击化学反应无法通过 AB$_2$ 的聚合途径获得可溶的超支化聚三氮唑高分子，只有通过加热控制才能得到可溶的聚合物，但形成的三氮唑环存在 1,4-和 1,5-异构体（图 4-91）。而在 2009 年，Li 等[194]通过对反应过程的优化，并通过封端反应消耗末端不稳定的叠氮基团，成功地在 Cu（Ⅰ）催化下通过 AB$_2$ 聚合途径获得了两个可溶的聚三氮唑 **HP4-14**（图 4-92）。由于聚合反应的活性很强，这两个聚合物都具有很高的分子量（重均分子量均在 25 万以上），而且二者还具有很好的溶解性和成膜性。二阶非线性光学测试表明，这两个聚合物均表现出强的宏观二阶非线性光学效应，其中，以硝基偶氮苯作为生色团的 **HP4-14b** 的 d_{33} 值达到了 124.4 pm/V。在此之前，我们曾介绍过 Shi 等利用点击化学反应所制备的 A$_3$+B$_2$ 型超支化聚合物 **HP4-6**

（图 4-82）[181,182]。与 **HP4-6** 相比，**HP4-14b** 的宏观二阶非线性光学效应和极化后生色团有序化排列的稳定性都有了显著提升，再次证明了 AB$_2$ 型超支化聚合物的优势。

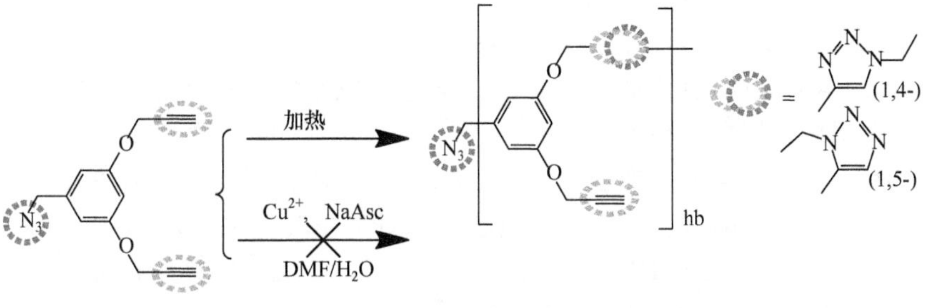

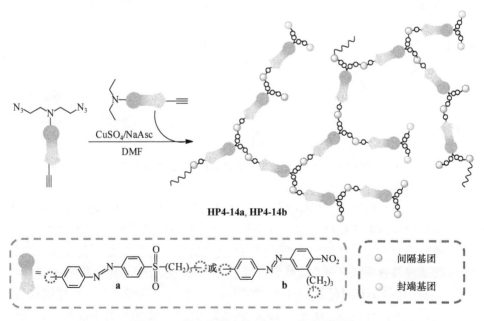

图 4-91　通过加热法制备可溶的 AB$_2$ 型超支化聚合物的合成路线

然而，即便是这种通过 AB$_2$ 型单体制备的超支化聚合物，其空间结构仍与树枝状大分子有一定差距，其最主要的原因就在于二者支化度的不同。支化度是用来表征大分子中支化组分含量的物理量。线型聚合物的支化度为 0；树枝状大分子的支化度为 1；超支化聚合物的支化度则在 0～1 之间。特殊地，对于 AB$_2$ 型超支化聚合物，当其单体中两个 B 官能团的活性相同时，得到聚合物的支化度为 0.5[173]。因此，如果能够继续提高 AB$_2$ 型超支化聚合物的支化度，那么其空间结构就会更接近于树枝状大分子，从而获得更强的宏观二阶非线性光学效应。

图 4-92　超支化聚合物 **HP4-14** 的合成路线

早在 2000 年时，Ishida 等就发现，当使用本身就具有支化结构的单体时，得到的超支化聚合物具有更高的支化度[195]。在他们的工作中，当使用 AB_2 型单体时，得到的超支化聚酰胺的支化度为 0.32；当使用 AB_4 型单体时，得到的超支化聚酰胺的支化度为 0.72；当使用 AB_8 型单体时，得到的超支化聚酰胺的支化度为 0.84。这种提高超支化聚合物的支化度的方法也应该同样适用于二阶非线性光学聚合物。2014 年，Li 等[196]通过对反应过程进行优化和对超支化聚合物进行封端，以 AB_4 型单体为原料，利用 Cu(Ⅰ)催化下的点击化学反应制备出了一个超支化聚合物 **HP4-15**(图 4-93)。在封端之前，**HP4-15** 中不同类型的结构在其核磁共振氢谱中出现了可以明显区分的信号。据此，可计算出其支化度为 0.691，高于之前通过 AB_2 型单体制备的 **HP4-14a** 的支化度(0.457)。支化度提升的同时，其宏观二阶非线性光学系数比 **HP4-14a** 提高 22%。

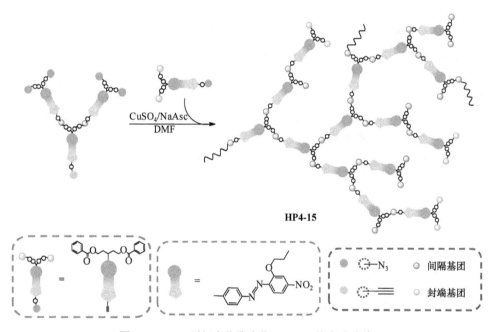

图 4-93　AB_4 型超支化聚合物 **HP4-15** 的合成路线

随后，他们又利用了"AB_2+AC_2"的合成路线[图 4-94(a)]，进一步提高了所得到超支化聚合物的支化度。这种方法是由 Bo 和 Schlüter[197]发展起来的。该方法对于单体的要求是，官能团 A 既能与 B 发生反应，也能与 C 反生反应，但二者反应的条件具有明显区别，即我们可以通过控制反应条件，使官能团 A 优先与官能团 C 反应。以 **HP4-16**[图 4-94(b)][198]为例，我们对其合成步骤进行详细说明。向反应体系加入催化剂后，首先于 30 ℃反应 2 天，在不影响到芳基溴的前提下使

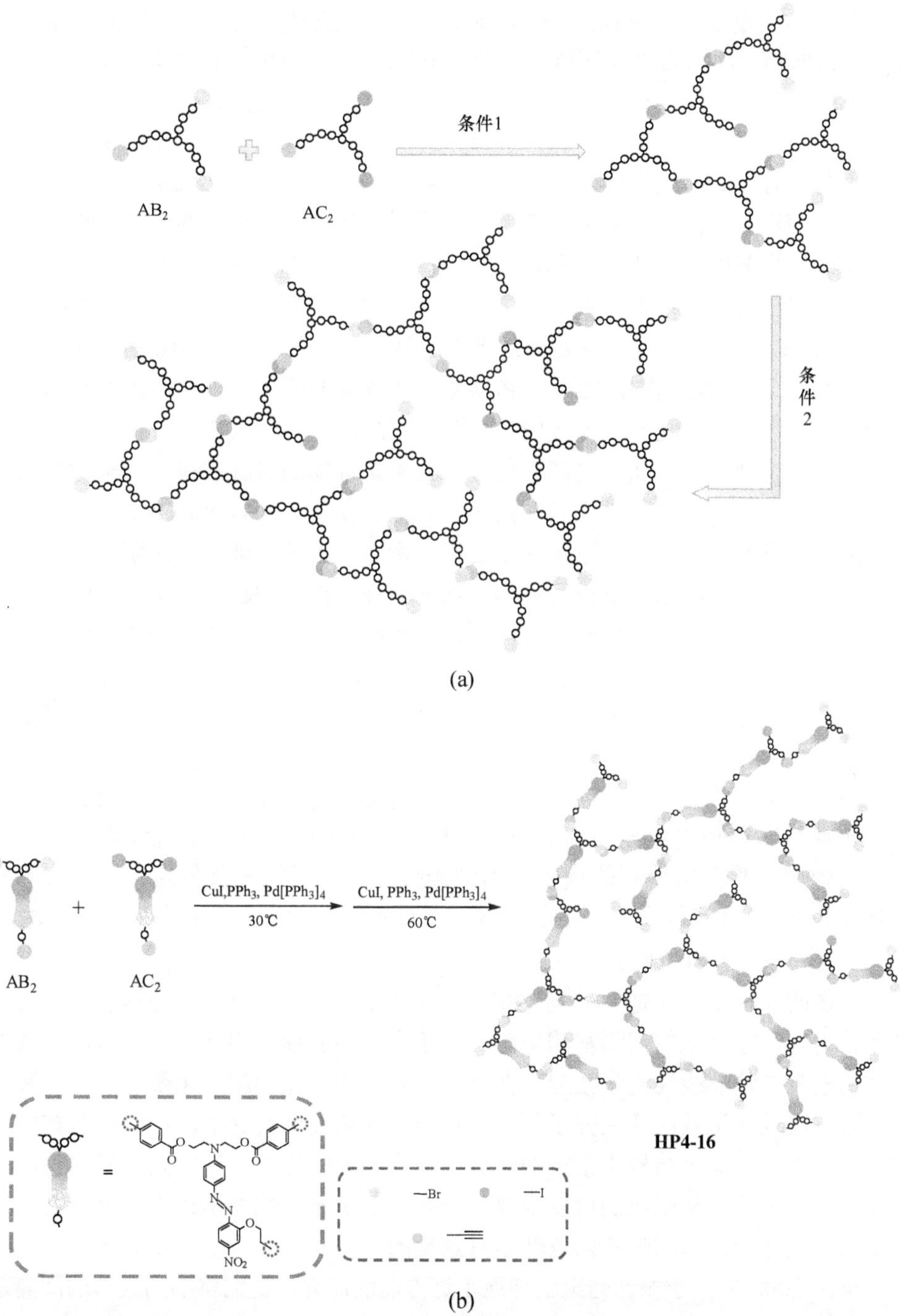

(a)

HP4-16

(b)

图 4-94 通过"AB$_2$+AC$_2$"方法制备超支化聚合物 **HP4-16**

芳基碘与端炔发生 Sonogashira 交叉偶联反应，生成最外围为芳基溴的高度支化 AB_n 型预聚物；然后再将反应体系加热至 60 ℃，并于 60 ℃下继续反应 2 天，使预聚物中的芳基溴与端炔发生反应，生成超支化聚合物 **HP4-16**。从某种意义上，**HP4-16** 可以看作是使用高度支化的 AB_n 型单体通过 Sonogahira 反应聚合而得到的，因此具有较高的支化度。经测试，利用 "AB_2+AC_2" 的合成路线制备的超支化聚合物 **HP4-16** 的支化度为 0.791，而利用 "AB_2" 方法制备的与其结构类似的超支化聚合物 **HP4-13** 的支化度仅为 0.554。支化度的不同直接影响到了所得超支化聚合物的空间构型，进而影响到了其宏观二阶非线性光学效应：**HP4-16** 的 d_{33} 值是的 **HP4-13** 的 1.53 倍。需要特别指出的是，在极化后，**HP4-16** 去极化温度高达 145 ℃，比 **HP4-13** 高出 50 ℃。该结果也再次证明了提高支化度对提高超支化聚合物的宏观二阶非线性光学效应是十分有利的。

然而，直到现在，通过提高支化度来改善聚合物的二阶非线性光学效应的例子还十分稀少，上述例子是仅有的两例。其原因在于，许多提高超支化聚合物支化度的方法在非线性光学领域中并不适用。例如，为了不破坏生色团的结构，聚合反应必须在温和的条件下进行；为了保证最终所得到的超支化聚合物中生色团的有效线密度，参加聚合反应的官能团及其相应的产物的尺寸就必须尽可能小；同时，反应后还必须存在一些刚性的间隔基团来降低生色团之间的静电相互作用。从这个角度来看，设计出易于制备的具有高支化度的有机二阶非线性光学超支化聚合物是十分有意义的。

最近，Li 等又采取了直接将低代数树枝状大分子引入超支化聚合物的方法来进一步调节所得超支化聚合物的空间构型，进而改善超支化聚合物的宏观非线性光学效应。根据所得到的聚合物的结构特点，他们将其命名为 "树枝状超支化聚合物"，并且也取得了一定的成绩。具体的工作将在 4.4 节进行详细论述。

2. 进一步引入间隔基团

合适间隔基团概念是 Li 等于 2006 年在线型聚合物中总结出的概念，其目的是通过引入尺寸合适的间隔基团来降低生色团之间的静电相互作用，从而增强聚合物的宏观二阶非线性光学效应。在有机二阶非线性光学超支化聚合物中，其宏观二阶非线性光学效应往往强于与其结构类似的树枝状大分子。这就说明在超支化聚合物中，超支化结构所带来的位分离效应还无法将其中生色团之间的静电相互作用降至最低。从中我们可以推测，在有机二阶非线性光学超支化聚合物中进一步引入尺寸合适的间隔基团依然是有意义的。

早在 2008 年，李振课题组就开展了这方面的研究。他们将不同尺寸的间隔基团引入超支化聚合物 **HP4-3a**，制备了另一系列超支化聚合物 **HP4-17**（图 4-95）[199]。其二阶非线性光学效应测试所得到的结论也与之前在线型聚合物中类似：间隔基团的引入确实可以进一步增强超支化聚合物的宏观二阶非线性光学效应，但是，超支化聚合物的极化效率以及宏观二阶非线性光学系数并不随着引入基团尺寸的增大而一直增大，而是会出现一个最高值。以苯环作为间隔基团的 **HP4-17b**，其 d_{33} 值在含硝基偶氮苯生色团的聚合物中最高，为 77.5 pm/V。值得注意的是，在之前我们对线型聚合物的讨论中，可以知道，当以硝基偶氮苯作为生色团时，咔唑通常为其最佳间隔基团。而在 **HP4-17** 中，最合适的间隔基团为苯环，其尺寸远小于线型聚合物的体系。这也从一个侧面证明了超支化聚合物特殊的三维支化结构确实降低了生色团之间的静电相互作用。

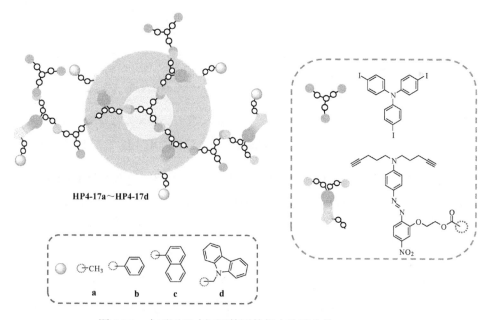

图 4-95　含不同尺寸间隔基团的超支化聚合物 **HP4-17**

随后，Li 等又将不同尺寸的间隔基团引入 AB_2 型超支化聚合物，制备了超支化聚合物 **HP4-18**（图 4-96）[200]。首先，他们通过 Sonogashira 交叉偶联反应制备了基于硝基偶氮苯生色团，且最外围含有大量端炔的母体聚合物 **HP4-18a**，然后，通过高效的点击化学反应，即可将不同尺寸的间隔基团引入超支化聚合物的最外围。该合成路线充分利用了超支化聚合物最外围大量的末端官能团和点击化学反应的优势，制备过程十分简便。同时，由于这些聚合物均来源于同一母体聚合物，它们的分子量几乎完全相同，非常便于研究间隔基团的引入对其性质的影响。在该体系中，咔唑是最合适的间隔基团。与最外围不含间隔基团的 **HP4-18a** 相比，最外围以此基团封端的 **HP4-18d** 的 d_{33} 值及其稳定性都有了明显提升，其 d_{33} 值达到了 113.8 pm/V，去极化温度达到了 132 ℃。

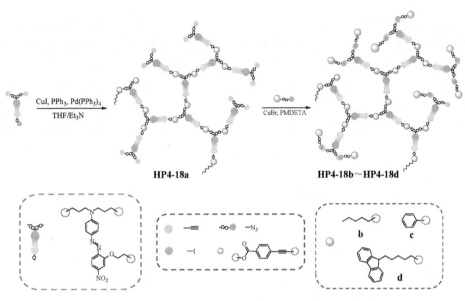

图 4-96　含不同尺寸间隔基团的超支化聚合物 **HP4-18** 的结构

2011 年，Li 等[201]将不同尺寸的间隔基团又引入超支化聚合物 **HP4-14b** 的最外围，制备了另一系列超支化聚合物 **HP4-19**（图 4-97）。**HP4-19** 的制备过程与 **HP4-14b** 类似。不同的是，在封端前，他们将母液分成六等份，然后将不同的封

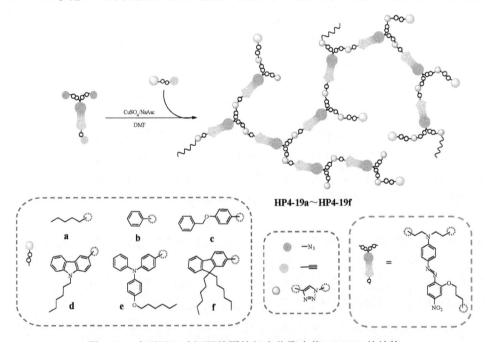

图 4-97　含不同尺寸间隔基团的超支化聚合物 **HP4-19** 的结构

端基团分别加入上述六份反应溶液中，同时加入另一部分催化剂。这种"一分六"的过程可以有效简化反应步骤，提高合成效率。同时，这种"一分六"的过程使得目标聚合物拥有几乎相同的支化度与聚合度，便于在同一水平下研究其结构与性能的关系。该反应路线之所以能成功还是要归功于近乎完美的"点击化学"，它对水以及氧气并不敏感，因而可以方便地在空气中进行"一分六"的操作过程。同时，由于采用不同基团封端，**HP4-19** 也显示出不一样的溶解性(表 4-4)，其中，**HP4-19d**、**HP4-19e** 和 **HP4-19f** 表现出最好的溶解性，可溶于大部分常见的极性有机溶剂。这也是通过改变最外围官能团来改善超支化聚合物物理性质的一个例子。在二阶非线性光学效应方面，咔唑是最合适的间隔基团，**HP4-19d** 的 d_{33} 值也达到了 89.1 pm/V。可是，与不含间隔基团的 **HP4-14b** 相比，该值并没有明显的提升。这也说明了超支化聚合物良好的位分离效应确实能够明显降低生色团之间的静电相互作用，因此，在引入间隔基团时，间隔基团所带来的生色团有效线密度降低的影响就有可能占据主导因素。

表 4-4　聚合物在不同有机溶剂中的溶解性

	THF	1,4-二氧元环	CHCl$_3$	DMF	DMSO
HP4-19a	+−	+−	−	++	++
HP4-19b	−	−	− −	++	++
HP4-19c	−	−	− −	++	++
HP4-19d	++	++	++	++	++
HP4-19e	++	++	++	++	++
HP4-19f	++	++	++	++	++

注：++ 在室温下溶解；+− 部分溶解；− 微溶；− − 不溶。

之前我们提到，间隔基团之间的相互作用同样会对二阶非线性光学效应产生很大的影响。苯与全氟苯之间的静电相互作用，也被用于提升线型聚合物和树枝状大分子的宏观二阶非线性光学效应及稳定性。2011 年，苯与全氟苯之间的静电相互作用也被应用于超支化聚合物中。如图 4-98 所示，在 **HP4-20a** 中，所有的间隔基团均为普通的芳香环；在 **HP4-20b** 中，五氟苯被引入了超支化聚合物的外围；在 **HP4-20c** 中，五氟苯被引入到超支化聚合物的内部；在 **HP4-20d** 中，超支化聚合物的外围和内部均有五氟苯[202]。测试结果表明，位置不同的五氟苯对 AB$_2$ 型超支化聚合物宏观二阶非线性光学效应的影响也不同。**HP4-20a** 的结构与前述 **HP4-14b** 的结构类似，因此它也具有与 **HP4-14b** 类似的宏观二阶非线性光学效应，其 d_{33} 值为 116.8 pm/V。当五氟苯在超支化聚合物的外围时，Ar-Ar^F 相互作用可以像之前在树枝状大分子中讨论的那样改善其空间构型，从而增强宏观二阶非线性光学效应。满足该条件的 **HP4-20b** 的 d_{33} 值为 145.0 pm/V，是 **HP4-20a** 的 1.24 倍。而当五氟苯在超支化聚合物的内部时，聚合物的宏观二阶非线性光学效应反而会降低，其原因在于在超支化聚合物内部的五氟苯作为间隔基团时，尺寸明显过大，会使得 **HP4-20c** 和 **HP4-20d** 的有效生色团线密度过低。实际上，在 **HP4-20c** 和 **HP4-20d** 中，苯与五氟苯之间的静电相互作用对增强聚合物的宏观二阶非线性光学效应还是有帮助的。**HP4-19f** 同样是由点击化学反应制备的基于硝基偶氮苯生色团的 AB$_2$ 型超支化聚合物，其有效生色团的线密度与本章中的 **HP4-20d** 完全相同，然而，其 d_{33} 值仅有 63.7 pm/V，而 **HP4-20d** 的 d_{33} 值达到了 121.7 pm/V，几乎是 **HP4-19f** 的两倍。可以预测，如果能找到合适的合成路线，能将五氟苯引入超支化聚合物内部的同时而不影响其中有效生色团的线密度，聚合物的宏观二阶非线性光学效应同样会有所增强。基于这种考虑，Li 等[203]于 2012 年通过 Sonogashira 交叉偶联反应制备了含不同类型间隔基团（苯或五氟苯）的超支化聚合物 **HP4-21**（图 4-99）。这些超支化聚合物均以硝基偶氮苯作为生色团，其中 **HP4-21a** 和 **HP4-21c** 的间隔基团为苯环，而 **HP4-21b** 和 **HP4-21d** 的间隔基团则为五氟苯。通过它们的核磁共振氢谱和氟谱可以知道，共聚单元的大小会对苯与五氟苯之间的相互作用产生很大的影响。如图 4-100 所示，**HP4-21b** 中以三苯胺

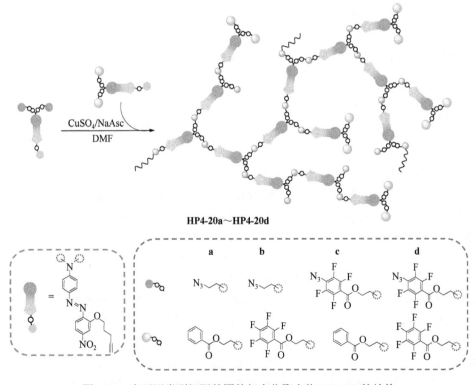

图 4-98　含不同类型间隔基团的超支化聚合物 **HP4-20** 的结构

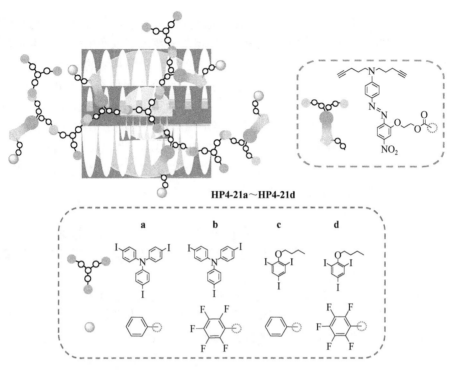

图 4-99　含不同类型间隔基团的超支化聚合物 **HP4-21** 的结构

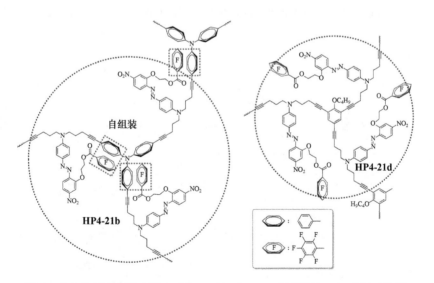

图 4-100　在超支化聚合物 **HP4-21b** 和 **HP4-21d** 中不同的 Ar-Ar^F 相互作用

作为共聚单元，三苯胺上具有三个富电子的苯环，有利于苯与五氟苯之间的相互作用。而在 **HP4-21d** 中，共聚单元过小，使得与五氟苯可以产生相互作用的普通苯环的数目过少。另外，共聚单元过小也会导致作为间隔基团的五氟苯与共聚单元之间的相互作用需要克服很强的位阻效应。这两个原因使得在 **HP4-21d** 中，Ar-Ar^F 相互作用非常微弱，几乎不存在。在这个体系中，五氟苯与苯之间的相互作用，对聚合物的二阶非线性光学性能的影响是非常明显的：**HP4-21b** 的 d_{33} 值达到了 78.9 pm/V，是 **HP4-21a** 的两倍；但与 **HP4-21c** 相比，**HP4-21d** 的 d_{33} 值却所有降低。不过，这个例子也表明，将五氟苯引入超支化聚合物的内部，对宏观二阶非线性光学效应的增强也是很有帮助的。

　　3. 进一步引入间隔生色团

　　间隔生色团概念是 Li 等 2012 年所提出的（详见本章 4.1 节线型聚合物部分），并且在许多类型的聚合物中均已得到了应用。尝试将这种理念应用于超支化聚合物的设计，也十分有意义。

　　之前介绍的聚合物 **P4-44** 结合了 H 型聚合物和间隔生色团概念的优势，因此具有非常优秀的综合性能，其 d_{33} 值达到了 134 pm/V；去极化温度达到 150 ℃；其薄膜状态下的紫外-可见吸收光谱最大吸收波长为 471 nm。Li 等[204]在这个聚合物的基础上，设计并制备了含间隔生色团的超支化聚合物 **HP4-22**（图 4-101）。遗憾的是，**HP4-22** 的宏观二阶非线性光学效应并不强，以芴为共聚单元的 **HP4-22a** 和以苯环为共聚单元的 **HP4-22b** 的 d_{33} 值分别为 40 pm/V 和 74 pm/V。仔细分析，

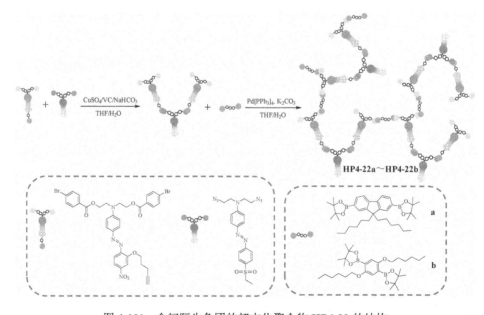

图 4-101　含间隔生色团的超支化聚合物 **HP4-22** 的结构

这个结果也是合理的。在本章的 4.1 节我们提到：当二阶非线性光学聚合物中含有间隔生色团时，其合适间隔基团的尺寸将会大大变小。而在 **HP4-22** 中，间隔基团的尺寸明显太大(图 4-101)，这会降低聚合物中生色团的有效线密度，导致宏观二阶非线性光学效应的下降。也正是由于此原因，**HP4-22b** 的 d_{33} 值要高于 **HP4-22a**，因为 **HP4-22b** 的共聚单元是苯基，其尺寸要小于 **HP4-22a** 的共聚单元芴。基于这个结果，Li 等[205]缩小间隔基团的尺寸，通过"A_3+B_2"的方法制备了超支化聚合物 **HP4-23**(图 4-102)。其结构具有以下三点特征：第一，硝基生色团与砜基生色团交替排列，符合间隔生色团概念的要求；第二，生色团与生色团之间的间隔基团为苯基，其尺寸已经足够抑制生色团之间的静电相互作用，而且不会像 **HP4-22** 那样造成生色团有效线密度的大幅度下降；第三，在 **HP4-23** 中，间隔生色团直接嵌入超支化聚合物主链中，这种主链型的结构可以有效提高极化后生色团有序化排列的稳定性。因此，**HP4-23** 非常有希望同时满足有机二阶非线性光学聚合物实际应用所必须达到的三点要求，即强的宏观二阶非线性光学效应、良好的光学透明性和生色团有序化排列的稳定性。而测试结果也正是如此，受限于测试条件，在未能极化完全的前提下，其 d_{33} 值就已经达到了 131 pm/V，且该值在加热至 140 ℃前均未出现任何衰减，其热稳定性已经能满足实际的应用要求。

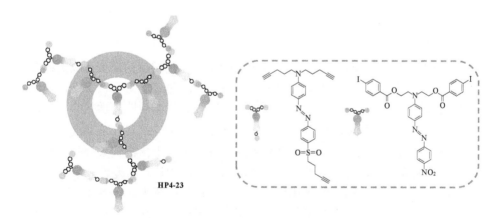

图 4-102　含间隔生色团的超支化聚合物 **HP4-23** 的结构

点击化学反应生成的三氮唑分子，其尺寸与苯基类似，理论上同样可以作为含间隔生色团的超支化聚合物的合适间隔基团。Li 等[105]通过点击化学反应制备了含间隔生色团的超支化聚合物 **HP4-24**(图 4-103)，该聚合物是通过 AB_4 型单体制备而来，比通常的超支化聚合物具有更高的支化度。间隔生色团的引入、尺寸合适的间隔基团、更高的支化度使得 **HP4-24** 具有非常优异的宏观二阶非线性光学性能。其中,最外围为硝基偶氮苯生色团的 **HP4-24b** 的 d_{33} 值达到了 167.4 pm/V,是以偶氮苯作为生色团的聚合物最好效果之一,这也再次证明,改善聚合物的空间结构与引入间隔生色团可以同时运用于高性能二阶非线性光学大分子的设计。

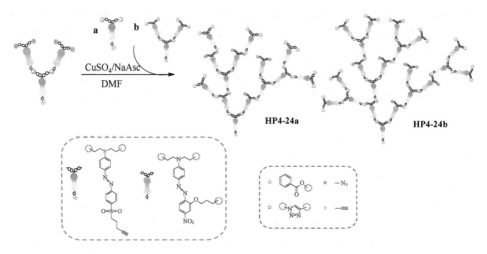

图 4-103 含间隔生色团的超支化聚合物 **HP4-24** 的结构

4.3.5 小结

从 2004 年开始算起,科学家们对有机二阶非线性光学超支化聚合物的研究也已经有了 10 余年的历史。与传统的线型聚合物相比,超支化聚合物特殊的三维支化结构具有良好的位分离效应,从而可增强其宏观二阶非线性光学效应。然而,与 4.2 节我们提到的树枝状大分子相比,超支化聚合物的宏观二阶非线性光学效应并不强,其原因就在于超支化聚合物的支化度还远低于树枝状大分子。而且,其空间构型为椭球型,与位分离原理所推荐的球型结构还略有差距。

与树枝状大分子相比,超支化聚合物最大的优势就在于制备方便,"一锅法"的合成方法使其比树枝状大分子更加适合于大规模生产。从这个角度而言,控制超支化聚合物的结构,提高其支化度,使其更加接近于树枝状大分子,是非常有意义的。如果能够找到一种制备有机二阶非线性光学超支化聚合物的方法,实现超支化聚合物具有接近 1 的支化度以及尽可能小的分散度,则有可能在合成简便的基础上获得更强的宏观二阶非线性光学效应。

4.4　有机二阶非线性光学树枝状超支化聚合物

4.4.1　树枝状超支化聚合物简介

　　人工合成聚合物是高分子领域的一大组成部分。从 18 世纪 30 年代至今，科学家们已经合成了无数聚合物，而这些聚合物也在诸多领域中得到了应用，极大地改善了我们的日常生活[111]。对于合成工作者来说，设计并合成出新类型的功能高分子是推动该领域向前发展的最普遍方法。例如，我们在本章前文所述的树枝状大分子和超支化聚合物，相对于最为传统的线型聚合物而言就是一大突破。目前，这种高度支化的聚合物已经被广泛地应用到了如物理学、生物学、工程学等各个领域[206-209]。

　　1987 年，Tomalia 和 Kirchhoff 首次将树枝状大分子作为一个枝连接到线型聚合物主链中，得到了一种新类型的聚合物，即树枝状聚合物[210]。这类聚合物兼具树枝状大分子和线型聚合物的性质，因此得到了众多科研人员的关注。沿此设计思路，科学家们在最近 20 年内将树枝状大分子与线型聚合物相结合，制备出了多种其他类型的聚合物。2009 年，Percec 等[148]在一篇综述中列举出了共计 15 种通过将树枝状大分子与线型聚合物相结合而制备出的新类型的聚合物。这些聚合物具有不同的空间构型，也各自拥有不同的性质，极大地丰富了聚合物的种类。

　　树枝状大分子与超支化聚合物都具有高度支化的结构，但二者也有明显不同：树枝状大分子的支化结构是完美无缺的，但合成难度大，导致其通常难以拥有太高的分子量；超支化聚合物可以通过一步法合成，得到的产物分子量相对较大，但分散度也较大，而且结构中存在线型组分。因此，当二者应用于二阶非线性光学领域时，对其宏观二阶非线性光学性能带来的影响也有所不同。由于树枝状大分子的结构更加完美，位分离效应也更好，因而具有更强的宏观二阶非线性光学效应；而超支化聚合物较大的分子量则有助于提高其极化后生色团有序化排列的稳定性。

　　那么，延续前述树枝状聚合物的设计方法，将树枝状大分子与超支化聚合物相结合，会出现什么样的情况呢(图 4-104)？所得到的聚合物是否会兼具树枝状大分子支化度高、非线性光学效应大和超支化聚合物稳定性高的优势呢？2013 年，Li 等[211]对此领域进行了初步探索。他们尝试将低代数的树枝状大分子作为枝，连接到一个超支化聚合物主链上，制备了一类具有新的空间构型的聚合物 **DHP4-1**(图 4-105)，并根据其结构特点，命名这种类型的聚合物为"树枝状超支化聚合物"(dendronized hyperbranched polymers, DHP)。

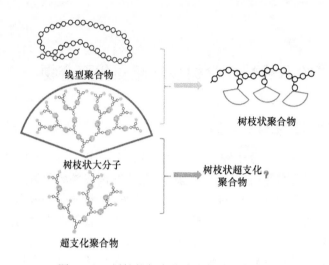

图 4-104　树枝状超支化聚合物的设计思想

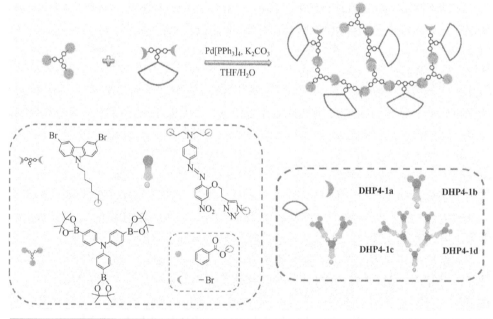

	DHP4-1a	DHP4-1b	DHP4-1c	DHP4-1d
凝胶点/h	1	9.5	22	48

图 4-105　树枝状超支化聚合物 **DHP4-1** 的合成路线及其不同的聚合时间

　　这类树枝状超支化聚合物的合成十分值得讨论。通常而言，树枝状聚合物的合成方法有三种：直接嫁接法、逐步嫁接法和大分子单体法[212]。与此类似，树枝状超支化聚合物也应该能由这三种方法合成。然而，不同于普通的线型聚合物，超支化聚合物是高度支化的，其内部的反应位点将会被聚合物骨架"保护"起来，当使用嫁接法来制备这种树枝状超支化聚合物时，强的位阻效应将极大地阻碍反应的顺利进行，因此，大分子单体法是合成这类树枝状超支化聚合物的最佳合成路线，如图 4-105 所示。然而，通过"A₃+B₂"的合成路线制备超支化聚合物时会产生交联，形成不溶不熔的聚合物，导致后续无法加工应用，因此其聚合过程必须严格控制。在这里，这种树枝状超支化聚合物的优势就体现出来了：与普通的单体相比，树枝状的结构拥有更大的体积，伴随着一定的位阻效应，从而降低了聚合时的反应活性，使得聚合反应更加容易控制。如图 4-105 所示，随着大分子单体中树枝状结构代数的增加，其聚合体系出现凝胶的时间越来越迟，聚合过程的控制也越来越容易。虽然位阻较大，但所得到的聚合物依然具有较大的分子量，**DHP4-1b** 与 **DHP4-1c** 的重均分子量分别为 95800 和 60200。引入较大树枝状基团的聚合物 **DHP4-1c** 的重均分子量较小，也说明了位阻效应在聚合过程中的影响。

　　另外，树枝状超支化聚合物独特的空间结构也为其带来了十分特殊的物理性质，以 **DHP4-1b** 与 **DHP4-1c** 为例：它们具有非常好的溶解性，在常见的极性有机溶剂中均有较高的溶解度；但与普通的聚合物不同，**DHP4-1b** 与 **DHP4-1c** 的溶液的黏度极低，用传统的乌氏黏度计根本无法对其进行测量；在其溶液具有如此低黏度的同时，**DHP4-1b** 与 **DHP4-1c** 却又具备非常好的可加工性，通过旋涂法即可制备出不同厚度的高质量薄膜；它们的玻璃化转变温度主要与其超支化主链相关，而与引入其中的树枝状侧链关系不大。正是由于其诸多的独特性质，自此，越来越多的科学家开始关注这方面的研究工作。而树枝状超支化聚合物已经被应用于了诸如非线性光学[211]、医用高分子[213,214]以及光电功能材料[215]等诸多领域。

4.4.2　有机二阶非线性光学树枝状超支化聚合物简介

　　将有机二阶非线性光学生色团引入树枝状超支化聚合物后所得到的就是有机二阶非线性光学超支化聚合物。目前，通常的做法都是将生色团作为树枝状部分引入，将生色团作为超支化聚合物主链的方法还未见报道。最开始我们讨论的聚合物 **DHP4-1b** 与 **DHP4-1c**，就是将硝基偶氮苯作为生色团引入超支化聚合物侧链的一个例子。在本章前面对树枝状大分子和含树枝状结构的线型聚合物的介绍中可以知道，随着生色团有效线密度的提升，树枝状大分子包括树枝状聚合物的宏观二阶非线性光学效应都有所增强。在树枝状超支化聚合物 **DHP4-1** 中也观察到了类似的现象。随着生色团有效线密度从 **DHP4-1b** 的 0.278 增大到 **DHP4-1c** 的 0.415，其 d_{33} 值也从 91 pm/V 提高至了 133 pm/V。值得一提的是，133 pm/V 甚至略高于与其结构类似的树枝状大分子(**D4-13c**，122.7 pm/V)和树枝状聚合物

（**P4-39b**, 106.0 pm/V）。除了高度支化的结构所拥有的良好位分离效应以及三氮唑与苯环可以作为合适间隔基团来降低生色团之间的强静电相互作用之外，树枝状超支化聚合物特殊的三维空间拓扑学结构也为提高其宏观二阶非线性光学效应做出了贡献。另外，与类似的树枝状大分子和树枝状聚合物相比，**DHP4-1** 极化膜的取向稳定性也有了明显提高，无论是 **DHP4-1b** 还是 **DHP4-1c**，它们的去极化温度均高于 105 ℃，而与其相应的树枝状大分子的去极化温度还不足 70 ℃。在之前我们提到，这类树枝状超支化聚合物的玻璃化转变温度主要与其超支化主链相关，而与引入其中的树枝状侧链关系不大。在 **DHP4-1** 中，我们使用的聚合物主链的刚性非常强，使得这两个聚合物均具有较高的玻璃化转变温度,分别为 140 ℃和 138℃，因此二者的去极化温度也较高。同时，相对于树枝状大分子来说，树枝状超支化聚合物较大的分子量也是其具有较高的去极化温度的一大因素。

随后，Li 等[216]继续将低代数树枝状大分子直接嵌入超支化聚合物的主链中，制备了一类主链型树枝状超支化聚合物 **DHP4-2**（图 4-106），进一步扩充了树枝状超支化聚合物的种类。树枝状超支化聚合物聚合过程容易控制的优势在 **DHP4-2** 中体现得更加明显。在 **DHP4-2a** 和 **DHP4-2b** 的聚合物过程中，均没有观察到交联的现象；而当使用单一生色团作为单体时，聚合物体系会在 19 h 后产生大量不溶不熔的产物。同时，所得到的聚合物也具有较大的分子量，**DHP4-2b** 的重均分子量达到了 17600。值得一提的是，在 **DHP4-2a** 和 **DHP4-2b** 的核磁共振图谱中，几乎观察不到线型组分的特征峰，说明在这两个树枝状超支化聚合物中所使用的

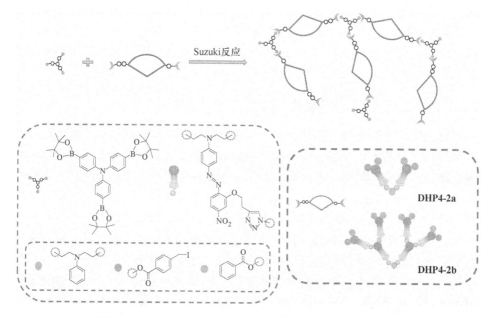

图 4-106　主链型树枝状超支化聚合物 **DHP4-2** 的合成路线

超支化主链的支化度非常高，甚至接近 1。而使用类似的 Suzuki 聚合方法去制备普通的超支化聚合物时，所得到聚合物的支化度会较低[217]。唯一可能的原因就是树枝状单体较大的位阻效应影响了聚合的过程，这也从另外一个角度体现了这种树枝状超支化聚合物在制备过程中的优势。**DHP4-2** 的物理性质与 **DHP4-1** 极其相似：**DHP4-2a** 和 **DHP4-2b** 均具有非常好的溶解性，它们均可以迅速大量地溶解于常见的极性溶剂(如氯仿、四氢呋喃、DMF、DMSO 等)；其溶液的黏度极低，但又具备非常好的可加工性。这些都是非常有利于实际应用的。作为二阶非线性光学材料，**DHP4-2** 也具有较好的性能。其中，**DHP4-2a** 的 d_{33} 值达到了 122 pm/V，与 **DHP4-1b** 类似。不同的是，**DHP4-2a** 的极化薄膜具有更好的热稳定性，其去极化温度超过了 120℃，这也是 Li 等制备这类主链型树枝状超支化聚合物的目的，即在保持聚合物的宏观二阶非线性光学效应的同时，尽可能提高其稳定性。

通过这两个例子，我们已经可以对这种新型聚合物的二阶非线性光学性能进行简单的归纳。树枝状超支化聚合物的宏观二阶非线性光学效应主要与其所使用的树枝状结构相关，例如，**DHP4-1a** 和 **DHP4-2b** 所使用的树枝状生色团均为第一代树枝状大分子生色团，而其 d_{33} 值也非常接近，分别为 133 pm/V 和 122 pm/V，这与类似的第一代树枝状大分子 **D4-13a** 的 d_{33} 值 100 pm/V 也比较接近。而树枝状超支化聚合物宏观二阶非线性光学效应的稳定性则主要与其所使用的超支化主链相关，因为刚性的超支化主链能直接提高所得到的树枝状超支化聚合物的玻璃化转变温度，进而提高其极化薄膜的去极化温度。因此，我们可以选取本身就具有较强宏观二阶非线性光学效应的低代数树枝状大分子作为单体，与另外一个刚性单体来制备树枝状超支化聚合物，所得到的聚合物理应同时具有较强的宏观二阶非线性光学效应及稳定性。

在介绍树枝状大分子时，我们介绍了类球型的树枝状大分子。与普通的树枝状大分子相比，这种类球型的树枝状大分子的空间构型更接近于球型，因此具有更强的宏观二阶非线性光学效应。2014 年，Li 等[218]利用这种低代数的类球型树枝状大分子作为含树枝状生色团的单体，与刚性的芴环共聚，制备了树枝状超支化聚合物 **DHP4-3**(图 4-107)，其结构类型也属于主链型树枝状超支化聚合物。与制备 **DHP4-2** 的过程类似，在制备 **DHP4-3** 的过程中也没有观察到交联的现象。所得到的聚合物 **DHP4-3a** 和 **DHP4-3b** 均具有较高的分子量，它们的重均分子量分别为 47100 和 32000。即便拥有这么大的分子量和刚性的超支化主链结构，二者同样具有优秀的溶解性和可加工性。由于使用的树枝状生色团单体具有更优秀的宏观二阶非线性光学效应，因此，所得到的 **DHP4-3** 也具有比 **DHP4-1** 和 **DHP4-2** 更高的 d_{33} 值。其中，**DHP4-3a** 的 d_{33} 值达到了 166 pm/V，该值与所使用的树枝状生色团单体的宏观二阶非线性光学系数类似，与已经报道的超支化聚合物所能达到的最高值相当，在当时也是树枝状超支化聚合物所能达到的最高值。然而，与作为单体的类球型树枝状大分子生色团相比,其极化膜的稳定性有了质的提升:其去极化温度高达 117 ℃,比相应的类球型树枝状大分子提高了 50 ℃。

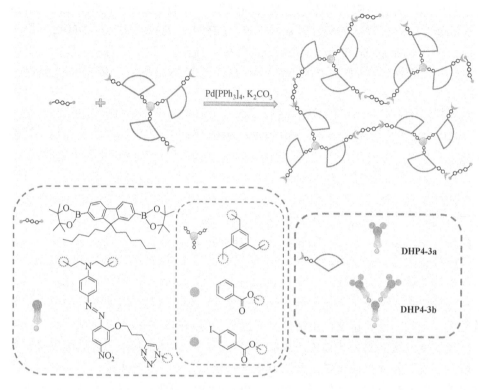

图 4-107　树枝状超支化聚合物 **DHP4-3** 的合成路线

X 型树枝状大分子是 Li 等于 2015 年提出的概念,基于这种构型的第一代树枝状大分子的 d_{33} 值在 1950 nm 处和 1064 nm 处分别测得为 39.7 pm/V 和 157.4 pm/V。根据前述结果,基于这种 X 型树枝状大分子所制备的树枝状超支化聚合物也同样会具有较高的宏观非线性光学效应。2015 年,Li 等以这类 X 型树枝状大分子作为单体,通过高效的点击化学反应制备了树枝状超支化聚合物 **DHP4-4**(图 4-108)[219]。在聚合物制备过程中发现,即便是使用高效的反应,如点击化学反应来制备树枝状超支化聚合物时,在制备过程中依然没有发生交联。作为对比,在 4.3 节我们介绍有机二阶非线性光学超支化聚合物时,其有相当一部分是采用点击化学反应制备的。而制备这些聚合物时,反应的过程必须严格控制,否则很容易导致反应体系交联,得不到可加工的聚合物材料。由于点击化学反应高效的反应活性,所得到的聚合物的重均分子量达到了 110300,远高于之前所述的几个树枝状超支化聚合物。普通聚合物的分子量达到如此之大时,溶解度都是大幅度降低,而

DHP4-4 依然具有良好的溶解性和可加工性。与之前的树枝状超支化聚合物不同，制备 **DHP4-4** 的两个共聚单元均为树枝状的生色团，这也会为 **DHP4-4** 带来一些不同的性质。通过对聚合物及其单体在不同溶剂中的紫外-可见吸收光谱的研究，作者发现，**DHP4-4** 的位分离效应要优于构建它的两个树枝状单体的位分离效应，这也会对其宏观二阶非线性光学效应的增强有所帮助。而前述几个树枝状超支化聚合物的紫外-可见吸收光谱均与其相应的树枝状生色团单体类似。更好的位分离效应会直接导致聚合物的宏观二阶非线性光学效应也较强：**DHP4-4** 的 d_{33} 值在 1950 nm 处和 1064 nm 处分别测得为 142 pm/V 和 43 pm/V。与前述的几个树枝状超支化聚合物类似，基于 **DHP4-4** 的极化膜同样具有非常好的热稳定性，其去极化温度更是高于 120 ℃。

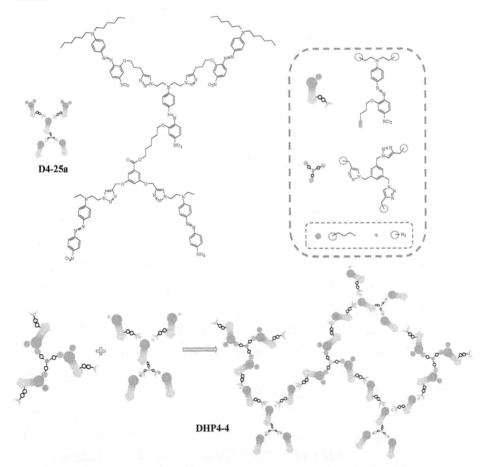

图 4-108　X 型树枝状大分子和树枝状超支化聚合物 **DHP4-4** 的结构

　　前述的几个例子都证明，这种树枝状超支化聚合物特殊的结构为其带来了较高的宏观二阶非线性光学效应及其效应的稳定性。另外，良好的光学透明性，则是二阶非线性光学材料实用化所应满足的另一大要求。间隔生色团概念是 Li 等于2012 年提出的，目前，间隔生色团已经广泛应用于了树枝状大分子和超支化聚合物中，并同时获得了较高的宏观二阶非线性光学效应和光学透明性。将间隔生色团引入同样具有高度支化结构的树枝状超支化聚合物则是很容易想到的思路。2015 年，Li 等[220]尝试将间隔生色团引入树枝状超支化聚合物中，制备了一系列树枝状超支化聚合物 DHP4-5（图 4-109）。与 DHP4-4 类似，这些树枝状超支化聚合物也是由两类不同的树枝状生色团单体之间的共聚反应制备的。对比 DHP4-5及其相应单体在不同溶剂中的紫外-可见吸收光谱图，可以发现，与 DHP4-4 类似，**DHP4-5** 的位分离效应也优于构建它的两个树枝状单体。这两个例子也就证明了制备树枝状超支化聚合物时，采用两种不同的树枝状生色团单体之间的共聚反应，要优于采用一种树枝状生色团单体和另外一种刚性共聚单元之间的共聚反应。在制备超支化聚合物 **DHP4-5** 时，他们采用了三种不同的 A_2 型树枝状单体，分别为含有三个硝基偶氮苯生色团的 Mon-NN、以一个砜基偶氮苯间隔两个硝基偶氮苯生色团的 Mon-NS 和含有三个砜基偶氮苯生色团的 Mon-SS，以期对所得到的树枝状超支化聚合物的结构与性能的关系进行研究，证明间隔生色团是同样可以应用于树枝状超支化聚合物中的。随着砜基偶氮苯生色团含量的提升，所得到的聚合物的光学透明性也有了明显的提升，这与开始的设计也是相符的。然而，测试结果却表明，随着具有较高 $\mu\beta$ 值的硝基偶氮苯生色团含量的降低，其宏观二阶非线性光学效应也一直降低，其在 1064 nm 处的 d_{33} 值分别为 112.4 pm/V、103.1 pm/V和 62.8 pm/V。在此，作者认为，该结果并不能说明间隔生色团概念在树枝状超支化聚合物中是没有用的。Li 等在线型聚合物的研究中就表明了硝基偶氮苯生色团与砜基偶氮苯生色团必须严格交替排列时，所得到的聚合物的宏观二阶非线性光学效应才会有所增强，否则，所得到聚合物的宏观二阶非线性光学效应就会随着间隔生色团含量的提高而下降。而在 **DHP4-5** 中，由于另外一种树枝状生色团单体是由三个硝基偶氮苯生色团构成，所得到的聚合物中硝基偶氮苯生色团的含量过高，且无法与砜基偶氮苯生色团形成较为规整的交替排列。因此，在验证间隔生色团概念是否使用于树枝状超支化聚合物时，最好还是采用类似于 **DHP4-1** 那样的以另外一种刚性的共聚单元作为单体的树枝状超支化聚合物。基于这种考虑，Li 等基于效果较好的 **DHP4-1c**，制备了含间隔生色团的树枝状超支化聚合物**DHP4-6**（图 4-110）。与 **DHP4-1c** 相比，**DHP4-6** 的宏观二阶非线性光学系数提高了 47.6 %，体现出了间隔生色团在提高聚合物宏观二阶非线性光学效应方面的优势。同时，其极化薄膜的最大吸收波长为 450 nm，与 **DHP4-1c** 相比蓝移了 27 nm，表现出了更加优秀的光学透明性。另外，其极化膜的去极化温度为 105℃，与

DHP4-1c 完全相同。这是由于树枝状超支化聚合物的玻璃化转变温度主要与其超支化主链相关。**DHP4-6** 与 **DHP4-1c** 所使用的超支化主链完全相同，使得二者也具有相似的玻璃化转变温度，从而导致二者极化膜的去极化温度也相同。这个例子也表明，间隔生色团概念是同样可以应用于树枝状超支化聚合物的。基于这个概念设计出具有更优秀性能的树枝状超支化聚合物，则是下一阶段的目标。

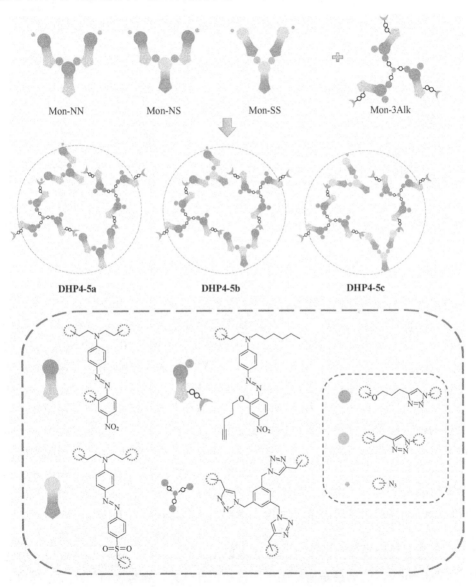

图 4-109 树枝状超支化聚合物 **DHP4-5** 的结构

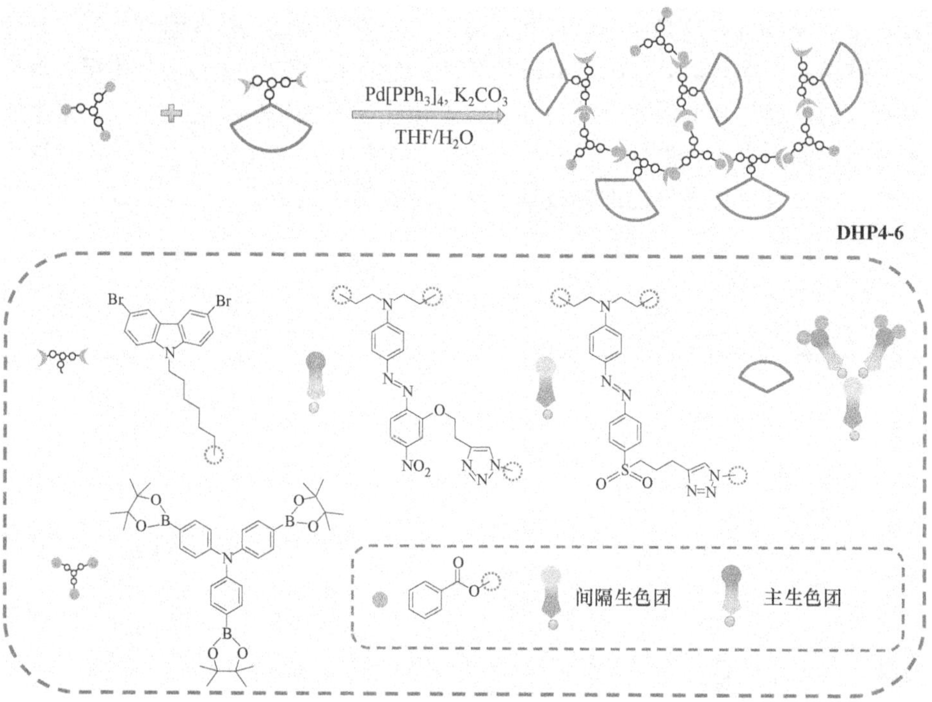

图 4-110　树枝状超支化聚合物 **DHP4-6** 的结构

　　对之前所制备的有机二阶非线性光学树枝状超支化聚合物予以总结，可以看出，所有的树枝状超支化聚合物的结构均有一大特点，即所有的树枝状生色团均在树枝状超支化聚合物的内部，或是作为侧链（如 **DHP4-1** 和 **DHP4-6**），或是直接嵌入其超支化主链中（**DHP4-2**、**DHP4-3**、**DHP4-4** 和 **DHP4-5**），而这种结构在某种程度上并不利于增强聚合物的宏观二阶非线性光学效应。其原因在于，极化过程中，生色团的有序化排列会受到超支化主链所带来的阻力。因此，设计一种新类型的树枝状超支化聚合物，将树枝状生色团引入其最外围，则有可能进一步提高其宏观二阶非线性光学性能。基于此，Wu 等[221]于 2016 年以含间隔生色团的树枝状生色团作为引发剂，以甲基丙烯酸甲酯（MMA）为单体，二甲基丙烯酸乙二醇酯（EDGMA）为支化单元，通过原子转移自由基聚合（atom transfer radical polymerization，ATRP）的方法，制备了树枝状超支化聚合物 **DHP4-7**（图 4-111）。正是由于这种树枝状生色团在最外围的特殊设计，**DHP4-7** 具有在树枝状超支化聚合物中最好的宏观二阶非线性光学效应以及光学透明性。**DHP4-7a** 的 d_{33} 值达到了 179.6 pm/V，此结果是所有除了树枝状大分子外，聚合物材料所能达到的最高的值，也已经超过了与其结构类似的第四代树枝状大分子。而其极化膜的紫外-可见吸收光谱最大吸收波长也仅有 450 nm，表现出了非常优秀的光学透明性。同时，调节在 **DHP4-7** 中生色团的有效线密度，随着生色团有效线密度的提高，聚合物的宏观二阶非线性光学系数也会随之线性增长。换而言之，如果能够保持这种树枝状生色团在最外围的结构的前提下，尽可能去提高聚合物中生色团的有效线密度，有可能获得更好的二阶非线性光学性能。遗憾的是，在该体系中，提高生色团的有效线密度，需要提高支化单元的含量，当支化单元的含量达到了一定程度时，聚合过程中就会产生交联的现象，即便是这种制备过程更加容易控制的树枝状超支化聚合物。从这个角度来讲，设计新的合成路线，以尽可能提高树枝状生色团在最外围时的生色团有效线密度，也是非常有意义的。

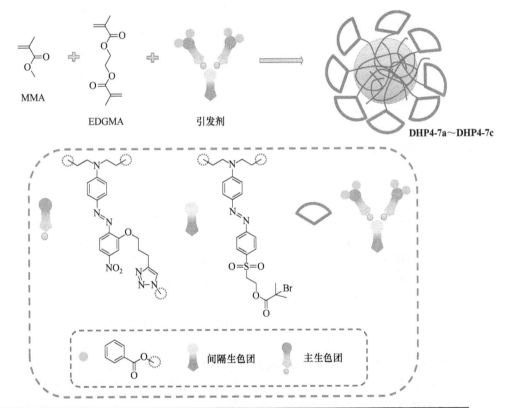

编号	引发剂	MMA	EDGMA
DHP4-7a	1	15	0.8
DHP4-7b	1	25	0.8
DHP4-7c	1	35	0.8

图 4-111　树枝状超支化聚合物 **DHP4-7** 的结构

图中附表为制备相应聚合物时的投料比

4.4.3 小结

树枝状超支化聚合物作为一种新类型的聚合物，目前对其研究不充分。即便如此，这种新类型的聚合物已经在诸多领域展现出了较好的应用前景。目前来看，制备树枝状超支化聚合物的方法还略显匮乏，设计出更加合理、更加简便的合成路线去制备功能化的树枝状超支化聚合物是该领域的一大关键。

而在有机高分子二阶非线性光学领域，树枝状超支化聚合物更是表现出了许多与众不同的性质。整体来看，它们易于制备，溶解性和可加工性好，且兼具了树枝状大分子强的宏观二阶非线性光学效应和超支化聚合物良好的热稳定性。将间隔生色团概念引入树枝状超支化聚合物后，聚合物所达到的宏观二阶非线性光学效应以及光学透明性已经可以与高代数树枝状大分子相媲美，而其比高代数树枝状大分子简便得多的合成方法，则使得这种树枝状超支化聚合物具有更大的应用潜力。

4.5　本章小结

近年来有机二阶非线性光学高分子在设计和合成上取得了很大的成功，结构与性能之间的关系也越来越清晰，材料的综合性能不断提高。特别是近年来，以二阶非线性光学聚合物为基础，半波电压达到 0.8 V、带宽高达 200 GHz 的电光调制器的成功开发，使有机二阶非线性光学材料在实用化的道路上又前进了一大步，为其在下一代通信和信息加工中的应用打下了坚实的基础。

目前，由于生色团之间强的静电相互作用，如何将生色团的高 $\mu\beta$ 值转化为材料大的宏观二阶非线性光学系数仍然是限制其实用化的最大障碍。最近十多年来，科学家们尝试了很多不同的方法来降低生色团之间的静电相互作用，如位分离原理、合适间隔基团概念，间隔生色团概念等，均取得了不错的结果，而目前聚合物的类型也由最开始的侧链型线型聚合物发展到了现在的树枝状大分子、超支化聚合物以及新近的树枝状超支化聚合物。这种具有三维空间结构的树枝状分子，其由于良好的位分离效应，也被认为是最有希望能满足实际应用要求的结构类型。但是目前看来，树枝状结构的二阶非线性光学高分子虽然具有削弱生色团之间的静电相互作用、提高材料极化效率的巨大优点，可其本身也同时拥有一些缺点，如树枝状大分子的合成复杂，较难纯化，而且热稳定性不高；而超支化聚合物虽然合成简便，但其中含有的一些线型组分又使得其宏观二阶非线性光学效应不如树枝状大分子那样高，同时，超支化聚合物的可控合成仍然是现在高分子领域的一大难题。目前来看，树枝状超支化聚合物兼具了树枝状大分子宏观效应高和超支化聚合物热稳定性好、易于合成的优势。然而，科学家们目前对这类"年轻"的聚合物的研究并不透彻，仍存在许多问题需要解决。因此，如何克服上述缺点，设计并通过简便的合成路线制备出综合性能优良的有机二阶非线性光学高分子（即同时兼具高的宏观二阶非线性光学效应、良好的稳定性以及低光学损耗等性能)仍然是一个不小的难题，这也是该领域今后主要的研究方向。

尽管到目前为止，有机二阶非线性光学材料距离实用化尚有一段距离，但可以预期，在化学家和物理学家的共同努力下，其性能也将得到不断提高，在不久的将来会进入市场，为人类的生活带来巨大便利。

参 考 文 献

[1] Clays K, Coe B J. Design strategies versus limiting theory for engineering large second-order nonlinear optical polarizabilities in charged organic molecules. Chem Mater, 2003, 15: 642-648.

[2] Lee M, Katz H E, Erben C, Gill D M, Gopalan P, Heber J D, McGee D J. Broadband modulation of light by using an electro-optic polymer. Science, 2002, 298: 1401-1403.

[3] Shi Y Q, Zhang C, Zhang H, Bechtel J H, Dalton L R, Robinson B H, Steier W H. Low (sub-1-volt) halfwave voltage polymeric electro-optic modulators achieved by controlling chromophore shape. Science, 2000, 288: 119-122.

[4] Havinga E E, Vanpelt P. Intramolecular charge transfer, studied by electrochromism of organic molecules in polymer matrices. Cryst Liq Cryst, 1979, 52: 45-156.

[5] Meredith G, Vandusen J, Williams D. Optical and nonlinear optical characterization of molecularly doped thermotropic liquid crystalline polymers. Macromolecules, 1982, 15: 1385-1389.

[6] 叶成, 方世璧. 聚合物非线性光学材料. 高分子通报, 1990, 3: 95-103.

[7] Li Z, Li Q, Qin J. Some new design strategies for second-order nonlinear optical polymers and dendrimers. Polym Chem, 2011, 2: 2723-2740.

[8] 叶成, 朱培旺, 王鹏. 二阶非线性光学高分子研究的瓶颈——材料性能的综合优化. 高分子通报, 1999, 12: 43-46.

[9] Singer K D, Sohn J G, Lalama S G. Erratum: Second harmonic generation in poled polymer films. Appl Phys Lett, 1986, 49: 248-250.

[10] Pantelis P, Hill J R, Davies G L. Poled copoly(vinylidene fluoride-trifluoroethylene) as a host for guest nonlinear optical molecules//Prasad P N, Ulrich D R. Nonlinear Optical and Electroactive. New York: Plenumn Press, 1987: 229.

[11] Wu J, Bo S, Liu J, Zhou T, Xiao H, Liu T, et al. Bifunctional fluorescent carbon nanodots: Green synthesis via soy milk and application as metal-free electrocatalysts for oxygen reduction. Chem Comm, 2012, 48: 9637-9369.

[12] Wang H, Liu F, Yang Y, Zhang M, Peng C, Bo S, Liu X, Qiua L, Zhen Z. A study of two thermostable NLO chromophores with different π-electron bridges using fluorene as the donor. New J Chem, 2015, 39: 1038-1044.

[13] Cong S, Zhang A, Liu F, Yang D, Zhang M, Bo S, Liu X, Qiu L, Zhen Z. Improving poling

efficiency by synthesizing a nonlinear optical chromophore containing two asymmetric non-conjugated D-π-A chains. RSC Adv, 2015, 5: 10497-10504.

[14] Zhang A, Xiao H, Cong S, Zhang M, Zhang H, Bo S, Wang Q, Zhen Z, Liu X. A systematic study of the structure-property relationship of a series of nonlinear optical (NLO) julolidinyl-based chromophores with a thieno[3,2-b]thiophene moiety. J Mater Chem C, 2015, 3: 370-381.

[15] Yang Y, Wang H, Liu F, Yang D, Bo S, Qiu L, Zhen Z, Liu X. The synthesis of new double-donor chromophores with excellent electro-optic activity by introducing modified bridges. Phys Chem Chem Phys, 2015, 17: 5776-5784.

[16] Ye C, Marks T J, Yang J, Wong G K. Synthesis of molecular arrays with nonlinear optical properties: Second-harmonic generation by covalently functionalized glassy polymers. Macromolecules, 1987, 20: 2322-2324.

[17] Ye C, Minami N, Marks T J, Yang J, Wong G K. Persistent, efficient frequency doubling by poled annealed films of a chromophore-functionalized poly(p-hydroxystyrene). Macromolecules, 1988, 21: 2899-2901.

[18] Verbiest T, Burland D M, Jurich M C, Lee V Y, Miller R D, Volksen W. Exceptionally thermally stable polyimides for second-order nonlinear optical applications. Science, 1995, 268:1604-1606.

[19] Robello D R. Linear polymers for nonlinear optics. Ⅰ. Polyacrylates bearing aminonitro-stilbene and-azobenzene dyes. J Polym Sci Part A: Polym Chem, 1990, 28: 1-13.

[20] Feringa B L, Lange B D, Jager W F, Schudde E P. Polystyrene based azo-dyes for non-linear optics; a new polymer-diazo coupling approach. J Chem Soc Chem Commun, 1990, 30: 804-805.

[21] Natansohn A, Rochon P, Gosselin J, Xie S. Azo polymers for reversible optical storage.1. Poly[4'-[[2-(acryloyloxy)ethyl]ethylamino]-4-nitroazobenzene]. Macromolecules, 1992, 25: 2268-2273.

[22] Tamura K, Padias A B, Hall H K Jr, Peyghambarian N. New polymeric material containing the tricyanovinylcarbazole group for photorefractive applications. Appl Phys Lett, 1992, 60: 1803-1805.

[23] Strohriegl P. Esterification and amidation of polymeric acyl chlorides. A new route to polymethacrylates and polymethacrylamides with a variety of different side groups. Macromol Chem Phys, 1993, 194: 363 -387.

[24] McCullochl I, DeMartino R, Keosian R, Leslie T, Man H T. Side chain pendant non-linear optically active polymers synthesised by grafting reactions on maleic anhydride copolymers. Macromol Chem Phys, 1996, 197: 687-699.

[25] Jongee H, Kim H K, Lee M H, Han S G, Kim H Y, Won Y H. Synthesis and electro-optical properties of methacrylate polymers containing hexyl sulfone stilbene chromophore. Polym Bull, 1996, 36: 279-285.

[26] Lee J Y. Synthesis and free radical polymerization of p-(2-methacryloyloxyethoxy)-N-(4-nitrostilbenzylidene)aniline for nonlinear optical applications. Polym Bull, 1996, 36: 533-540.

[27] Yu L, Chan W, Bao Z, Cao S X F. Photorefractive polymers. 2. Structure design and property characterization. Macromolecules, 1993, 26: 2216-2221.

[28] Wang H, Jarnagin R C, Samulski E T. Electric field poling effects on the molecular reorientational dynamics of side-chain nonlinear optical polymers. Macromolecules, 1994, 27: 4705-4713.

[29] Miller R D, Burland D M, Jurich M, Lee V Y, Moylan C R, Thackara J I, Twieg R J, Verbiest T, Volksen W. Donor-embedded nonlinear optical side chain polyimides containing no flexible tether: Materials of exceptional thermal stability for electrooptic applications. Macromolecules, 1995, 28: 4970-4974.

[30] Dalton L R, Harper A W, Wu B, Ghosn R, Laquindanum J, Liang Z, Hubbel A, Xu C. Polymeric electro-optic modulators: Matereials synthesis and processing. Adv Mater, 1995, 7: 519-540.

[31] Yu D, Yu L. Design and synthesis of functionalized polyimides for second-order nonlinear optics. Macromolecules, 1994, 27: 6718-6721.

[32] Marestin C, Mercier R, Sillion B, Chauvin J, Nakatani K, Delaire J A. High glass transition temperature electro-optic side-chain polymers. Synthetic Met, 1996, 81: 143-146.

[33] Li Z, Zhao Y, Zhou J, Shen Y. Synthesis and characterization of two series of polyimides as nonlinear optical materials. Eur Polym J, 2000, 36: 2417-2421.

[34] Xu C, Wu B, Becker M W, Dalton L R, Ranon P M, Shi Y, Steier W H. Main-chain second-order nonlinear optical polymers: Random incorporation of amino-sulfone chromophores. Chem Mater, 1993, 5: 1439-1444.

[35] Stencer-smith J D, Henry R A, Hoover J M, Lindsay G A, Nadler M P, Nissan R A. Main-chain, syndioregic, high-glass transition temperature polymer for nonlinear optics: Synthesis and characterization. J Polym Sci Part A: Polym Chem, 1993, 31: 2899-2906.

[36] Wright M E, Mullick S, Lackritz H S, Liu L Y. Organic NLO polymers. 2. A study of main-chain and guest-host NLO polymers: NLO-phore structure versus poling. Macromolecules, 1994, 27: 3009-3015.

[37] Kang C S, Heldmann C, Winkelhahn H J, Schulze M, Neher D, Wegner G, Wortmann R, Glania C, Kraemer P. Rigid rodlike main chain polymers with conformationally restricted nonlinear optical chromophores: Synthesis and properties. Macromolecules, 1994, 27: 6156-6162.

[38] Tsutsumi N, Matsumoto O, Sakai W, Kiyotsukuri T. Nonlinear optical polymers with dipole moment aligned transverse to main chain. Appl Phys Lett, 1995, 67: 2272-2274.

[39] Zhang Y, Wada T, Sasabe H. Carbazole main-chain polymers for multifunctional materials: Synthesis and characterization. J Polym Sci Part A: Polym Chem, 1996, 34: 2289-2298.

[40] Tsutsumi N, Matsumoto O, Sakai W, Kiyotsukuri T. Nonlinear optical polymers. 2. Novel NLO linear polyurethane with dipole moments aligned transverse to the main backbone. Macromolecules, 1996, 29: 592-597.

[41] Luo J, Qin J, Kang H, Ye C. Synthesis and characterization of accordion main-chain azo-dye polymers for second-order optical non-linearity. Polym Int, 2000, 49: 1302-1307.

[42] Qin A, Yang Z, Bai F, Ye C. Design and synthesis of a thermally stable second-order nonlinear

optical chromophore and its poled polymers. J Polym Sci Part A: Polym Chem, 2003, 41: 2846-2853.

[43] Gubbelmans E, Broeck K V, Verbiest T, Beylen M V, Persoons A, Samyn C. High glass transition temperature chromophore functionalised poly(phenylquinoxalines) for nonlinear optics. Eur Polym J, 2003, 39: 969-976.

[44] Yu L, Chan W, Bao Z. Synthesis and characterization of a thermally curable second-order nonlinear optical polymer. Macromolecules, 1992, 25: 5609-5612.

[45] Xu C, Wu B, Dalton L R, Shi Y, Ranon P M, Steier W H. Novel double-end crosslinkable chromophores for second-order nonlinear optical materials. Macromolecules, 1992, 25: 6714-6715.

[46] Yang Z, Xu C, Wu B, Dalton L R, Kalluri S, Steier W H, Shi Y, Bechtel J H. Anchoring both ends of chromophores into sol-gel networks for large and stable second-order optical nonlinearities. Chem Mater, 1994, 6: 1899-1901.

[47] Liang Z, Dalton L R, Garner S M, Kalluri S, Chen A, Steier W H. A heterocyclic polymer with thermally stable second-order optical nonlinearity. Chem Mater, 1995, 7: 1756-1758.

[48] Huang D, Zhang C, Dalton L R, Weber W P. Synthesis and characterization of main-chain NLO oligomers and polymer that contain 4-dialkylamino-4'-(alkylsulfonyl)azobenzene chromophores. J Polym Sci Part A: Polym Chem, 2000, 38: 546-559.

[49] Zhang C, Wang C, Yang J, Dalton L R. Electric poling and relaxation of thermoset polyurethane second-order nonlinear optical materials: Role of cross-linking and monomer rigidity. Macromolecules, 2001, 34: 235-243.

[50] Saadeh H, Wang L, Yu L. Supramolecular solid-state assemblies exhibiting electrooptic effects. J Am Chem Soc, 2000, 122: 546-547.

[51] Kim T D, Kang J W, Luo J D, Jang S H, Ka J W, Tucker N, Benedict J B, Dalton L R, Gray T, Overney R M, Park D H, Herman W N, Jen A K Y. Ultralarge and thermally stable electro-optic activities from supramolecular self-assembled molecular glasses. J Am Chem Soc, 2007, 129: 488-489.

[52] Harper A W, Sun S, Dalton L R, Garner S M, Chen A, Kulluri S, Steier W H, Robinson B H. Translating microscopic optical nonlinearity to macroscopic optical nonlinearity: The role of chromophore-chromophore electrostatic interaction. J Opt Soc Am B, 1998, 15: 329-337.

[53] Dalton L R, Harper A W, Ren A, Wang F, Todorova G, Chen J, Zhang C, Lee M. Polymeric electro-optic modulators: From chromophore design to integration with semiconductor VLSI electronics and silica fiber optics. Ind Eng Chem Res, 1999, 38: 8-33.

[54] Robinson B H, Dalton L R. Monte carlo statistical mechanical similations of the competition of intermolecular electrostatic and poling-field interactions in defining macroscopic electro-optic activity for organic chromophore/polymer materials. J Phys Chem A, 2000, 104: 4785-4795.

[55] Robinson B H, Dalton L R, Harper H W, Ren A, Wang F, Zhang C, Todorova G, Lee M, Aniszfeld R, Garner S, Chen A, Steier W H, Houbrecht S, Persoons A, Ledoux I, Zyss J, Jen A K Y. The molecular and supramolecular engineering of polymeric electro-optic materials. Chem Phys, 1999, 245: 35-50.

[56] Luo J, Ma H, Haller M, Jen A K Y, Barto R R. Large electro-optic activity and low optical loss

derived from a highly fluorinated dendritic nonlinear optical chromophore. Chem Commun, 2002, 8: 888-889.

[57] Luo J, Liu S, Haller M, Liu L, Ma H, Jen A K Y. Design, synthesis, and properties of highly efficient side-chain dendronized nonlinear optical polymers for electro-optics. Adv Mater, 2002, 14: 1763-1768.

[58] Luo J, Haller M, Ma H, Liu S, Kim T D, Tian Y, Chen B, Jang S H, Dalton L R, Jen A K Y. Nanoscale architectural control and macromolecular engineering of nonlinear optical dendrimers and polymers for electro-optics. J Phys Chem B, 2004, 108: 8523-8530.

[59] Luo J, Haller M, Li H, Tang H Z, Jen A K Y, Jakka K, Chou C H, Shu C F. A side-chain dendronized nonlinear optical polyimide with large and thermally stable electrooptic activity. Macromolecules, 2004, 37: 248-250.

[60] Liao Y, Anderson C A, Sullivan P A, Akelaitis A J P, Robinson B H, Dalton L R. Electro-optical properties of polymers containing alternating nonlinear optical chromophores and bulky spacers. Chem Mater, 2006,18:1062-1067.

[61] Hoeben F J M, Jonkheijm P, Meijer E W, Schenning A P H J. About supramolecular assemblies of π-conjugated systems. Chem Rev, 2005, 105: 1491-1546.

[62] Lee M S, Cho B K, Zin W C. Supranmolecular structures from road-coil block copolymers. Chem Rev, 2001, 101: 3869-3892.

[63] Tian Y Q, Chen C Y, Haller M A, Tucker N M, Ka J W, Luo J, Huang S, Jen A K Y. Nanostructured functional block copolymers for electrooptic devices. Macromolecules, 2007, 40: 97-104.

[64] Kolb H C, Finn M G, Sharpless K B. Click chemistry: Diverse chemical function from a few good reactions. Angew Chem Int Ed, 2001, 40: 2004-2021.

[65] Hizal G, Tunca U, Sanyal A. Discrete macromolecular constructs via the diels-alder "click" reaction. J Polym Sci Part A: Polym Chem, 2011, 49: 4103-4120.

[66] Dag A, Durmaz H, Tunca U, Hizal G. Multiarm star block copolymers via diels-alder click reaction. J Polym Sci Part A: Polym Chem, 2009, 47: 178-187.

[67] Haller M, Luo J, Li H, Kim T D, Jen A K Y. Highly efficient and thermally stable electro-optic polymer from a smartly controlled crosslinking process. Adv Mater, 2003, 15: 1635-1638.

[68] Haller M, Luo J, Li H, Kim T D, Liao Y, Robinson B H, Dalton L R, Jen A K Y. A novel lattice-hardening process to achieve highly efficient and thermally stable nonlinear optical polymers. Macromolecules, 2004, 37: 688-690.

[69] Kim T D , Luo J, Ka J W, Hau S, Tian Y, Shi Z, Tucker N M, Jang S H, Kang J W, Jen A K Y. Ultralarge and thermally stable electro-optic activities from Diels-Alder crosslinkable polymers containing binary chromophore systems. Adv Mater, 2006, 18: 3038-3042.

[70] Enami Y, Derosei C T, Mathinei D, Loychik C, Greenlee C, Norwood R A, Kim T D, Luo J, Tian Y, Jen A K Y, Peyghambarian N. Hybrid polymer/sol-gel waveguide modulators with exceptionally large electro-optic coefficients. Nat Photonics, 2007, 1: 180-185.

[71] Rostovtsev V V, Green L G, Fokin V V, Sharpless K B. A stepwise huisgen cycloaddition process: Copper（Ⅰ）-catalyzed regioselective "ligation" of azides and terminal alkynes. Angew Chem Int Ed, 2002, 41: 2596-2599.

[72] Demko Z, Sharpless K B. A click chemistry approach to tetrazoles by huisgen 1,3-dipolar cycloaddition: Synthesis of 5-sulfonyl tetrazoles from azides and sulfonyl cyanides. Angew Chem Int Ed, 2002, 41: 2110-2113.

[73] Finn M G, Kolb H C, Fokin V V, Sharples K B. 点击化学: 释义与目标. 张欣豪, 吴云东, 译. 化学进展, 2008, 20: 1-5.

[74] Li Z, Zeng Q, Li Z, Dong S, Zhu Z, Li Q, Ye C, Di C, Liu Y, Qin J. An attempt to modify nonlinear optical effects of polyurethanes by adjusting the structure of the chromophore moieties at the molecular level using "click" chemistry. Macromolecules, 2006, 39: 8544-8546.

[75] Scarpaci A, Blart E, Montembault V, Fontaine L, Rodriguez V, Odobel F. A new crosslinkable system based on thermal huisgen reaction to enhance the stability of electro-optic polymers. Chem Commun, 2009, 14: 1825-1827.

[76] Scarpaci A, Cabanetos C, Blart E, Pellegrin Y, Montembault V, Fontaine L, Rodriguez V, Odobel F. Scope and limitation of the copper free thermal huisgen cross-linking reaction to stabilize the chromophores orientation in electro-optic polymers. Polym Chem, 2011, 2: 157-167.

[77] Cabanetos C, Mahé H, Blart E, Pellegrin Y, Montembault V, Fontaine L, Adamietz F, Rodriguez V, Bosc D, Odobel F. Preparation of a new electro-optic polymer cross-linkable via copper-free thermal huisgen cyclo-addition and fabrication of optical waveguides by reactive ion etching. ACS Appl Mater Interfaces, 2011, 3: 2092-2098.

[78] Cabanetos C, Bentoumi W, Silvestre V, Blart E, Pellegrin Y, Montembault V, Barsella A, Dorkenoo K, Bretonnière Y, Andraud C, Mager L, Fontaine L, Odobel F. New cross-linkable polymers with huisgen reaction incorporating high $\mu\beta$ chromophores for second-order nonlinear optical applications. Chem Mater, 2012, 24: 1143-1157.

[79] Li Z, Li Z, Di C, Zhu Z, Li Q, Zeng Q, Zhang K, Liu Y, Ye C, Qin J. Structural control of the side-chain chromophores to achieve highly efficient nonlinear optical polyurethanes. Macromolecules, 2006, 39: 6951-6961.

[80] Li Q, Li Z, Zeng F, Gong W, Li Z, Zhu Z, Zeng Q, Yu S, Ye C, Qin J. From controllable attached isolation moieties to possibly highly efficient nonlinear optical main-chain polyurethanes containing indole-based chromophores. J Phys Chem B, 2007, 111: 508-514.

[81] Li Z, Dong S, Yu G, Li Z, Liu Y, Ye C, Qin J. Novel second-order nonlinear optical main-chain polyurethanes: Adjustable subtle structure, improved thermal stability and enhanced nonlinear optical property. Polymer, 2007, 48: 5520-5529.

[82] Li Z, Li P, Dong S, Zhu Z, Li Q, Zeng Q, Li Z, Ye C, Qin J. Controlling nonlinear optical effects of polyurethanes by adjusting isolation spacers through facile postfunctional polymer reactions. Polymer, 2007, 48: 3650-3657.

[83] Zhu Z, Li Q, Zeng Q, Li Z, Li Z, Ye C, Qin J. New azobenzene-containing polyurethanes: Post functional strategy and second-order nonlinear optical properties. Dyes Pigm, 2008, 78: 199-206.

[84] Li Z, Yu G, Dong S, Wu W, Liu Y, Ye C, Qin J, Li Z. The role of introduced isolation groups in PVK-based nonlinear optical polymers: Enlarged nonlinearity, improved processability, and enhanced thermal stability. Polymer, 2009, 50: 2806-2814.

[85] Li Z, Wu W, Hu P, Wu X, Yu G, Liu Y, Ye C, Li Z, Qin J. Click modification of azo chromophore-containing polyurethanes through polymer reactions: Convenient adjustable subtle structure and enhanced nonlinear optical properties. Dyes Pigm, 2009, 81: 264-272.

[86] Li Z, Wu W, Ye C, Qin J, Li Z. Two types of nonlinear optical polyurethanes containing the same isolation groups: Syntheses, optical properties and influence of binding mode. J Phys Chem B, 2009, 113: 14943-14949.

[87] Zeng Q, Li Z, Li Z, Ye C, Qin J, Tang B Z. Convenient attachment of highly polar azo chromophore moieties to disubstituted polyacetylene through polymer reactions by using "click" chemistry. Macromolecules, 2007, 40: 5634-5637.

[88] Li Z, Zeng Q, Yu G, Li Z, Ye C, Liu Y, Qin J. New azo chromophore-containing conjugated polymers: Facile synthesis by using "click" chemistry and enhanced nonlinear optical properties through the introduction of suitable isolation groups. Macromol Rapid Commun, 2008, 29: 136-141.

[89] Chang P, Chen J, Tsai H, Hsiue G. Molecular design of nonlinear optical polymer based on DCM to enhance the NLO efficiency and thermal stability. J Polym Sci Part A: Polym Chem, 2009, 47: 4937-4949.

[90] Ma H, Liu S, Luo J, Suresh S, Liu L, Kang S H, Haller M, Sassa T, Dalton L R, Jen A K Y. Highly efficient and thermally stable electro-optical dendrimers for photonics. Adv Funct Mater, 2002, 12: 565-574.

[91] Li Q, Yu G, Huang J, Liu H, Li Z, Ye C, Liu Y, Qin J. Polyurethanes containing indole-based non-linear optical chromophores: From linear chromophore to H-type. Macromol Rapid Commun, 2008, 29: 798-803.

[92] Zhang C, Lu C, Zhu J, Lu G, Wang X, Shi Z, Liu F, Cui Y. The second-order nonlinear optical materials with combined nonconjugated D-π-A units. Chem Mater, 2006, 18: 6091-6093.

[93] Zhang C, Lu C, Zhu J, Wang C, Lu G, Wang C, Wu D, Liu F, Cui Y. Enhanced nonlinear optical activity of molecules containing two D-π-A chromophores locked parallel to each other. Chem Mater, 2008, 20: 4628-4641.

[94] Li Z, Hu P, Yu G, Zhang W, Jiang Z, Liu Y, Ye C, Qin J, Li Z. "H"-shape second order NLO polymers: Synthesis and characterization. Phys Chem Chem Phys, 2009, 11: 1220-1226.

[95] Li Z, Qiu G, Ye C, Qin J, Li Z. Syntheses and second-order nonlinear optical properties of a series of new "H"-shape polymers. Dyes Pigm, 2012, 94: 16-22.

[96] Li Z, Wu W, Yu G, Liu Y, Ye C, Li Z, Qin J. Dendron-like main-chain nonlinear optical polyurethanes constructed from "H"-type chromophores: Synthesis and NLO properties. ACS Appl Mater Inter, 2009, 1: 856-863.

[97] Wu W, Wang C, Zhong C, Ye C, Qiu G, Qin J, Li Z. Changing the shape of chromophores from "H-type" to "star-type": Increasing the macroscopic NLO effects by a large degree. Polym Chem, 2013, 4: 378-386.

[98] Li Z, Yu G, Liu Y, Ye C, Qin J, Li Z. Dendronized polyfluorenes with high azo-chromophore loading density: Convenient synthesis and enhanced second-order nonlinear optical effects. Macromolecules. 2009, 42: 6463-6472.

[99] Wu W, Xiao R, Xiang W, Wang Z, Li Z. Main chain dendronized polymers: Design, synthesis,

and application in second-order nonlinear optical (NLO) area. J Phys Chem C, 2015, 119: 14281-14287.

[100] Zhou X, Luo J, Huang S, Kim T, Shi Z, Cheng Y, Jang S, Knorr D B, Overney R M, Jen A K Y. Supramolecular self-assembled dendritic nonlinear optical chromophores: Fine-tuning of aren-perfluoroarene interactions for ultralarge electro-optic activity and enhanced thermal stability. Adv Mater, 2009, 21: 1976-1981.

[101] Coates G W, Dunn A R, Henling L M, Dougherty D A, Gubbs R H. Phenyl-perfluorophenyl stacking interactions: A new strategy for supermolecule construction. Angew Chem Int Ed, 1997, 36: 248-251.

[102] Jang S H, Jen A K Y. Electro-optic (E-O) molecular glasses. Chem Asian J, 2009, 4: 20-31.

[103] Wu W, Huang Q, Qiu G, Ye C, Qin J, Li Z. Aromatic/perfluoroaromatic self-assembly effect: An effective strategy to improve the NLO effect. J Mater Chem, 2012, 22: 18486-18495.

[104] Wu W, Huang Q, Ye C, Qin J, Li Z. Second-order nonlinear optical (NLO) polymers containing perfluoroaromatic rings as isolation groups with Ar/Ar^F self-assembly effect: Enhanced NLO coefficient and stability. Polymer, 2013, 54: 5655-5664.

[105] Wu W, Ye C, Yu G, Liu Y, Qin J, Li Z. New hyperbranched polytriazoles containing isolation chromophore moieties derived from AB$_4$ monomers through click chemistry under copper(I) catalysis: Improved optical transparency and enhanced NLO effects. Chem Eur J, 2012, 18: 4426-4434.

[106] Wu W, Ye C, Qin J, Li Z. Further enhancement of the second-order nonlinear optical (NLO) coefficient and the stability of NLO polymers that contain isolation chromophore moieties by using the "suitable isolation group" concept and the Ar/Ar^F self-assembly effect. Chem Asian J, 2013, 8: 1836-1846.

[107] Wu W, Ye C, Qin J, Li Z. Introduction of an isolation chromophore into an "H"-shaped NLO polymer: Enhanced NLO effect, optical transparency, and stability. ChemPlusChem, 2013, 78: 1523-1529.

[108] Wu W, Xin S, Xu Z, Ye C, Qin J, Li Z. Main-chain second-order nonlinear optical polyaryleneethynylenes containing isolation chromophores: Enhanced nonlinear optical properties, improved optical transparency and stability. Polym Chem, 2013, 4: 3196-3203.

[109] Peng C, Bo S, Xu H, Chen Z, Qiu L, Liu X, Zhen Z. Research of the optimum molar ratio between guest and host chromophores in binary chromophore systems for excellent electro-optic activity. RSC Adv, 2016, 6: 1618-1626.

[110] Li M, Huang S, Zhou X, Zang Y, Wu J, Cui Z, Luo J, Jen A K Y. Poling efficiency enhancement of tethered binary nonlinear optical chromophores for achieving ultrahigh $n_3 r_{33}$ figure-of-merit of 2601 pm · V^{-1}. J Mater Chem C, 2015, 3: 6737-6744.

[111] Walter M V, Malkoch M. Simplifying the synthesis of dendrimers: Accelerated approaches. Chem Soc Rev, 2012, 41: 4593-4609.

[112] Flory P J. Molecular size distribution in three dimensional polymers. III. Tetrafunctional branching units. J Am Chem Soc, 1941, 63: 3096-3100.

[113] Buhleier E, Wehner W, Vögtle F. "Cascade" and "nonskid-chain-like" syntheses of molecular cavity topologies. Synthesis, 1978, 2: 155-158.

［114］ Newkome G R, Yao Z, Baker G R, Gupta V K, Russo P S, Saunders M J. Cascade molecules: Synthesis and characterization of a benzene[9]^3-arborol. J Am Chem Soc, 1986, 108: 849-850.

［115］ Tomalia D A, Baker H, Hall M, Kallos G, Martin S, Roeck J, Ryder J, Smith P. A new class of polymers: Starburst-dendritic macromolecules. Polym J, 1985, 108: 117-132.

［116］ Bosman A W, Janssen H M, Meijer E W. About dendrimers: Structure, physical properties, and applications. Chem Rev, 1999, 99: 1665-1688.

［117］ Hecht S, Fréchet J M J. Dendritic encapsulation of function: Applying nature's site isolation principle from biomimetics to materials science. Angew Chem Int Ed, 2001, 40: 74-91.

［118］ Li W, Aida T. Dendrimer porphyrins and phthalocyanines. Chem Rev, 2009, 109: 6047-6076.

［119］ Tomalia D A, Fréchet J M J. Discovery of dendrimers and dendritic polymers: A brief historical perspective. J Polym Sci Part A: Polym Chem, 2002, 40: 2719-2728.

［120］ Natarajan B, Gupta S, Ramamurthy V, Jayaraman N. Interfacial regions governing internal cavities of dendrimers. studies of poly(alkyl aryl ether) dendrimers constituted with linkers of varying alkyl chain length. J Org Chem, 2011, 76: 4018-4026.

［121］ Tomalia D A. Dendritic effects: Dependency of dendritic nano-periodic property patterns on critical nanoscale design parameters (CNDPs). New J Chem, 2012, 36: 264-281.

［122］ Caminade A M, Ouali A O, Laurent R, Turrin C O, Majoral J P. The dendritic effect illustrated with phosphorus dendrimers. Chem Soc Rev, 2015, 44: 3890-3899.

［123］ Caminade A M, Ouali A O, Keller M, Majoral J P. Organocatalysis with dendrimers. Chem Soc Rev, 2012, 41: 4113-4125.

［124］ Kojima C, Kono K, Maruyama K, Takagishi T. Synthesis of polyamidoamine dendrimers having poly(ethylene glycol) grafts and their ability to encapsulate anticancer drugs. Bioconjugate Chem, 2000, 11: 910-917.

［125］ Caminade A M, Majoral J P. Dendrimers and nanotubes: A fruitful association. Chem Soc Rev, 2010, 39: 2034-2047.

［126］ Sun H J, Zhang S D, Percec V. From structure to function via complex supramolecular dendrimer systems. Chem Soc Rev, 2015, 44: 3900-3923.

［127］ Harpham M R, Süzer Ö, Ma C Q, Bäuerle P, Goodson T. Thiophene dendrimers as entangled photon sensor materials. J Am Chem Soc, 2009, 131: 973-979.

［128］ Adronov A, Fréchet J M J. Light-harvesting dendrimers. Chem Commun, 2000, 18: 1701-1710.

［129］ Grayson S M, Fréchet J M J. Convergent dendrons and dendrimers: From synthesis to applications. Chem Rev, 2001, 101: 3819-3867.

［130］ Wu P, Feldman A K, Nugent A K, Hawker C J, Scheel A, Voit B, Pyun J, Fréchet J M J, Sharpless K B, Fokin V V. Efficiency and fidelity in a click-chemistry route to triazole dendrimers by the copper(Ⅰ)-catalyzed ligation of azides and alkynes. Angew Chem Int Ed, 2004, 43: 3928-3932.

［131］ Franc G, Kakkar A K. Click methodologies: Efficient, simple and greener routes to design dendrimers. Chem Soc Rev, 2010, 39: 1536-1544.

［132］ Wada T, Wang L, Zhang Y D, Tian M, Sasabe H. Multifunctional chromophores for monolithic photorefractive materials.Nonlinear Opt, 1996, 15: 103-105.

[133] Do J Y, Ju J J. Polyester dendrimers carrying NLO chromophores: Synthesis and optical characterization. Macromol Chem Phys, 2005, 206: 1326-1331.

[134] Ma H, Chen B, Sassa T, Dalton L R, Jen A K Y. Highly efficient and thermally stable nonlinear optical dendrimer for electrooptics. J Am Chem Soc, 2001, 123: 986-987.

[135] Gopalan P, Katz H E, McGee D J, Erben C, Zielinski T, Bousquet D, Muller D, Grazul J, Olsson Y. Star-shaped azo-based dipolar chromophores: Design, synthesis, matrix compatibility, and electro-optic activity. J Am Chem Soc, 2004, 126: 1741-1747.

[136] Sullivan P A, Akelaitis A J P, Lee S K, McGrew G, Lee S K, Choi D H, Dalton L R. Novel dendritic chromophores for electro-optics: Influence of binding mode and attachment flexibility on electro-optic behavior. Chem Mater, 2006, 18: 344-351.

[137] Sullivan P A, Rommel H, Liao Y, Olbricht B C, Akelaitis A J P, Firestone K A,　Kang J W, Luo J, Davies J A, Choi D H, Eichinger B E, Reid P J, Chen A, Jen A K Y, Robinson B H, Dalton L R. Theory-guided design and synthesis of multichromophore dendrimers: An analysis of the electro-optic effect. J Am Chem Soc, 2007, 129: 7523-7530.

[138] Dalton L R. Control of optical properties using various nanostructured materials: Dendrimers, phase-separating block copolymers, and polymer microspheres. Mol Cryst Liq Cryst, 2000, 353: 211-221.

[139] Shi Z, Hau S, Luo J, Kim T D, Tucker N M, Ka J W, Sun H S, Pyajt A, Dalton L R, Chen A T, Jen A K Y. Highly efficient diels-alder crosslinkable electro-optic dendrimers for electric-field sensors. Adv Funct Mater, 2007, 17: 2557-2564.

[140] Shi Z, Luo J, Huamg S, Zhou X, Kim T D, Cheng Y, Polishak B M, Younkin T R, Block B A, Jen A K Y. Reinforced site isolation leading to remarkable thermal stability and high electrooptic activities in cross-linked nonlinear optical dendrimers. Chem Mater, 2008, 20: 6372-6377.

[141] Yokoyama S, Nakahama T, Otomo A, Mashiko S. Intermolecular coupling enhancement of the molecular hyperpolarizability in multichromophoric dipolar dendrons. J Am Chem Soc, 2000, 122: 3174-3181.

[142] Li Z, Yu G, Wu W, Liu Y, Ye C, Qin J, Li Z. Nonlinear optical dendrimers from click chemistry: Convenient synthesis, new function of the formed triazole rings, and enhanced NLO effects. Macromolecules, 2009, 42: 3864-3868.

[143] Li Z, Wu W, Li Q, Yu G, Xiao L, Liu Y, Ye C, Qin J, Li Z. High-generation second-order nonlinear optical (NLO) dendrimers: Convenient synthesis by click chemistry and the increasing trend of NLO effects. Angew Chem Int Ed, 2010, 49: 2763-2767.

[144] Tang R, Zhou S, Cheng Z, Yu G, Peng Q, Zeng H, Guo G, Qian Q, Li Z. Janus second-order nonlinear optical dendrimers: Their controllable molecular topology and corresponding largely enhanced performance. Chem Sci, 2016, 8: 340-347.

[145] Sullivan P A, Olbricht B C, Akelaitis A J P, Mistry A A, Liao Y, Dalton L R. Tri-component Diels-Alder polymerized dendrimer glass exhibiting large, thermally stable, electro-optic activity. J Mater Chem, 2007, 17: 2899-2903.

[146] Kim T D, Luo J, Cheng Y J, Shi Z, Hau S, Jang S H, Zhou X, Tian Y, Polishak B, Huang S, Ma H, Dalton L R, Jen A K Y. Binary chromophore systems in nonlinear optical dendrimers

and polymers for large electrooptic activities. J Phys Chem C, 2008, 112: 8091-8098.

[147] Cho M J, Lee S K, Choi D H, Jin J. Star-shaped, nonlinear optical molecular glass bearing 2-(3-cyano-4-{4-[ethyl-(2-hydroxy-ethyl)-amino]-phenyl}-5-oxo-1-{4-[4-(3-oxo-3-phenylpropenyl)-phenoxy]-butyl}-1,5-dihydro-pyrrol-2-ylidene)-malononitrile. Dyes Pigm, 2008, 77: 335-342.

[148] Rosen B M, Wilson C J, Wilson D A, Peterca M, Imam M R, Percec V. Dendron-mediated self-assembly, disassembly, and self-organization of complex systems. Chem Rev, 2009, 109: 6275-6540.

[149] Wu W, Huang L, Song C, Yu G, Ye C, Liu Y, Qin J, Li Q, Li Z. Novel global-like second-order nonlinear optical dendrimers: Convenient synthesis through powerful click chemistry and large NLO effects achieved by using simple azo chromophore. Chem Sci, 2012, 3: 1256-1261.

[150] Wu W, Xu G, Li C, Yu G, Liu Y, Ye C, Qin J, Li Z. From nitro- to sulfonyl-based chromophores: Improvement of the comprehensive performance of nonlinear optical dendrimers. Chem Eur J, 2013, 19: 6874-6888.

[151] Wu W, Wang C, Tang R, Fu Y, Ye C, Qin J, Li Z. Second-order nonlinear optical dendrimers containing different types of isolation groups: Convenient synthesis through powerful "click chemistry" and large NLO effects. J Mater Chem C, 2013, 1: 717-728.

[152] Spindler R J, Fréchet M J. Two-step approach towards the accelerated synthesis of dendritic macromolecules. J Chem Soc Perkin Trans, 1993, 1: 913-918.

[153] Zeng F, Zimmerman S C. Rapid synthesis of dendrimers by an orthogonal coupling strategy. J Am Chem Soc, 1996, 118: 5326-5327.

[154] Wu W, Xu Z, Xiang W, Li Z. Using orthogonal approach and one-pot method to simplify the synthesis of nonlinear optical (NLO) dendrimers. Polym Chem, 2014, 5: 6667-6670.

[155] Gao J, Cui Y, Yu J, Lin W, Wang Z, Qian G. Enhancement of nonlinear optical activity in new six-branched dendritic dipolar chromophore. J Mater Chem, 2011, 21: 3197-3203.

[156] Lin W, Cui Y, Gao J, Yu J, Liang T, Qian G. Six-branched chromophores with isolation groups: Synthesis and enhanced optical nonlinearity. J Mater Chem, 2012, 22: 9202-9208.

[157] Ronchi M, Pizzotti M, Biroli A O, Righetto S, Ugo R. Second-order nonlinear optical (NLO) properties of a multichromophoric system based on an ensemble of four organic NLO chromophores nanoorganized on a cyclotetrasiloxane architecture. J Phys Chem C, 2009, 113: 2745-2760.

[158] Ronchi M, Biroli A O, Marinotto D, Pizzotti M, Ubaldi M C, Pietralunga S M. The role of the chromophore size and shape on the SHG stability of PMMA films with embebbed NLO active macrocyclic chromophores based on a cyclotetrasiloxane scaffold. J Phys Chem C, 2011, 115: 4240-4246.

[159] Tang R, Zhou S, Xiang W, Xie Y, Chen H, Peng Q, Yu G, Liu B, Zeng H, Li Q, Li Z. New "X-type" second-order nonlinear optical (NLO) dendrimers: Fewer chromophore moieties and high NLO effects. J Mater Chem C, 2015, 3: 4545-4552.

[160] Wu W, Yu G, Liu Y, Ye C, Qin J, Li Z. Using two simple methods of Ar-Ar[F] self-assembly and isolation chromophores to further improve the comprehensive performance of NLO dendrimers. Chem Eur J, 2013, 19: 630-641.

［161］Wu W, Wang C, Li Q, Ye C, Qin J, Li Z. The influence of pentafluorophenyl groups on the nonlinear optical（NLO）performance of high generation dendrons and dendrimers. Sci Rep, 2014, 209: 1454-1462.

［162］唐润理. 具有新型拓扑结构的二阶非线性光学高分子的设计、合成与性质研究. 武汉: 武汉大学博士学位论文, 2016.

［163］Wu W, Li C, Yu G, Liu Y, Ye C, Qin J, Li Z. High-generation second-order nonlinear optical（NLO）dendrimers that contain isolation chromophores: Convenient synthesis by using click chemistry and their increased NLO effects. Chem Eur J, 2012, 18: 11019-11028.

［164］Wu W, Huang Q, Xu G, Wang C, Ye C, Qin J, Li Z. Using an isolation chromophore to further improve the comprehensive performance of nonlinear optical（NLO）dendrimers. J Mater Chem C, 2013, 1: 3226-3234.

［165］Wu W, Ye C, Qin J, Li Z. Dendrimers with large nonlinear optical performance by introducing isolation chromophore, utilizing the Ar/Ar^F self-assembly effect, and modifying the topological Structure. ACS Appl Mater Interfaces, 2013, 5: 7033-7041.

［166］Kim Y H. Hyperbranched polymers 10 years after. J Polym Sci Part A: Polym Chem, 1998, 36: 1685-1698.

［167］Flory P J. Molecular size distribution in three dimensional polymers. Ⅵ. Branched polymers containing A-R-B$_{f-1}$ type units. J Am Chem Soc, 1952, 74: 2718-2723.

［168］Kim Y H, Webster O W. Hyperbranched polyphenylenes. Polym Prepr, 1988, 29: 310-311.

［169］Kim Y H, Webster O W. Water-soluble hyperbranched polyphenylene: A unimolecular micelle. J Am Chem Soc, 1990, 112: 4592-4593.

［170］Gao C, Yan D. Hyperbranched polymers: From synthesis to applications. Prog Polym Sci, 2004, 29: 183-275.

［171］Hult A, Johansson M, Malmström E. Hyperbranched polymers. Adv Polym Sci, 1999, 143: 1-34.

［172］Voit B. New developments in hyperbranched polymers. J Polym Sci Part A: Polym Chem, 2000, 38: 2505-2525.

［173］Holter D, Burgath A, Frey H. Degree of branching in hyperbranched polymers. Acta Polym, 1997, 48: 30-35.

［174］Yan D, Zhou Z. Molecular weight distribution of hyperbranched polymers generated from polycondensation of AB$_2$ type monomers in the presence of multifunctional core moieties. Macromolecules, 1999, 32: 819-824.

［175］Zhang Y, Wada T, Sasabe H. A new hyperbranched polymer with polar chromophore for nonlinear optics. Polymer, 1997, 38: 2893-2897.

［176］Zhang Y, Wang L, Wada T, Sasabe H. One-pot synthesis of a new hyperbranched polyester containing 3,6-di-acceptor-substituted carbazole chromophores for nonlinear optics. Macromol Chem Phys, 1996, 197: 667-676.

［177］Zhang Y, Wang L, Wada T, Sasabe H. Synthesis and characterization of novel hyperbranched polymer with dipole carbazole moieties for multifunctional materials. J Polym Sci Part A: Polym Chem, 1996, 34: 1359-1363.

［178］Li Z, Qin A, Lam J W Y, Dong Y, Dong Y, Ye C, Williams I, Tang B Z. Facile synthesis, large optical nonlinearity, and excellent thermal stability of hyperbranched poly(aryleneethynylene)s containing azobenzene chromophores. Macromolecules, 2006, 39: 1436-1442.

[179] Bai Y, Song N, Gao J, Sun X, Wang X, Yu G, Wang Z. A new approach to highly electrooptically active materials using cross-linkable, hyperbranched chromophore-containing oligomers as a macromolecular dopant. J Am Chem Soc, 2005, 127: 2060-2061.

[180] Xie J, Deng X, Cao Z, Shen Q, Zhang W, Shi W. Synthesis and second-order nonlinear optical properties of hyperbranched polymers containing pendant azobenzene chromophores. Polymer, 2007, 48: 5988-5993.

[181] Xie J, Hu L, Shi W, Deng X, Cao Z, Shen Q. Synthesis and nonlinear optical properties of hyperbranched polytriazole containing second-order nonlinear optical chromophore. J Polym Sci Part B Polym Phys, 2008, 46: 1140-1148.

[182] Xie J, Hu L, Shi W, Deng X, Cao Z, Shen Q. Synthesis and characterization of hyperbranched polytriazole via an "$A_2 + B_3$" approach based on click chemistry. Polym Int, 2008, 57: 965-974.

[183] Zhu Z, Li Z, Tan Y, Li Z, Li Q, Zeng Q, Ye C, Qin J. New hyperbranched polymers containing second-order nonlinear optical chromophores: Synthesis and nonlinear optical characterization. Polymer, 2006, 47: 7881-7888.

[184] Li Z, Wu W, Ye C, Qin J, Li Z. New main-chain hyperbranched polymers: Facile synthesis, structural control, and second-order nonlinear optical properties. Polymer, 2012, 53: 153-160.

[185] Li Z, Wu W, Ye C, Qin J, Li Z. New hyperbranched polyaryleneethynylene containing azo-benzene chromophores in the main chain: Facile synthesis, large optical nonlinearity and high thermal stability. Polym Chem, 2010, 1: 78-81.

[186] Scarpaci A, Blart E, Montembault V, Fontaine L, Rodriguez V, Odobel F. Synthesis and nonlinear optical properties of a peripherally functionalized hyperbranched polymer by DR1 chromophores. ACS Appl Mater Interfaces, 2009, 1: 1799-1806.

[187] Cabanetos C, Blart E, Pellegrin Y, Montembault V, Fontaine L, Adamietz F, Rodriguez V, Odobel F. Synthesis and second-order nonlinear optical properties of a crosslinkable functionalized hyperbranched polymer. Euro Polym J, 2012, 48: 116-126.

[188] Cabanetos C, Bentoumi W, Blart E, Pellegrin Y, Montembault V, Bretonnière Y, Andraud C, Mager L, Fontaine L, Odobel F. Synthesis and characterization of a novel nonlinear optical hyperbranched polymer containing a highly performing chromophore. Polym Adv Technol, 2013, 24: 473-477.

[189] Matsui M, Suzuki M, Hayashi M. Survey of enhanced, thermally stable, and soluble second-order nonlinear optical azo chromophores. Bull Chem Soc Jpn, 2003, 76: 607-612.

[190] Lee K S, Kim T D, Min Y H, Yoon C S. NLO activities of novel sol-gel processed systems with three different bonding direction. Synth Met, 2001, 117: 311-313.

[191] Voit B I, Leder A. Hyperbranched and highly branched polymer architectures: Synthetic strategies and major characterization aspects. Chem Rev, 2009, 109: 5924-5973.

[192] Li Z, Wu W, Ye C, Qin J, Li Z. New second-order nonlinear optical polymers derived from AB_2 and AB monomers via sonogashira coupling reaction. Macromol Chem Phys, 2010, 211: 916-923.

[193] Scheel A J, Komber H, Voit B I. Novel hyperbranched poly([1,2,3]-triazole)s derived from AB₂ monomers by a 1,3-dipolar cycloaddition. Macromol Rapid Commun, 2004, 25: 1175-1180.

[194] Li Z, Yu G, Hu P, Ye C, Liu Y, Qin J, Li Z. New azo-chromophore-containing hyperbranched polytriazoles derived from AB₂ monomers via click chemistry under copper(I) catalysis. Macromolecules, 2009, 42: 1589-1596.

[195] Ishida Y, Sun A C F, Jikei M, Kakimoto M. Synthesis of hyperbranched aromatic polyamides starting from dendrons as ABₓ monomers: Effect of monomer multiplicity on the degree of branching. Macromolecules, 2000, 33: 2832-2838.

[196] Wu W, Li Z. Further improvement of the macroscopic NLO coefficient and optical transparency of hyperbranched polymers by enhancing the degree of branching. Polym Chem, 2014, 5: 5100-5108.

[197] Bo Z, Schlüter A D. "AB₂ + AC₂" approach to hyperbranched polymers with a high begree of branching. Chem Commun, 2003, 9: 2354-2355.

[198] 武文博. 具有大的宏观二阶非线性光学效应的大分子的设计、合成与性能研究. 武汉: 武汉大学博士学位论文, 2014.

[199] 朱志超. 新型二阶非线性光学超支化聚合物的设计、合成及性能表征. 武汉: 武汉大学博士学位论文, 2008.

[200] Wu W, Ye C, Qin J, Li Z. A series of AB₂-type second-order nonlinear optical (NLO) polyaryleneethynylenes: using different endcapped spacers with adjustable bulk to achieve high NLO coefficients. Polym Chem, 2013, 4: 2361-2370.

[201] Li Z, Wu W, Qiu G, Yu G, Liu Y, Ye C, Qin J, Li Z. New series of AB₂-type hyperbranched polytriazoles derived from the same polymeric intermediate: Different endcapping spacers with adjustable bulk and convenient syntheses via click chemistry under copper(I) catalysis. J Polym Sci Part A: Polym Chem, 2011, 49: 1977-1987.

[202] Wu W, Fu Y, Wang C, Ye C, Qin J, Li Z. A series of hyperbranched polytriazoles containing perfluoroaromatic rings from AB₂-type monomers: Convenient syntheses by click chemistry under copper(I) catalysis and enhanced optical nonlinearity. Chem Asian J, 2011, 6: 2787-2795.

[203] Wu W, Zhu Z, Qiu G, Ye C, Qin J, Li Z. New hyperbranched second-order nonlinear optical poly(arylene-ethynylene)s containing pentafluoroaromatic rings as isolation group: Facile synthesis and enhanced optical nonlinearity through Ar-Ar^F self-assembly effect. J Polym Sci Part A: Polym Chem, 2012, 50: 5124-5133.

[204] Wu W, Huang L, Xiao L, Huang Q, Tang R, Ye C, Qin J, Li Z. New second-order nonlinear optical (NLO) hyperbranched polymers containing isolation chromophore moieties derived from one-pot "A₂ + B₄" approach via Suzuki coupling reaction. RSC Adv, 2012, 2: 6520-6526.

[205] Wu W, Ye C, Qin J, Li Z. The utilization of isolation chromophore in an "A₃ + B₂" type second-order nonlinear optical hyperbranched polymer. Macromol Rapid Commun, 2013, 34: 1702-1709.

[206] Astruc D, Boisselier E, Ornelas C. Dendrimers designed for functions: From physical, photophysical, and supramolecular properties to applications in sensing, catalysis, molecular

第 4 章 有机二阶非线性光学高分子 **207**

electronics, photonics, and nanomedicine. Chem Rev, 2010, 110: 1857-1959.

[207] Mintzer M A, Grinstaff M W. Biomedical applications of dendrimers: A tutorial. Chem Soc Rev, 2011, 40: 173-190.

[208] Scholl M, Kadlecova Z, Klok H A. Dendritic and hyperbranched polyamides. Prog Polym Sci, 2009, 34: 24-61.

[209] Tomalia D A. Birth of a new macromolecular architecture: Dendrimers as quantized building blocks for nanoscale synthetic polymer chemistry. Prog Polym Sci, 2005, 30: 294-324.

[210] Tomalia D A, Kirchhoff P M. Rod-shaped Dendrimers:US,4694064,1987.

[211] Wu W, Huang L, Fu Y, Ye C, Qin J, Li Z. Design, synthesis and nonlinear optical properties of "dendronized hyperbranched polymers". Chin Sci Bull, 2013, 58: 2753-2761.

[212] Frauenrath H. Dendronized polymers-building a new bridge from molecules to nanoscopic objects. Prog Polym Sci, 2005, 30: 325-384.

[213] Hatton F L, Chambon P, McDonald T O, Owen A, Rannard S P. Hyperbranched polydendrons: A new controlled macromolecular architecture with self-assembly in water and organic solvents. Chem Sci, 2014, 5: 1844-1853.

[214] Hatton F L, Tatham L M, Tidbury L R, Chambon P, He T, Owen A, Rannard S P. Hyperbranched polydendrons: A new nanomaterials platform with tuneable permeation through model gut epithelium. Chem Sci, 2015, 6: 326-334.

[215] Kuchkina N V, Zinatullina M S, Serkova E S, Vlasov P S, Peregudov A S, Shifrina Z B. Hyperbranched pyridylphenylene polymers based on the first-generation dendrimer as a multifunctional monomer. RSC Adv, 2015, 5: 99510-99516.

[216] Wu W, Wang Z, Xiao R, Xu Z, Li Z. Main chain dendronized hyperbranched polymers: Convenient synthesis and good second-order nonlinear optical performance. Polym Chem, 2015, 6: 4396-4403.

[217] Huang W, Su L, Bo Z. Hyperbranched polymers with a degree of branching of 100% prepared by catalyst transfer Suzuki-Miyaura polycondensation. J Am Chem Soc, 2009, 131: 10348-10349.

[218] Wu W, Xu Z, Li Z. Using low generation dendrimers as monomers to construct dendronized hyperbranched polymers with high nonlinear optical performance. J Mater Chem C, 2014, 2: 8122-8130.

[219] Tang R, Chen H, Zhou S, Liu B, Gao D, Zeng H, Li Z. The integration of an "X" type dendron into polymers to further improve the comprehensive NLO performance. Polym Chem, 2015, 6: 6680-6688.

[220] Tang R, Chen H, Zhou S, Xiang W, Tang X, Liu B, Dong Y, Zeng H, Li Z. Dendronized hyperbranched polymers containing isolation chromophores: Design, synthesis and further enhancement of the comprehensive NLO performance. Polym Chem, 2015, 6: 5580-5589.

[221] Yang H, Tang R, Wu W, Liu W, Guo Q, Liu Y, Xu S, Cao S, Li Z. A series of dendronized hyperbranched polymers with dendritic chromophore moieties in the periphery: Convenient synthesis and large nonlinear optical effects. Polym Chem, 2016, 7: 4016-4024.

第 **5** 章

有机二阶非线性光学材料的性能测试

通常来说，一种新型有机二阶非线性光学材料的性能测试需要表征微观和宏观这两种参数。微观参数的测试一般在溶液中进行，表征的是分子二阶非线性光学系数(也称一阶超极化率)，而宏观参数的测试则需要在固态下进行，表征的是宏观二阶非线性光学系数。另外，比较常见的性能测试还包括衡量极化效率的取向序参数测试，以及衡量取向稳定性的测试。本章将对一些常见的测试方法和基本原理进行介绍。

5.1 分子二阶非线性光学系数的测定

目前来说,有机二阶非线性光学生色团分子的二阶非线性光学系数(β)的表征主要由电场诱导二次谐波产生(EFISHG)和超瑞利散射(HRS)这两种测试方法完成。EFISHG 测试方法是一种相干方法，表征的是有机分子偶极矩(μ)和 β 值的乘积，即分子微观二阶非线性光学系数 $\mu\beta$，而 HRS 测试方法是一种非相干方法，可以直接获得分子的 β 值。EFISHG 对测试对象的要求是其必须具有一定的分子偶极矩，因而只能表征具有非中心对称结构的分子。而且，EFISHG 的实验过程中需要使用强静电场，因此不能测试可导电或者离子型化合物的 β 值。不过，正是强静电场的使用，EFISHG 测试过程不容易受到外界因素的干扰，可提供优异的信噪比，而且还可以识别 β 值的正负。与 EFISHG 方法相比，HRS 的优势在于不需要强静电场，测试对象也没有分子对称性的限制，因而能够表征不同结构类型化合物的 β 值，如偶极矩通常为零的八极分子体系以及离子型化合物。

5.1.1 电场诱导二次谐波产生

二次谐波产生(SHG)是一种典型的非线性光学现象，指当频率为 ω 的基频光通过非线性光学材料后，其中一部分光会转变为频率为 2ω 的倍频光，因此该现象又被称为倍频效应。1961 年，Franken 等在石英玻璃的激光实验中首次观察到 SHG 现象[1]。随后，Bloembergen 等对 SHG 现象产生的机理进行了详细研究，并给出了倍频光的基本表达式[2,3]。1967 年，在硅-二氧化硅电极以及银电极表面，Lee 等首次发现电场诱导二次谐波产生(EFISHG)现象[4]。自此，EFISHG 受到物理科学家们关注，并逐渐成为研究非中心对称半导体表面和界面性质的重要测试手段[5]。1974 年，Ward 等首次报道了利用 EFISHG 实验测试气相有机分子的 $\mu\beta$ 值[6]。在气相状态下，分子间作用力十分薄弱，对于测试结果的影响可以忽略不计。另外，局域场效应，即所谓外加电场对于介质的介电常数的影响，也可大幅降低。但是，大多数有机生色团分子的蒸气压很高，导致气相 EFISHG 方法的应用范围存在着很大的局限性，因此当时没有引起人们的广泛关注。

　　1981 年，Singer 等将上述气相 EFISHG 方法进行改良，在溶液中完成样品测试[7]。基于一系列实验，他们详细研究了溶液中的溶剂-溶剂相互作用、溶质-溶质相互作用，以及局域场效应的变化对于测试结果的影响，成功获得了各种关键参数，实现了溶液状态下有机生色团分子二阶非线性光学系数的准确测量[7,8]。该测试方法和操作十分简单，且结果准确性较高，一经报道就迅速获得非线性光学研究领域科学家们的广泛关注，成为有机分子二阶非线性光学性能表征的重要手段。EFISHG 实验基本装置如图 5-1 所示[9]，首先是对装有测试样品的溶液施加一个强直流静电场，诱导溶液中的有机生色团分子偶极矩进行取向排列，形成宏观非中心对称排列。随后，由 Nd：YAG 激光器输出的光束经过上述溶液时就会产生倍频效应，出现倍频光。示波器收集到倍频光的信号后，输入 Boxcar 采样分析器，最终由计算机对入射光和倍频光的信号强度进行数据处理，得到分子的二阶非线性感受率(Γ_{1111})，然后将相关参数代入式(5-1)就能换算出分子的 β 值[7]。

$$\Gamma_{1111} = Nf_0 f_\omega^2 f_{2\omega} \left(\frac{3}{2}\gamma + \frac{1}{10kT}\beta\mu \right) \tag{5-1}$$

式中，N 为生色团分子的线密度；f_0、f_ω、$f_{2\omega}$ 分别表示零频、基频以及倍频局域场修正因子；β 和 γ 分别代表分子的一阶和二阶超极化率；μ 为偶极矩；k 为 Boltzmann 常量；T 为极化温度。对于 γ 值的测试，需要由三次谐波产生(THG)实验或者 Z 扫描技术来完成。但一般情况下，γ 值较小，可以忽略不计。

　　需要指出的是，在 EFISHG 实验过程中，溶剂所产生的局域场效应以及分子间作用力会严重影响测试结果的准确性。对溶液施加静电场的目的是诱导溶液中有机生色团分子产生定向排列，进而形成宏观非中心对称结构。然而，静电场的施加会显著增加介质的介电常数，特别是在使用高介电常数的溶剂进行测试时，溶剂分子的介电常数会明显增加，导致测试结果出现较大的误差，这种现象被称

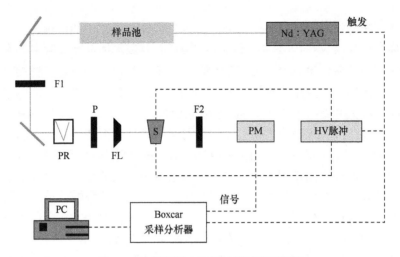

图 5-1　电场诱导二次谐波测试装置图[9]

F1：滤光片；PR：偏振旋转器；P：偏振棱镜（与高压电场方向平行）；FL：聚焦棱镜；S：样品池；
F2：水槽、干涉滤光片以及衰减片的结合体；HV：高压电场；PM：光电倍增管；PC：个人计算机

为局域场效应。为了消除局域场效应带来的负面影响，Singer 等提出的解决方案是进行一系列浓度依赖性实验来修正实验结果。他们通过测试生色团分子在不同浓度梯度下的 β 值、溶剂分子的介电常数以及折射率，并由此建立相应的线性依赖性关系，从而获得零频、基频以及倍频局域场修正因子[7, 10]。

5.1.2　超瑞利散射

光散射是指一束光线通过不均匀介质时一部分光偏离原方向进行传播的现象，这是电磁辐射与物质之间作用的一种形式。当高强度的激光照射到半径比光的波长还要小的微小颗粒如单个原子或分子时，在其散射光中可以检测到以入射光频率为基频的高次谐波光，特别是二次谐波光子，这种现象就被称为超瑞利散射(HRS)。HRS 是一种非相干二阶光散射现象，因此也被称为非相干二次谐波散射。详细来说，本来各向异性的分子在强激光场的辐射下，分子电荷分布、极化态甚至分子取向会发生改变，并诱导出非线性偶极子作为二次波源。同时，分子的热涨落和浓度涨落引发诱导偶极矩的涨落，进一步改变了分子局部环境的宏观对称性，从而导致谐波的相干性受到破坏，最终形成非相干的二次谐波散射。1965年，Terhune 等最早在熔融的石英以及液态水和四氯化碳中发现了 HRS 现象[11]，随后 Cyvin 等完善了相关理论[12-14]。但由于观察到的非线性光学效应很弱，而且当时的激光技术和检测手段相对比较落后，因此这项技术的应用受到了极大的限制。

1991 年，Clay 等进一步发展了 HRS 技术，他们以高功率的 Nd∶YAG 激光器作为光源，通过采用光电倍增管放大信号，搭建了一套高效的检测装置，从而

首次利用 HRS 技术测试出一系列有机分子，如对硝基苯胺(PNA)、4-甲氧基-4′-硝基芪(MONS)和 4-羟基-4′-硝基芪(HONS)在氯仿溶液中的 β 值[15]。自此，HRS 技术引起了广泛关注，并成为研究有机分子体系二阶非线性光学特性的有效工具。与传统的相干 SHG 技术以及 EFISHG 技术相比，非相干的 HRS 技术不需要外加静电场，且测试过程不受样品尺寸、对称性、取向以及电荷的限制[16]，因此，除用来表征各种不同结构的有机分子外[17]，HRS 技术目前还被广泛应用于研究无机纳米颗粒的二阶非线性光学性能，成为纳米尺度的表面和界面结构表征的有效工具[18,19]。另外，HRS 方法获得的 β 值是所有方向的张量平均，因此可通过去极化 HRS 技术确定 β 值的各个具体分量[20]。而这些都是相干 EFISHG 技术无法做到的。

图 5-2 所示是我国东南大学崔一平教授研究组研发的经典型 HRS 实验基本装置图[21]。Nd∶YAG 激光器输出的脉冲激光经两片偏振棱镜和半波片调制后，形成垂直极化的偏振光；一部分激光被引至快速光电二极管，用以监测激光强度的涨落，而其余光经高通滤光片和中性衰减片滤去泵浦背景光，使能量衰减至 3 mJ/脉冲以下，再用平凸镜将激光聚集至圆柱型样品池；所产生的散射光由非球面聚光镜、低通滤光片及平凸镜所组成的共轴系统收集，并经过干涉滤光片后成像至光电倍增管光阴极，示波器用来监控信号的波形；最后，来自快速光电二极管的参考信号(I_ω)与来自光电倍增管的 HRS 信号($I_{2\omega}$)分别输入 Boxcar 采样分析器的两个通道后，由计算机根据式(5-2)对所测得的数据进行处理，即可获得分子的 β 值。

$$I_{2\omega} = G(N_1\beta_1^2 + N_2\beta_2^2)I_\omega^2 \tag{5-2}$$

式中，G 为仪器因子，包括局域场修正因子；N_1 和 N_2 分别指样品分子和溶剂分子的浓度；β_1 和 β_2 分别指样品分子和溶剂分子的二阶非线性光学系数。根据实验方法的不同，HRS 实验数据处理方式也有所区别，一般来说有内参法和外参法两种。内参法以溶剂分子的 β 值作为参比，对系统的灵敏性要求高，当 β_1 和 β_2 相差较大时，会出现明显的实验误差。相反，外参法以已知的一种样品分子的 β 值作为参比，实验结果精确度可得到提高，但由于要保证 G 因子在测试过程中一直保持不变，因此实验的操作难度也会相应增加[22, 23]。

相对于 EFISH 方法，HRS 方法虽然具有很大的技术优势，但在 β 值的测量准确度上稍显不足。此外，科学家们研究表明，在强激光激发下，样品的双光子荧光(two-photon fluorescence，TPF)会对 HRS 实验结果造成很大的负面影响[24]。为了消除该影响，Noordman 等利用 HRS 信号与 TPF 信号在时域特性上存在的差异，发展了时间分辨 HRS 技术来区分这两种信号[25]。Clays 等则以飞秒超快激光作为激发光源，通过高频调解将 HRS 信号与 TPF 信号有效分开，可以获得较为准确的测试结果[26, 27]。而 Hsu 等采取的解决方案是利用单色仪首先测定 TPF 信号的强度，然后在 HRS 信号中将其扣除[28]。近年来，激光技术和检测手段的不断发展和进

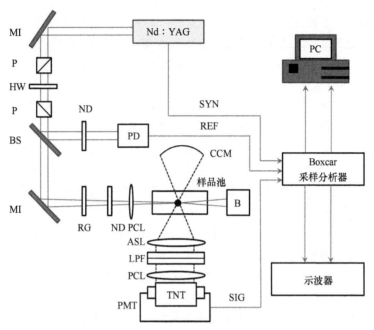

图 5-2　超瑞利散射装置图[21]

ASL：非球面聚光镜；B：吸收靶；BS：光束分离器；CCM：凹面镜；HW：半波片；TNT：干涉滤光片；LPF：低通滤光片；MI：全反镜；ND：中性衰减片；P：偏振棱镜；PCL：平凸镜；PD：快速光电二极管；PMT：光电倍增管；REF：参考信号；RG：高通滤光片；SYN：同步信号；PC：个人计算机

步，也大幅度地提升了 HRS 技术的测量灵敏度和精度[29]。例如，Campo 等采用千赫兹重复率连续可调的皮秒光学参量放大器成功搭建了一套高灵敏度 HRS 测量装置，此装置可利用增强型电荷耦合器件实施单光子敏感的平行检测，能够成功消除多光子荧光的影响，获得更大的信噪比，实现 β 值的精确测量[30]。

5.2　宏观二阶非线性光学效应的测试

　　目前，宏观二阶非线性光学效应测量方法主要包括：二次谐波产生（SHG）法，衰减全反射法（ATR 法），椭圆偏光法[Teng-Man（T-M）简单反射法]，以及空间马赫-曾德尔（Mach-Zehnder）干涉法（M-Z 法）[31]。SHG 测试方法主要基于倍频效应测得材料的宏观二阶非线性光学系数（d），而其他三种测试方法则根据折射率的变化测得材料的电光系数（γ）。虽然获得 d 与 γ 值的波长、频率并不相同，但两者之间仍存在关联，根据双能级模型可推导出对方的数值。在 γ 的各个方向的矢量中，只有 γ_{33} 和 γ_{31}（γ_{13}）的值是非零的，其中数字 3 和 1 分别代表垂直薄膜表面和平行薄膜表面的两个方向。通常来说，两者之间的比值关系为：$\gamma_{33} \geqslant 3\gamma_{31}$。根据自由气体模型，只有当极化效率非常小的情况下，两者的比值才能接近于 3。因此，在材料设计以及实际器件应用过程中，人们通常都采用 γ_{33} 的数值来衡量材料宏观电光活性的大小。其中，γ_{33} 的大小与生色团分子的 β 值直接相关，如式(5-3)所示：

$$\gamma_{33} = \frac{2N\beta f_\omega \langle \cos^3\theta \rangle}{n^4} = \frac{2N\mu\beta f_0 f_\omega E}{5kTn^4} \tag{5-3}$$

式中，N 为生色团分子的线密度；β 为分子二阶非线性光学系数；f_0 和 f_ω 分别为零频和基频的局域光场修正因子；$\langle \cos^3\theta \rangle$ 为取向因子；μ 为偶极矩；k 为 Boltzmann 常量；T 为极化温度；n 为折射率；E 为电场强度[9]。

通常，各向同性的非线性光学材料并不具备电光活性，实现宏观非中心对称结构是有机材料获得电光活性的关键。目前来看，使各向同性的生色团分子具备统计学各向异性的方法主要有 L-B 膜技术、自组装定向生长技术以及电场极化技术。其中，最常见也是最有效的一种方法是电场极化，主要分为电晕极化和接触极化两种方式(图 5-3)，且各具优缺点。电晕极化是一种非接触极化方式，通过针状电极施加高电压(1～10 kV)，使周边空气电离并形成电晕环，从而对薄膜进行极化。电晕极化的优点在于施加电场的强度可达到上千伏，而且极化面积较大。但其装置与机制很难精确地控制所施加电场的强度变化及极化进程，而且在聚合物薄膜表面容易存在电场分布不均的问题[32]。通过在针状电极下方引入金属筛网，在一定程度上可改善施加电场均匀性的问题。相反，接触极化是通过在聚合物薄膜表面蒸镀金属电极后直接施加电场进行极化，电场均匀分布且精确可控。但该方法的局限性是：在极化过程中，处于玻璃化转变状态的生色团分子在发生取向排列后会导致漏电流急剧增加，造成薄膜局部区域温度过高，进而发生热电击穿现象[33]。因此，在接触极化过程中，所施加极化电场的强度通常会受到二阶

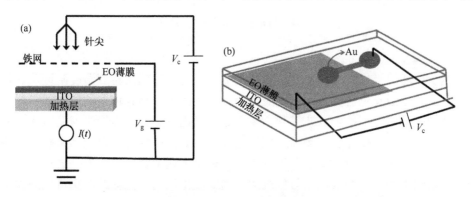

图 5-3 传统电场极化示意图

(a)电晕极化；(b)接触极化

ITO：氧化铟锡；V_c：极化电压

非线性光学材料介电常数大小的限制。为此，美国华盛顿大学的 Jen 研究小组通过在极化膜与电极之间引入二氧化钛(TiO_2)作为缓冲层，可有效抑制漏电流及短路现象的发生，较大程度地提高非线性材料在极化过程中的稳定性[34]。

最近，Jen 研究小组还报道了以热电晶体如铌酸锂(LN)和钽酸锂(LT)晶体取代传统的直流静电场作为极化电场，实现对电光高分子薄膜的有效极化[35]。如图 5-4 所示，这种热释电极化方法无需外加电场，只需通过加热热电晶体(生色团分子玻璃化转变温度附近)即可在高分子薄膜表面产生有效电场($50\sim350$ V/μm)，进而诱导生色团分子的取向排列，获得可比拟传统接触极化的极化效率和电光效应。这种极化方法不仅提高了极化过程的便利性，还增强了有机材料在极化过程中的稳定性。尤为突出的是，它可以与有机-无机纳米杂化波导器件平台相结合，实现对多个波导器件的同步极化，极大地提高了工作效率。在此研究基础上，该研究小组还发现这种热释电极化方法所产生的漏电流几乎为零，因而在极化过程中热电击穿的概率得到显著降低[36]。此外，极化不受膜厚的限制，能够有效极化毫米级别的厚膜。上述研究结果表明，热释电极化方法在二阶非线性光学领域具有巨大的应用前景。

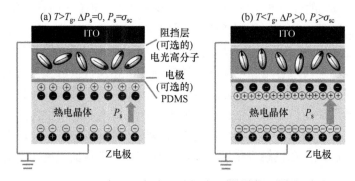

图 5-4　热电晶体极化示意图[35]

T: 加热温度；T_g: 玻璃化转变温度；P_s: 自发极化电荷数；σ_{sc}: 表面屏蔽电荷数

基于电场的极化方式都需要将极化膜加热至材料玻璃化转变温度附近。这是因为只有高分子发生链段运动，才能使偶极生色团组分具有较大的自由体积，从而在外加电场作用下发生取向排列，因此这类极化方法又统称为热辅助极化。但鉴于电光高分子的高弹态，热辅助极化过程容易受到多种击穿效应的影响，如热电击穿、热击穿、自由体积击穿等[37, 38]。为避免上述击穿效应，人们尝试通过光诱导的方式来进行辅助极化。与传统的热辅助极化相比，光辅助极化可以施加更高的电场，进而获得更高的极化效率。美国华盛顿大学 Dalton 等尝试将 CLD 类生色团掺杂到偶氮类高分子 DR1-*co*-PMMA 体系中，利用光辅助极化成功获得了具有高极化效率及较高电光效应的薄膜材料[39]。近来，Jen 等通过在聚合物主链上引入光活性三唑啉基团，也设计出一种新型的光辅助极化方法。如图 5-5 所示，三唑啉基团经紫外线照射可发生分解反应，释放出氮气并转化为氮丙啶[40]。这一反应过程可导致聚合物主链构型发生变化从而产生一定的自由体积，便于生色团组分的极化。与传统的偶氮基团光诱导极化相比，这种设计可实施更大面积范围（$>10\ mm^2$）且均匀有效的极化。而且，它对紫外线强度的要求较低，只需 $1 \sim 3\ mW/cm^2$，因此普通手提紫外灯即可引发反应，从而可有效降低生色团分子在紫外线辐射下发生光降解的可能性。

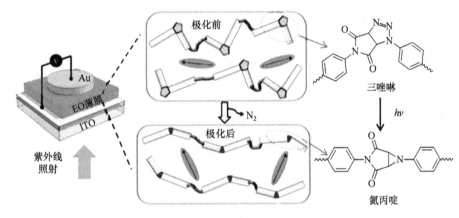

图 5-5　光辅助极化示意图[38]

5.2.1　二次谐波产生法

二次谐波产生法与 EFISH 原理相似，即根据极化高分子产生的倍频信号强弱来评价材料的宏观二阶非线性光学系数（d_{33}）的大小。图 5-6 所示是中国科学院有机固体重点实验室叶成研究员课题组所研制出的同步极化及原位二次谐波测试系统[41]。其测试原理是由 Nd：YAG 激光器输出的光束经分束镜分成两束，一束入射到待测的非线性光学材料样品上（样品被固定在槽内，其平面与入射激光束呈 45°角），另一束经全反镜后则入射到标准样品石英晶体上。穿过样品产生的出射光经滤光片除去基频光后，再由具有低暗电流和高信噪比的光电倍增管接收倍频光并加以阶前放大以改善其传输特性。信号再经过一个主放大器进行进一步的放大和脉冲成形，发生二级放大，从而实现对光强很弱的倍频光的检测，最终再由计算机来对数据进行采集和处理。该系统采用电晕极化实现了有机生色团组分的取向排列，并通过布置三个针状电极来扩大极化面积以改善极化均匀性。三个针状电极呈正三角形排列，距金属筛网约 0.8 cm。筛网的引入可以使极化电场进一步均匀化，它与薄膜之间的距离约为 0.5 cm。此外，通过在极化室装备热电偶和电流反馈线把温度和极化电流经 A/D 板反馈到计算机，并在每分钟 30 次的采样频率下取其平均值作为一个数据点，进而同步输出温度和极化电流随时间改变的变化曲线和数据文件，实现同步极化及原位测量。

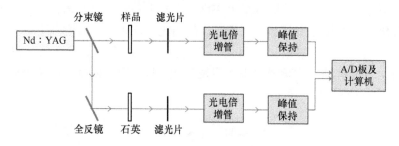

图 5-6　同步极化及原位二次谐波测试系统[41]

实验测得薄膜样品 SHG 信号(I_s)后需代入式(5-4)进行换算即可得到宏观二阶非线性光学系数(d_{33})[42]：

$$\frac{d_{33,s}}{d_{11,q}} = \frac{\chi_s^{(2)}}{\chi_q^{(2)}} = \sqrt{\frac{I_s}{I_q}}\frac{l_{c,q}}{l_s}F \tag{5-4}$$

式中，$d_{11,q}$ 是标准石英晶体的 d_{11} 值，为 0.5 pm/V；$l_{c,q}$ 是石英晶体的干涉长度，为 20.6 μm；l_s 为测试样品的薄膜厚度；F 为仪器校正因子，近似取 1.2。基于此，在测得薄膜样品 SHG 信号(I_s)后，再与标准石英晶体的 SHG 信号(I_q)进行对比，即可求得 d_{33} 值。此时，若在光路中引入起偏片就可测得在不同偏振光下的 d_{33} 值。

5.2.2　衰减全反射法

衰减全反射(attenuated total reflection, ATR)是指入射光在密-疏介质界面上发生全反射时，由于光疏介质中存在某种特殊结构，入射光迅速耦合到光疏介质中，造成全反射的光强发生剧邃衰减的现象。1989 年，衰减全反射法，又简称 ATR 法，首次被用于测试聚合物薄膜的宏观二阶非线性光学系数($\chi^{(2)}$)[43, 44]，而后被发展为二阶非线性光学性能表征的一种主要测试手段，其特点是精确度较高，且可以同时检测出 γ_{33} 和 γ_{13}[45]。传统的 ATR 法测试装置如图 5-7 所示[31]，激光束经半波片形成偏振光后入射到棱镜的一个光学表面上，随后发生折射进入棱镜并在棱镜的基面发生全反射现象。然后，从棱镜另一光学表面发出全反射光，再由光电探测器收集该信号，经锁定放大器放大后，最终由计算机进行信号采集和数据处理[46]。该测试技术的原理主要是利用棱镜耦合技术测量入射偏振光在棱镜与样品界面的全反射光强随电场的变化，即当入射角处于 ATR 吸收峰某一固定点时，任何因非线性光学效应而产生的共振角移动都会引起全反射光强的变化[47]。因此，通过比较有无电场作用时所产生反射光强的振幅变化(ΔR)，进而根据式(5-5)

和式(5-6)便可换算出所测试样品的电光系数[31]。

$$\Delta R_{s} = \frac{\partial R_{s}}{\partial d} \Delta l - \frac{\partial R_{s}}{\partial n_{ef}} \cdot \frac{1}{2} n^{3} E \gamma_{13} \tag{5-5}$$

$$\Delta R_{p} = \frac{\partial R_{p}}{\partial d} \Delta l - \frac{\partial R_{p}}{\partial n_{ef}} \cdot \frac{1}{2} n^{3} E (\gamma_{13} + \gamma_{33}) \tag{5-6}$$

式中，ΔR_{s} 和 ΔR_{p} 分别为法向分量(S)和切向分量(P)偏振光的反射光强在有无电场作用下的振幅变化(ATR 交流电信号)；R_{s} 和 R_{p} 分别指法向分量(S)和切向分量(P)偏振光的反射光强(ATR 直流电信号)；d 为光栅常数；l、n 和 E 分别为膜厚、折射率以及电场强度。鉴于共振角是薄膜折射率的灵敏函数，因此 ATR 测试方法要求样品极化膜必须具有较大的折射率，且通常要大于基底的折射率[46]。在测试过程中，需要在极化膜的上下面均镀上金属层，形成金属包覆波导，入射光线通过棱镜耦合激发波导中的导模，且每一个导模对应一个共振角。此外，通常会在聚合物薄膜和下电极之间加一缓冲层来防止电击穿现象[48]。另外，ATR 测试结果虽然对电极性质具有非常明显的依赖性，但其最大优势来源于测试过程不存在多次反射误差，因而可以测试多层薄膜的电光系数，且对激光的工作波长没有任何要求。例如，Dalton 等通过在 ATR 测试装置中引入高折射率的金红石棱镜，成功测试了极化聚合物在不同波长激发下的 γ_{33} 值[39,49]。近来，ATR 技术还被成功用于测试共轭聚合物的二次电光系数(quadratic electro-optic coefficient)，充分显示出该技术的广泛适用性[50]。

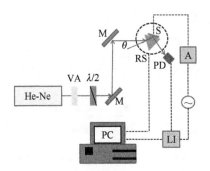

图 5-7　衰减全反射法测试装置图[31]

He-Ne：氦氖激光器；VA：变量衰减器；$\lambda/2$：半波片；M：全反镜；RS：转角仪；
θ：高折射率棱镜入射角；S：样品；PD：光电探测器；LI：锁定放大器；A：放大器；PC：计算机

5.2.3　椭圆偏光法

椭圆偏光法是利用入射偏振光经过介质时，其法向分量(S)和切向分量(P)的相位发生不同变化并导致反射光表现为椭圆偏振光，进而可通过检偏技术测量出反射光光强的变化，实现对薄膜介质折射率和厚度的测量。1990 年，Teng 和 Man 首次报道了椭圆偏光法可用来测量聚合物的电光系数，因而该方法又被称为 Teng-Man（T-M）简单反射法[51]。目前椭圆偏光法已成为最为广泛使用的极化聚合物电光系数测量方法，其特点是测试过程简单，实验灵敏性、准确性高。椭圆偏光法传统测试装置如图 5-8 所示：首先让激光经过格兰-泰勒棱镜（Glan-Taylor prism）偏振片形成初始相位和振幅相同的法向和切向两束偏振光，并沿 45°角通过测试样品薄膜，导致两束偏振光之间的相位差（Ψ_{sp}）发生变化。测试样品未经电场极化前，Ψ_{sp} 为零，其变化可以通过索累-巴比涅（Soleil-Babinet）补偿器进行调节，且随着补偿器的扫描，接收器所捕获的反射光的正弦光强会发生变化，从而获得未经调控的原始反射光信号，即 I_c。然而，当对测试样品施加一定的交流电场以诱导其发生基于电光效应的双折射率改变，再当法向和切向两束偏振光经过极化样品时，两者的振幅和相位会发生不同程度的变化进而改变原本的 Ψ_{sp}，这种变化经过锁定放大器处理后被信号接收器捕获即可输出相应的调控信号，即 I_m[51,52]。通常情况下，I_m 与 I_c 的比值与电光系数（γ_{33}）呈正比关系，可通过式（5-7）换算：

$$\gamma_{33} = 3\lambda I_m \sqrt{n^2 - \sin^2 \theta} \Big/ 4\pi I_c n_0^2 V_\pi \sin^2 \theta \tag{5-7}$$

式中，λ 为入射光波长；n 为非常光的折射率；n_0 为寻常光的折射率；θ 为入射角；V_π 为半波电压。

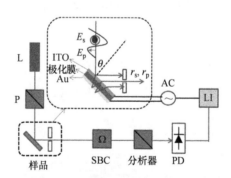

图 5-8 椭圆偏光法测试装置示意图

L：激光器；P：偏振片；SBC：索累-巴比涅补偿器；PD：光电探测器；LI：锁定放大器；AC：交流电；θ：入射角；E_s：法向入射偏振光强度；E_p：切向入射偏振光强度；r_s：法向反射偏振光；r_p：切向反射偏振光

值得说明的是，椭圆偏光法一般采用氧化铟锡（ITO）玻璃作为基底。但 ITO 在近红外波段具有很强的吸收，如果样品与 ITO 的吸收发生重叠就会对测量结果造成一定的影响。因此，为了保证结果的准确性，该测量方法的工作波长一般不超过 1.3 μm。美国西北大学 Marks 等采用铌酸锂作为研究标样，详细研究了电极透光性与所得电光系数的关系,进而利用近红外透明材料三氧化二铟(In_2O_3)作为工作电极成功解决了上述难题[53]。另外,Park 等研究发现椭圆偏光法并不能像 ATR 法那样可以测量多层叠加薄膜的电光系数,其中主要原因是在不同膜层的界面会发生多次反向反射现象,导致信号在收集时受到很大的干扰[54]。但总的来说,椭圆偏光法与 ATR 法相比更加方便快捷,且它是一种非接触性的测试方法,因此测试过程中极化薄膜的表面不会受到破坏,相反,ATR 法测试过程中极化薄膜容易受到破坏,进而影响测试的准确性。此外,椭圆偏光法的实验装置经 Dalton 研究小组改良后可实时监控不同极化温度或电场下的电光系数动态变化,从而成为监测极化进程以及评估电光效应稳定性的一种非常有效的测试手段[39]。近年来,Prorok 等则进一步改进了椭圆偏光法的测试装置,通过使用高折射率硅片作为基底,并在基底上面引入法布里-珀罗谐振腔,可同时测量出 γ_{33} 和 γ_{31} 这两个矢量,进一步弥补了传统椭圆偏光法的不足[55]。

5.2.4　马赫-曾德尔干涉法

利用空间马赫-曾德尔干涉法(M-Z 法)来测量极化聚合物的电光系数首先由 Singer 等提出[56],后经 Norwood 等的不断优化完善[57],目前也已成为研究材料二阶非线性光学性能的重要手段[58]。M-Z 法和椭圆偏光法一样,是基于干涉技术的一种测量方法,但其采用的是双波长干涉,原理是样品极化后引起材料折射率的变化,导致其中一束某波长的光经过样品时发生相位变化,进而与另外一束另一波长的光汇合后发生干涉且调控输出信号。该方法的优势是不但能够测量聚合物本身的电光系数,还能获得整个波导的电光系数,且可同时测量 γ_{33} 和 $\gamma_{31}(\gamma_{13})$ 这两个矢量参数,因而极具吸引力[57]。传统 M-Z 法的测试装置如图 5-9 所示,首先一束激光经分束器分为两束光(I_1 和 I_2),其中 I_1 经全反镜调节后沿一定入射角(θ)到达样品。调节压电陶瓷上的直流偏置电压,让干涉仪的相位偏置点分别处在 0 和 π,并得到相应的最大输出信号(I_{max})和最小输出信号(I_{min}),再调制偏置电压使信号处于 $(I_{max}+I_{min})/2$,这样干涉仪就处在最佳相位偏置点,即 $\pi/2$。然后,在被测样品上施加交流调制电压(V_{rms}),让样品发生极化,改变折射率,进而使 I_1 相位发生变化。最终,产生的调制信号经光电探测器收集后转为电信号,再由锁定放大器放大后得到输出信号(I_{sig}),并根据式(5-8)换算出相应的 γ_{33} 和 γ_{31} 值[59]。

$$\gamma_\theta = \frac{2\lambda I_{sig}}{\pi n_\theta^3 V_{rms}(I_{max} - I_{min})} \tag{5-8}$$

式中,当 θ 为 0 时,测得的电光系数张量元 $\gamma_\theta = \gamma_{33}$;当 θ 为 $\pi/2$ 时,测得的电光系数张量元 $\gamma_\theta = \gamma_{13}$。

与椭圆偏光法一样,M-Z 法实验同样会受到多次反射以及膜厚变化的影响。

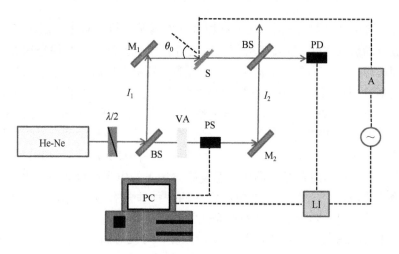

图 5-9　马赫-曾德尔干涉法测试装置图[31]

He-Ne：氦氖激光器；λ/2：半波片；BS：分束器；M：全反镜；VA：变量衰减器；PS：移相器；
S：样品；PD：光电探测器；LI：锁定放大器；A：放大器；PC：计算机；θ_0：偏振光入射角

E. Nitiss 等通过采用 Abelès 矩阵形式（Abelès matrix formalism）处理数据，成功消除了上述影响，但是整个处理过程相对比较复杂[60]。另外，压电效应也是影响 M-Z 法测量准确性的重要因素。为此，Greenlee 等通过开发一种新型干涉仪装置，可成功去除电光系数张量分量中来自压电效应的部分，获得精确的电光系数[61]。另外，他们还发现在调制频率达到 100 kHz 时，压电效应可以忽略不计，干涉仪信号的调制主要来自电光效应。

5.3　取向序参数的测定

目前来说，并不存在有效测量手段能够直接表征极化聚合物的参量$\langle \cos^3\theta \rangle$，只能通过间接的方式如偏振吸收光谱（polarized absorption spectroscopy, PAS）测定中心对称取向序参数（$\varPhi$），而 $\varPhi$ 与$\langle \cos^3\theta \rangle$基本上呈线性相关，两者关系为：$\varPhi = (3\langle \cos^3\theta \rangle - 1)/2$[62]。基于线性光的"二向色性"，一般可以根据聚合物薄膜在极化前后的紫外吸收变化来获得 $\varPhi$。这是 20 世纪 80 年代末提出的一种半定量非激光评估方法，已经成为测试极化膜取向序参数简单有效而实用的方法之一。在此基础上，我们还可以粗略估算极化膜的宏观二阶非线性光学系数[63]。对于二阶非线性光学材料，偶极生色团分子被施加电场后，会沿外加电场方向形成非中心对称排列，从而在垂直于薄膜的方向表现出各向异性，这种空间变化可导致分子紫外吸收峰发生变化。具体根据式（5-9）计算：

$$\Phi = 1 - A_1/A_0 \tag{5-9}$$

式中，A_0 和 A_1 分别为薄膜在极化前和极化后最大吸收波长（$\lambda_{\max}$）处的吸光度。有效极化程度越高，各向异性就会越明显，分子的吸光度下降的幅度就会越大，Φ 也就越大。但需要说明的是，该测试方法需要在两个前提下才能有效，一是在极化过程中生色团分子没有发生任何的降解现象，二是分子的取向排列并没有影响到其原有吸收带的整体特性。

然而，大多数 PAS 测定需要偏振光垂直入射样品，因此难以区分光谱变化是来自极化引起的取向排列还是源于光降解。为解决此难题，Graf 等开发了单偏振可变角度偏振吸收光谱（variable angle polarized absorption spectroscopy, VAPAS）测试方法[64]。VAPAS 法通过测试不同入射角度下平行于极化电场的偏振光的吸收强度，所得数值经"斯涅尔定律"和"菲涅尔反射校正"调整后，作 $\langle \cos^2\theta \rangle$ 的函数曲线，即可用来评估极化薄膜中的偶极矩取向排列。该方法的使用需要提前知道极化薄膜的准确有效折射率和膜厚，因此膜的不均一性，或者说极化后形貌的变化都会对测试结果造成一定的影响。因此，如图 5-10 所示，Robinson 等通过引入法向偏振光作为随角度变化的切向偏振光吸收的内标参比，成功开发出更为准确的可变角度偏振参照的吸收光谱（variable angle polarization referenced absorption spectroscopy, VAPRAS）[65]。在 VAPRAS 测试中，法向偏振光吸收可用来获得有效的实部折射率和虚部吸收系数，因此不需要提前知道样品的折射率，而且该方法还可以用来测试多层薄膜的取向序参数，因此非常实用且高效。

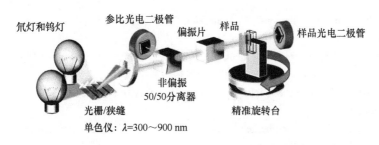

图 5-10　可变角度偏振参照的吸收光谱装置图[65]

5.4　取向稳定性的测定

在实际应用过程中，一种高性能的二阶非线性光学材料不但要具有大的宏观二阶非线性光学活性，还要具有优秀的极化取向稳定性。这意味着材料的高的二阶非线性光学效应需要在一定温度下或一段时间内保持高度稳定，不发生任何弛豫现象。目前，极化薄膜取向稳定性的测试通常采用以下两种方法：一种是通过去极化实验测定去极化曲线并获得去极化温度，即控制一定的升温速度，实时同步检测极化薄膜的二阶非线性光学系数随温度升高的变化；另外一种则是长期热稳定性实验，即设置一定的温度(实际应用要求在 85 ℃)，跟踪监测极化薄膜的二阶非线性光学系数在此温度下随时间的变化。提高二阶非线性光学材料的取向稳定性的方法如前面章节所介绍，一般而言有两种：一是将有机生色团分子通过共价键嵌入到高玻璃化转变温度的主体高分子，如聚酰亚胺、聚喹啉中；二是形成交联型高分子[9]。

5.5 本章小结

本章系统总结了有机高分子材料的微观分子二阶非线性光学系数和宏观二阶非线性光学效应的测试方法及其基本原理。发展至今，分子二阶非线性光学系数主要有电场诱导二次谐波产生和超瑞利散射这两种测试方法，而宏观二阶非线性光学效应的测试方法则更加多样化，包括二次谐波产生法、衰减全反射法、椭圆偏光法以及马赫-曾德尔干涉法。此外，我们还简单介绍了材料取向序参数和取向稳定性的测试方法。

参 考 文 献

[1] Franken P A, Hill A E, Peters C W, Weinreich G. Generation of optical harmonics. Phys Rev Lett, 1961, 7: 118-119.

[2] Armstrong J A, Bloembergen N, Ducuing J, Pershan P S. Interactions between light waves in a nonlinear dielectric. Phys Rev, 1962, 127: 1918-1939.

[3] Bloembergen N, Pershan P S. Light waves at the boundary of nonlinear media. Phys Rev, 1962, 128: 606-622.

[4] Lee C H, Chang R K, Bloembergen N. Nonlinear electroreflectance in silicon and silver. Phys Rev Lett, 1967, 18: 167-169.

[5] Aktsipetrov O A, Fedyanin A A, Dadap J I, Downer M C. DC-electric-field-induced second-harmonic generation studies of surfaces and buried interfaces of column Ⅳ semiconductors. Laser Physics, 1996, 6: 1142-1151.

[6] Finn R S, Ward J F. Measurements of hyperpolarizabilities for some halogenated methanes. J Chem Phys, 1974, 60: 454-458.

[7] Singer K D, Garito A F. Measurements of molecular second order optical susceptibilities using dc induced second harmonic generation. J Chem Phys, 1981, 75: 3572-3580.

[8] Lalama S J, Singer K D, Garito A F, Desai K N. Exceptional second-order nonlinear optical susceptibilities of quinoid systems. Appl Phys Lett, 1981, 39: 940-942.

[9] Dalton L R, Sullivan P A, Bale D H. Electric field poled organic electro-optic materials: State of the art and future prospects. Chem Rev, 2010, 110: 25-55.

[10] Burland D M, Walsh C A, Kajzar F, Sentein C. Comparison of hyperpolarizabilities obtained with different experimental methods and theoretical techniques. J Opt Soc Am B, 1991, 8: 2269-2281.

[11] Terhune R W, Maker P D, Savage C M. Measurements of nonlinear light scattering. Phys Rev Lett, 1965, 14: 681-684.

[12] Cyvin S J, Rauch J E, Decius J C. Theory of hyper-Raman effects (nonlinear inelastic light scattering): Selection rules and depolarization ratios for the second-order polarizability. J Chem Phys, 1965, 43: 4083-4095.

[13] Giordmaine J A. Nonlinear optical properties of liquids. Phys Rev, 1965, 138: 1599-11606.

[14] Bersohn R, Pao Y H, Firish H L. Double quantum light scattering molecules. J Chem Phys, 1966, 45: 3184-3198.

[15] Clays K, Persoons A. hyper-Rayleigh scattering in solution. Phys Rev Lett, 1991, 66: 2980-2983.

[16] Clays K, Hendrickx E, Triest M, Vwebiest T, Persoons A, Dehu C, Brédas J L. Nonlinear optical properties of proteins measured by hyper-Rayleigh scattering in solution. Science, 1993, 262: 1419-1422.

[17] Zyss J, Ledoux I. Nonlinear optics in multipolar media: Theory and experiments. Chem Rev, 1994, 94: 77-105.

[18] Vance F W, Lemon B I, Ekhoff J A, Hupp J T. Interrogation of nanoscale silicon dioxide/water interfaces via hyper-Rayleigh scattering. J Phys Chem B, 1998, 102: 1845-1848.

[19] 张宇, 汪昕, 马明, 付德刚, 刘举正, 顾宁, 陆祖宏, 徐岭, 陈坤基. 无机纳米粒子的二阶光学非线性研究进展. 无机化学学报, 2002, 18: 1177-1184.

[20] Heesink G J T, Ruiter A G T, van Hulst N F, Bölger B. Determination of hyperpolarizability tensor components by depolarized hyper rayleigh scattering. Phys Rev Lett, 1993, 71: 999-1002.

[21] 汪昕, 崔一平. 研究分子非线性光学特性的新技术——超瑞利散射技术. 中国激光, 1999, 26: 15-20.

[22] Hendricks E, Clays K, Persoons A. Hyper-Rayleigh scattering in isotropic solution. Acc Chem Res, 1998, 31: 675-683.

[23] 成济奇. 非线性光学材料的超瑞利散射研究. 南京: 东南大学硕士学位论文, 2000.

[24] Flipse M F, Dejonge R, Woudenberg R H, Marsman A W, van Walree C A, Jenneskens L W. The determination of first hyperpolarizabilities β using hyper-Rayleigh scattering: A caveat. Chem Phys Lett, 1995, 245: 297-303.

[25] Noordman O F J, van Hulst N F. Time-resolved hyper-Rayleigh scattering: Measuring first hyperpolarizabilities of fluorescent molecules. Chem Phys Lett, 1996, 253: 145-150.

[26] Clays K, Olbrechts G, Munters T, Persoons A, Kim O K, Choi L S. Enhancement of the molecular hyperpolarizability by a supramolecular amylose-dye inclusion complex, studied by hyper-Rayleigh scattering with fluorescence suppression. Chem Phys Lett, 1998, 293: 337-342.

［27］Olbrechts G, Strobbe R, Clays K, Persoons A. High-frequency demodulation of multi-photon fluorescence in hyper-Rayleigh scattering. Rev Sci Instrum, 1998, 69: 2233-2241.

［28］Hsu C H, Huang T H, Zang Y L, Lin J L, Cheng Y Y, Lin J T, Wu H H, Wang C H, Kuo C T, Chen C H. Hyperpolarizabilities of the *m*-substituent phenyl amine based chromophores determined from the hyper-Rayleigh scattering and two photon absorption induced fluorescence. J Appl Phys, 1996, 80: 5996-6001.

［29］Shelton D P. Accurate hyper-Rayleigh scattering polarization measurements. Rev Sci Instrum, 2011, 82: 113103.

［30］Campo J, Desmet F, Wenseleers W, Goovaerts E. Highly sensitive setup for tunable wavelength hyper-Rayleigh scattering with parallel detection and calibration data for various solvents. Opt Express, 2009, 17: 4587-4604.

［31］Nitiss E, Bundulis A, Tokmakov A, Busenbergs J, Linina E, Rutkis M. Review and comparison of experimental techniques used for determination of thin film electrooptic coefficients. Phys Status Solidi A, 2015, 212: 1867-1879.

［32］Hill R A, Knoesen A, Mortazavi M A. Corona poling of nonlinear polymer thin films for electro-optic modulators. Appl Phys Lett, 1994, 65: 1733-1735.

［33］DeRose C T, Enami Y, Loychik C, Norwood R A, Mathine D, Fallahi M, Peyghambarian N, Luo J D, Jen A K Y, Kathaperumal M, Yamamoto M. Pockel's coefficient enhancement of poled electro-optic polymers with a hybrid organic-inorganic sol-gel cladding layer. Appl Phys Lett, 2006, 89: 131102-131103.

［34］Huang S, Kim T D, Luo J, Hau S K, Shi Z, Zhou X H, Yip H L, Jen A K Y. Highly efficient electro-optic polymers through improved poling using a thin TiO_2 modified transparent electrode. Appl Phys Lett, 2010, 96: 243311.

［35］Huang S, Luo J, Yip H L, Ayazi A, Zhou X H, Gould M, Chen A, Baehr-Jones T, Hochberg M, Jen A K Y. Efficient poling of electro-optic polymers in thin films and silicon slot waveguides by detachable pyroelectric crystals. Adv Mater, 2012, 24: 42-47.

［36］Huang S, Luo J, Jin Z, Li M, Kim T D, Chen A, Jen A K Y. Spontaneously poling of electro-optic polymer thin films across a 1.1 mm thick glass substrate by pyroelectric crystals. Appl Phys Lett, 2014, 105: 183305.

［37］Sprave M, Blum R, Eich M. High electric field conduction mechanisms in electrode poling of electro-optic polymers. Appl Phys Lett, 1996, 69: 2962-2964.

［38］Blum R, Sprave M, Sablotny J, Eich M. High-electric-field poling of nonlinear optical polymers. J Opt Soc Am B, 1998, 15: 318-328.

［39］Olbricht B C, Sullivan P A, Wen G A, Mistry A A, Davies J A, Ewy T R, Eichinger B E, Robinson B H, Reid P J, Dalton L R. Laser-assisted poling of binary chromophore materials. J Phys Chem C, 2008, 112: 7983-7988.

［40］Li M, Jin Z, Cernetic N, Luo J, Cui Z, Jen A K Y. Photo-induced denitrogenation of triazoline moieties for efficient photo-assisted poling of electro-optic polymers. Polym Chem, 2013, 4: 4434-4441.

［41］朱培旺, 王鹏, 赵开盛, 叶成. 同步极化聚合及原位二次谐波测试系统的研制. 高技术通

讯, 1999, 10: 35-38.

[42] Dalton L R, Xu C, Harper A W, Chosn R, Wu B, Liang Z, Montgomery R, Jen A K Y. Development and application of organic electro-optic modulators. Mol Cryst Liq Cryst Sci Technol Sect B: Nonlinear Opt, 1995, 10: 383-407.

[43] Dentan V, Levy Y, Dumont M, Robin P, Chastaing E. Electrooptic properties of a ferroelectric polymer studied by attenuated total reflection. Optics Commun, 1989, 6: 379-383.

[44] Horsthuis W H G, Krijnen G J M. Simple measuring method for electro-optic coefficients in poled polymer waveguides. Appl Phys Lett, 1989, 55: 616-618.

[45] Herminghaus S, Smith B A, Swalen J D. Electro-optic coefficients in electric-field-poled polymer waveguides. J Opt Soc Am B, 1991, 8: 2311-2317.

[46] 潘侃凯. 基于衰减全反射技术测量有机聚合物二阶非线性光学性质方法的研究. 上海: 复旦大学硕士学位论文, 2009.

[47] 袁波, 曹庄琪, 窦晓鸣. 极化聚合物薄膜电光系数的实时测量光电工程. 光电工程, 2001, 28: 43-45.

[48] Jiang Y, Cao Z, Shen Q, Dou X, Chen Y. Improved attenuated-total-reflection technique for measuring the electro-optic coefficients of nonlinear optical polymers. J Opt Soc Am B, 2000, 17: 805-808.

[49] Davies J A, Elangovan A, Sullivan P A, Olbricht B C, Bale D H, Ewy T R, Isborn C M, Eichinger B E, Robinson B H, Reid P J, Li X, Dalton L R. Rational enhancement of second-order nonlinearity: Bis-(4-methoxyphenyl)hetero-aryl-amino donor-based chromophores: Design, synthesis, and electrooptic activity. J Am Chem Soc, 2008, 130: 10565-10575.

[50] Zhu X, Deng X, Li H, Cao Z, Shen Q, Wei W, Liu F. Simultaneous evaluation of the linear and quadratic electro-optic coefficients of the nonlinear optical polymer by attenuated-total-reflection technique. J Appl Phys, 2001, 109: 103105.

[51] Teng C C, Man H T. Simple reflection technique for measuring the electro-optic coefficient of poled polymers. Appl Phys Lett, 1990, 56: 1734-1736.

[52] 徐建东, 杨昆, 刘树田, 李淳飞. 椭偏法测量极化聚合物的电光系数. 中国激光, 1995, 22: 661-665.

[53] Wang L, Yang Y, Marks T J, Liu Z, Ho S T. Near-infrared transparent electrodes for precision Teng-Man electro-optic measurements: In$_2$O$_3$ thin-film electrodes with tunable near-infrared transparency. Appl Phys Lett, 2005, 87: 161107.

[54] Park D H, Lee C H, Herman W N. Analysis of multiple reflection effects in reflective measurements of electro-optic coefficients of poled polymers in multilayer structures. Opt Express, 2006, 14: 8866-8884.

[55] Prorok S, Petrov A, Eich M, Luo J, Jen A K Y. Modification of a Teng-Man technique to measure both γ_{33} and γ_{13} electro-optic coefficients. Appl Phys Lett, 2014, 105: 13302.

[56] Singer K D, Kuzyk M G, Holland W R, Sohn J E, Lalama S J, Comizzoli R B, Katz H E, Schilling M L. Electro-optic phase modulation and optical second-harmonic generation in corona-poled polymer films. Appl Phys Lett, 1988, 53: 1800-1802.

[57] Norwood R A, Kuzyk M G, Keosian R A. Electro-optic tensor ratio determination of side-chain

copolymers with electro-optic interferometry. J Appl Phys, 1994, 75: 1869-1874.

[58] Liu J, Xu G, Liu F, Kityk I, Liu X, Zhen Z. Recent advances in polymer electro-optic modulators. RSC Adv, 2015, 5: 15784-15794.

[59] 王义平, 陈建平, 李新碗, 洪建勋, 张晓红, 周俊鹤, 叶爱伦. 光纤马赫-曾德尔干涉法测量极化聚合物的电光系数. 光学学报, 2005, 25: 1339-1342.

[60] Nitiss E, Rutkis M, Svilans M. Electrooptic coefficient measurements by Mach-Zehnder interferometric method: Application of Abelès matrix formalism for thin film polymeric sample description. Opt Commun, 2013, 286: 357-362.

[61] Greenlee C, Guilmo A, Opadeyi A, Himmelhuber R, Norwood R A, Fallahi M, Luo J, Huang S, Zhou X H, Jen A K Y, Peyghambarian N. Mach-Zehnder interferometry method for decoupling electro-optic and piezoelectric effects in poled polymer films. Appl Phys Lett, 2010, 97: 041109.

[62] Rommel H L, Robinson B H. Orientation of electro-optic chromophores under poling conditions: A spheroidal model. J Phys Chem C, 2007, 111: 18765-18777.

[63] Mortazavi M A, Knoesen A, Kowel S T, Higgins B G, Dienes A. Second-harmonic generation and absorption studies of polymer-dye films oriented by corona-onset poling at elevated temperatures. J Opt Soc Am B, 1989, 6: 733-741.

[64] Graf H M, Zobel O, East A J, Haarer D. The polarized absorption spectroscopy as a novel method for determining the orientational order of poled nonlinear optical polymer films. J Appl Phys, 1994, 75: 3335-3339.

[65] Olbricht B C, Sullivan P A, Dennis P C, Hurst J T, Johnson L E, Benight S J, Davies J A, Chen A, Eichinger B E, Reid P J, Dalton L R, Robinson B H. Measuring order in contact-poled organic electrooptic materials with variable-angle polarization-referenced absorption spectroscopy (VAPRAS). J Phys Chem B, 2011, 115: 231-241.

第**6**章

二阶非线性光学材料的应用

二阶非线性光学材料主要应用在以下两个方面[1]：一是进行光波频率的转换，即通过所谓的倍频、和频、差频效应，以及光学参数振荡等方式，拓宽激光波长的范围，开辟新的激光光源与可调谐激光器；二是进行光信号处理，如进行控制、开关、偏转、放大、计算、存储等，制备电光波导、开关、调制器等光通信器件。

借助可调谐激光，通过非线性光学材料倍频与和频发生，可以极大地拓宽激光光谱区范围，使其激光波长达到紫外、远紫外光谱区；差频发生则可以获得中红外和远红外以及毫米波段的相干光源，在某些特定的条件下，也可用来获得可见光区的可调谐高功率激光辐射。

6.1 二阶非线性光学材料的应用概述

利用非线性光学材料的混频、电光、光参量振荡和放大等效应，可制造出如混频器、光调制器、光开关、光信息存储器及光限制器等进行光信息和图像处理的重要元器件。这些器件可采用光子来代替电子进行数据的采集、存储和加工，使电子学向光子学发展[2]。

二阶非线性光学效应还被广泛应用于光通信、光计算、光信息处理、光存储及全息术、激光加工、激光医疗、激光印刷、激光影视、激光仪器、激光受控热核反应与激光分离同位素、激光制导、测距与定向能武器等诸多方面[3]。表 6-1 列举了一些有代表性的非线性光学效应及其应用[3]。由此可见，对非线性光学进行研究不仅具有重大的理论意义，而且具有重要的现实意义。本章将基于二阶非线性光学材料的不同二阶非线性光学效应(包括二次谐波产生、光整流、和频与差频、光参量放大与振荡、线性电光效应等），主要介绍二阶非线性光学材料在激光频率转换以及电光波导、开关、调制器等方面的应用。

表 6-1　具有代表性的非线性光学效应及其应用

宏观极化率	效应	应用
$\chi^{(1)}$	折射	光纤、光波导等
$\chi^{(2)}$	二次谐波产生 $(\omega + \omega \rightarrow 2\omega)$	倍频器
	光整流 $(\omega - \omega \rightarrow 0)$	杂化双稳器
	光混频 $(\omega_1 + \omega_2 \rightarrow \omega_3)$	紫外激光器
	参量放大 $(\omega \rightarrow \omega_1 + \omega_2)$	红外激光器
	Pockels 效应 $(\omega + 0 \rightarrow \omega)$	电光调制器
$\chi^{(3)}$	三次谐波产生 $(\omega + \omega + \omega \rightarrow 3\omega)$	三倍倍频器
	直流二次谐波产生 $(\omega + \omega + 0 \rightarrow 2\omega)$	分子非极性电极化率(β)的测定
	Kerr 效应 $(\omega + 0 + 0 \rightarrow \omega)$	超高速光开关
	光学双稳态 $(\omega + \omega - \omega \rightarrow \omega)$	光学存储器、光学运算元件
	光混频 $(\omega_1 + \omega_2 + \omega_3 \rightarrow \omega_4)$	拉曼分光

探索与发展新型光电材料，制备高性能、集成化的光电子器件，已经成为整个光电子科技领域的前沿和重要研究课题，积极开展这一领域的研究，对促进我国经济、社会和科技，以及军事等领域的发展都具有重要的战略意义[3]。

6.2　非线性光学频率转换及其应用

6.2.1　光学二次谐波

二次谐波产生（SHG）又称倍频效应。光学二次谐波（光学倍频）是最早发现的非线性光学现象。1961 年 Franken 等发现倍频现象，首次利用石英晶体将红宝石激光器发出的波长为 694.3 nm 的激光转变成波长为 347.2 nm 的倍频激光。这一现象的发现，不仅标志着非线性光学的诞生，而且强有力地促进了非线性光学理论和应用的迅速发展。

光倍频器是在实际中应用最广的非线性光学器件。常见的光学倍频过程如图 6-1 所示，将频率为 ω 的单色平面光波通过长度为 L 的非线性光学材料，产生频率为 2ω 的倍频光，这就称为二次谐波产生（SHG）。在诸多非线性光学效应中，倍频效应是最引人关注的效应之一，也是研究进行得最早最深入、开发应用最广泛的非线性光学效应。利用非线性材料的倍频效应可以拓宽激光波段,这样可以使激光得到更有效的利用。例如,Nd:YAG 激光器输出的波长为 1064 nm 的红外激光通过倍频材料后,所产生的波长为 532 nm 的倍频光,即绿光,可用于眼科医疗、水下摄影和激光测距等方面[4]。再一次倍频可以产生波长为 266 nm 的

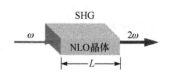

图 6-1 光学倍频过程

紫外光。发绿光的激光棒就是在半导体激光输出红光的基础上,前端加上一个倍频晶体来实现的。

再如,在激光显示方面,利用非线性光学的频率转换方法拓展其波长范围可用于获得激光电视的红绿蓝三基色光。传统的频率转换是采用三台近红外激光器和三块非线性光学晶体实现的;而采用一块准周期结构的光学超晶格,就可以同时实现三基色的输出。2008 年,南京大学的研究人员利用半导体激光泵浦的掺 Nd^{3+} 激光晶体双波长激光器作为基波光源,照射一块级联结构的准周期光学超晶格,通过对其 1319 nm 输出的激光倍频和三倍频分别得到红光(660 nm)、蓝光(440 nm),对 1064 nm 输出光倍频得到绿光(532 nm),调节晶体温度以调节三色光的分配,制成了功率大于 1W 的全固态三基色准白光激光器[5]。这种新型准周期光学超晶格全固态三基色的激光器在激光显示上有很大应用前景。

寻找与合成性能优异的新型非线性光学材料是非线性光学领域一个非常重要的课题。光学倍频材料应用非常广泛,已实现了从紫外到可见甚至红外光区的倍频应用。对于紫外波段,我国学者陈创天等在 20 世纪 80 年代发现了被誉为“中国牌晶体”的非线性光学晶体,如 BBO、LBO、KBBF 等,其中 KBBF 晶体甚至可用于深紫外波段,实现了 170.0 nm 以上的倍频波长输出,这也是少有的、困惑了美国 15 年之久的、我国对美国等国家技术封锁的“卡脖子技术”之一[6];对于可见和近红外基波入射的情况而言,常采用的非线性倍频材料有 KDP、KTP、BIBO、ADP、CDA、RDA、RDP、$LiNbO_3$、$KNbO_3$、$LiIO_3$ 等晶体,由基波向谐波的能量或功率转换率可高达 30%~50%,谐波辐射处于可见和近紫外区;对于中红外基波(如 10 μm 辐射)入射来说,常采用 Ag_3AsS_3、$CdGeAs_2$、Te、CdSe 等半导体晶体,可产生仍处于红外区的谐波辐射,转换效率也可达 5%~15%。有机及高分子倍频材料因具有很高的非线性光学系数,受到越来越广泛的关注,尿素、MNA(2-甲基-4-硝基苯胺)、青色素染料等有机晶体和丁二炔类聚合物单晶材料等都已应用在光学倍频中[3, 7, 8]。

6.2.2 光学和频与差频

继 1961 年光学倍频实验成功之后,人们又分别于 1961 年和 1963 年发现两种不同频率的单色光入射非线性晶体时,在不同相位匹配条件下分别获得了和频与

差频效应。当两束频率不同的激光同时入射非线性光学材料，将会产生第三种频率的激光，这种激光的频率可以是原来两束激光频率之和，也可以是两者之差，即 $\omega_3=\omega_1\pm\omega_2$：当 $\omega_3=\omega_1+\omega_2$ 时，成为和频；当 $\omega_3=\omega_1-\omega_2$ 时，成为差频。式中，ω_1 和 ω_2 分别为原来两束激光各自的频率，ω_3 为新产生激光的频率。激光的和频与差频统称为激光的混频。激光的和频也称为激光频率上转换，激光差频又称为激光频率下转换。光学倍频、和频与差频三种效应均已成为产生新频率强相干光的有效手段。例如，利用倍频或者和频，可进行频率上转换，以产生从可见到紫外的强相干辐射；差频效应可用来进行频率下转换，以产生中红外直到亚毫米区的微波辐射。它们在可调谐高分辨率光谱学、光学外差接收、光通信等技术领域中具有重要的应用价值。

光学和频可用于频率上转换，就是借助近红外的强泵浦光(频率为 ω_2)，把入射的红外弱信号(频率为 ω_1)转换成可见光(频率为 ω_3)。三光子共线传播的光学和频过程如图 6-2 所示。借助可调谐激光，通过非线性光学晶体和频发生，可大大拓宽激光辐射光谱区，使其激光辐射波长达到远紫外光谱区。和频发生也可将红外辐射激光有效地转换到可见光区。例如，采用淡红银矿晶体(Ag_3AsS_3)作为和频晶体，以波长为 1.06 μm 的 YAG 激光作为泵浦光，把 CO_2 激光的 10.6 μm 光波转变成 0.96 μm 的光波。因此，光学和频是产生较短波长相干辐射的有效手段[9]。

在紫外上转换方面，通常可将 KDP、ADP、KB5、KN、BBO 等晶体作为激光上转换到紫外和远紫外区的和频材料。KDP 晶体已成功地被用于微微秒和毫微秒紫外脉冲的发生，采用 KDP 晶体上转换，已获得 190～432 nm 波段的紫外辐射；KB5 晶体也早已用于和频产生，所覆盖的光谱波段范围为 185～269 nm。红外上转换方面，$LiIO_3$ 和 $LiNbO_3$ 晶体已用于红外辐射上转换到可见光区[4]。

光学差频可用于频率下转换，就是由两束频率为 ω_1 与 ω_2($\omega_1>\omega_2$)的光通过非线性光学材料的差频得到可调谐的中远红外以及毫米波段的相干辐射 ω_3。图 6-3 为共线传播情况下光学差频过程的示意图。例如，用 $LiNbO_3$ 作为差频晶体，以 Ar^+激光与可调染料激光差频，获得可调谐的 2.2～4.2 μm 的红外激光输出[9]。

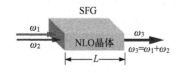

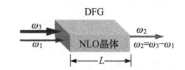

图 6-2　光学和频或频率上转换过程　　图 6-3　光学差频或频率下转换过程

可见光区的差频产生常用 KDP、DKDP、ADP 等晶体材料；中红外区的差频产生常采用的晶体材料主要有 $LiIO_3$、$LiNbO_3$ 和 KTP 等，可获得 1～6 μm 的红外辐射，而 Ag_3AsS_3、$AgGaS_2$、GaSe 以及 $AgGaSe_2$、$CdGeAs_2$、CdSe 和 Te 等半

导体型非线性光学晶体可作为 4~23 μm 波段的差频产生的材料；用于远红外区的非线性光学材料主要是 $LiNbO_3$ 晶体和一些各向同性晶体，如 GaAs、ZnTe 和 ZnSe 等[4]。

6.2.3　光参量放大与振荡

在差频产生的过程中，两束输入光波的强度一般是比较相近的，产生的第三束光波根据输入的两束光波确定其频率与强度。特别地，当其中一束频率较高的泵浦光 ω_p 和另一束频率较低的信号光 ω_s 同时入射到非线性材料中时，在满足相位匹配(动量守恒)的条件下，它们相互作用会产生第三种频率为 ω_i 的差频光，也就是通常所说的闲频光，此时，泵浦光会有部分能量流向信号光，使其得到放大，这种现象称为光参量放大(OPA)。由此可见，光参量放大过程的实质是一个差频产生的过程，其特殊之处就在于输入的高频光束作为泵浦光，而输入的低频光束作为种子光，也称为信号光，是放大的目标，所以信号光束的强度要远远小于泵浦光束的强度。光参量放大过程如图 6-4 所示。

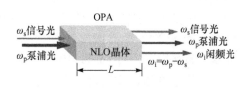

图 6-4　光参量放大过程

在光参量产生过程中，能量转换效率很低，为了获得较强的参量光输出可以将非线性材料置于光学谐振腔内，当参量增益大于腔内损耗时，信号光和闲频光就会从噪声中建立起来，并得到增益与放大，这就是光参量振荡器(OPO)。同时让信号光和闲频光振荡输出的参量振荡器，称为双共振参量振荡器(DRO)；只让信号光或闲频光振荡输出的参量振荡器，称为单共振参量振荡器(SRO)。光参量振荡装置简图如图 6-5 所示。频率为 ω_p 的泵浦光经过非线性晶体后，部分转变为频率分别为 ω_s 和 ω_i 的信号光与闲频光。因此，输出的激光含有 ω_p、ω_s 和 ω_i 三个成分。对信号光的反馈装置就是由腔镜 M1 和 M2 构成的对 ω_s 谐振的光学谐振腔。图中 M1 和 M2 是谐振腔腔镜，对信号光具有高反射率，对泵浦光透过率也很高。泵浦光经透镜聚焦于晶体内，参量振荡的结果是，输出端(M2)有信号光、闲频光和剩余的泵浦光同时输出。在满足相位匹配的条件下，固定泵浦光频率、改变光束传播方向与晶体光轴之间的夹角 θ 时，信号光和闲频光频率都会相应改变，这样参量振荡使固定频率激光转换为频率可调谐的激光。连续改变 θ 角，便会产出频率连续改变的激光。这样，利用参量振荡器就可实现激光频率的连续调谐。通常使用 1~2 μm 近红外激光作为泵浦源，如 Nd：YAG 激光器输出的波长为 1064 nm 的激光，非线性介质为 $LiNbO_3$、KTP、KTA 等晶体材料，通过光参量振荡技术输出中红外乃至太赫兹波段辐射。

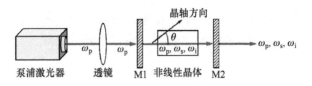

图 6-5　光参量振荡装置简图

　　光参量振荡器的发展历史是与光学谐波产生及非线性材料的发展分不开的。早在 20 世纪 60 年代初，Kingston、Kroll、Akhmoanov 和 Khokhlov、Armstrong 等分别提出了光参量放大和产生可调谐光的建议。1965 年美国贝尔实验室的 Giordmaine 和 Miller 用激光调 Q 开关（简称"Q 开关"，Q 为品质因数）多模 GaWO$_4$：Nd^{3+} 激光通过 LiNbO$_3$ 晶体，获得了 0.97～1.15 μm 的参量信号光输出[10]。随后，许多国家都展开了对光参量振荡器的研究。1968 年，Smith 等以 Nd：YAG 倍频后的 532 nm 激光作为泵浦源，Ba$_2$NaNb$_5$O$_{15}$ 为参量增益介质，首次实现连续光参量振荡[11]。几乎同时，Byer 等利用氢离子激光器作为泵浦源，LiNbO$_3$ 晶体为参量增益介质，实现可见光连续光参量振荡[12]。1988 年，Piskarskas 等首次实现了连续锁模激光器同步泵浦皮秒光参量振荡[13]。1989 年，Edelstein 等以碰撞被动锁模的染料激光器作为泵浦源，以 KTP 作为参量增益介质，首次实现同步泵浦飞秒光参量振荡[14]。1995 年，Myers 等用调 Q Nd：YAG 激光器作为泵浦源，周期极化 LiNO$_3$ 为参量增益介质实现光参量振荡[15, 16]。在这之后，BBO、LBO 和 BIBO 等诸多非线性材料的问世已经使脉冲光参量振荡器的波长覆盖了中红外波段、可见光波段以及紫外波段的区域[17]。与此同时，从 20 世纪 70 年代开始，光参量振荡器逐渐进入了实用阶段，出现了商品化的可见和近红外、中红外光参量振荡器。这些研究和应用极大地促进了非线性光学材料的发展及应用。

　　光参量振荡与放大器件的发展依赖于新的非线性光学材料。目前用于光参量振荡的非线性材料主要有 LiNbO$_3$、KTP、KTA、ZGP、GaAs、AgGaS$_2$、AgGaSe$_2$、BBO 等和一些基于准相位匹配的周期极化非线性晶体[18, 19]，以及一些有机晶体如尿素[20]、NPP[21]、DAST[22] 等。随着一些新型而高效非线性材料的不断出现及发展，光参量振荡实现了从紫外到中红外甚至远红外的超宽波段可调谐、从连续到皮秒甚至飞秒的整个时间谱范围运转。光参量振荡器以其宽光谱调谐范围、高效率、高重复频率以及小型固体化等特点在光谱学、医疗诊断与治疗、环境监测、光通信及国防军事等领域中显示出越来越广泛的应用前景[23, 24]。

6.2.4　光整流效应

　　光整流（optical rectification, OR）效应是一种特殊的非线性光学效应，是电光效应的逆过程。当两束光在非线性介质中传播时会发生混合，产生差频与和频振荡，从而在出射光中有与入射光相同频率的光波以及差频与和频光波。而当一束高强度的单色激光在一般非线性介质中传播时，它会在介质内部产生差频振荡效应，激发一个恒定(不随时间变化)的电极化场，恒定的电极化场不辐射电磁波，但在介质内部建立一个直流电场，这种现象称为光整流效应。

　　超短激光脉冲的发展为光整流效应的研究和应用开辟了新的途径。根据傅里叶变换理论，一个脉冲光束可以分解成一系列单色光束的叠加，其频率取决于该脉冲的中心频率和脉冲宽度。在非线性介质中，这些单色分量不再独立传播，它们之间将发生混合。和频振荡效应产生频率接近于二次谐波的光波，而差频振荡效应则产生一个低频电极化场，这种低频电极化场可以辐射直到太赫兹的低频电磁波[25]。图 6-6 是光整流效应的示意图[26]。

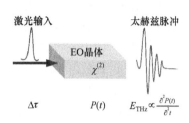

图 6-6　光整流效应

$\Delta \tau$：激光脉冲宽度；$\chi^{(2)}$：宏观二阶非线性光学系数；$P(t)$：电极化场强度；E_{THz}：太赫兹电场强度

　　光整流效应是最早发现的非线性光学效应之一。早在 1962 年，Armstrong 等[27]首先从理论上预见到光整流效应。同年，Bass 等[28]在实验中观察到这一现象。他们使用 KDP/KD*P(磷酸二氢钾/磷酸二氘钾)晶体，在垂直晶体光轴的晶体表面上安装电极，用 Q 开关红宝石激光束照射，结果在电极两端测量出大约几百微伏的直流电压。1968 年，Brienza 等[29]用光谱分析仪在 LiNbO_3、KDP 晶体中观测到了光整流信号。1989 年，Rosencher 等[30]在多量子阱中首次开展了光整流效应实验，他们的工作为量子阱级联探测器奠定了基础。之后，人们陆续进行了关于光整流效应的研究，光整流效应在各个领域的应用也越来越广泛。光整流效应具有高速响应特性，在研究非线性材料的电光效应、光速探测等方面有着极其重要的作用。目前，光整流效应在太赫兹辐射产生技术中有着不可替代的作用，用它来产生的太赫兹辐射可以获得较高的时间分辨率以及较宽的波谱范围。因此，对非线性光整流效应的研究引起了人们极大的兴趣[31]。

6.3　非线性光学红外及太赫兹频率转换

　　二阶非线性光学材料的一个最重要的应用就是通过激光与非线性光学材料的倍频、和频、差频、光参量放大与振荡、光整流等二阶非线性光学效应实现激光频率转换，以便拓宽激光辐射波长的范围，并用来开辟新的激光光源等。

　　目前用于频率转换的非线性材料，按其透光波段范围来划分，主要可分为紫外光区、可见光区、红外以及太赫兹波段的频率转换材料。经过人们几十年来的探索和研究，可见光区和紫外光区的非线性光学晶体材料较为成熟，已经获得大尺寸、高光学质量的优秀二阶非线性光学晶体，如 $LiNbO_3$、KDP、KTP、BBO、LBO 等，基本解决了激光光源在可见光区和紫外光区的频率转换问题。其中，可见光区的 KTP 晶体具有频率转换效率高、倍频系数大、损伤阈值高、透过范围宽和化学稳定性好等特点，号称频率转换的"全能冠军"。在紫外光区，我国学者取得了举世瞩目的成果，陈创天及其合作者发明的 BBO 和 LBO 晶体等，被誉为"中国牌晶体"，他们发明的 KBBF 晶体，已经实现对 1064 nm 激光的六倍频，到达了 177.3 nm 的深紫外波段[32, 33]。在 3~20 μm 的中红外区域以及更远的太赫兹波段，仍缺乏优质大尺寸、有效的非线性光学晶体材料来解决激光光源的频率转换问题。因此，开发性能优良的新型二阶非线性光学材料已成为当前非线性光学材料研究领域的重点和难点之一。通过非线性光学材料的倍频、差频、光参量振荡与放大等频率转换手段，可将激光的波长范围从真空紫外拓展到中远红外甚至太赫兹波段。

红外辐射称为红外光、红外线，通常人们将其划分为近、中、远红外三部分，近红外指波长为 0.75~3.0 μm，中红外指波长为 3.0~20 μm，远红外则指波长为 20~1000 μm。另外，由于大气对红外辐射的吸收，只留下三个重要的"窗口"区，即 1~3 μm、3~5 μm 和 8~13 μm 可让红外辐射通过，因而在军事应用上，又分别将这三个波段称为近红外、中红外和远红外。在激光所有的波段内，3~5 μm 波段的中红外激光在大气中传输时损耗较低，是十分重要的大气红外窗口，3~5 μm 波段还涵盖了很多分子和原子的吸收峰。因此，中远红外相干光源具有非常重要的应用。例如，在军事领域，应用于激光制导、激光定向红外干扰、激光通信、红外遥感、红外热像仪、红外测距、激光瞄准；在民用领域，如在环境中痕量气体探测、医学诊疗、分子光谱等方面都有着相当广泛的应用[34, 35]。

3~5 μm 波段的中红外激光的产生途径有很多种，主要包括线性和非线性两类方法。线性方法是用激光直接产生，采用固体激光器、半导体量子级联激光器、自由电子激光器、化学激光器等；非线性方法是通过非线性光学效应，用频率转换的方式获得，一般用光学倍频或者光参量振荡的技术实现[19]。

倍频激光器如 CO_2 激光器的输出波长在中红外 9.2~10.8 μm，用光学倍频技术可获得波长为 4.6~5.4 μm 的激光输出，使用的倍频材料一般为 $AgGaSe_2$ 晶体[36]，进一步差频，输出波长可到 3 μm。CO_2 激光器的特点是中小功率采用全封闭技术能够保证小体积、长寿命，缺点是高能量输出时体积大、造价高、传输受大气影响等[37]。

利用红外非线性光学晶体对可见光或近红外激光进行频率下转换(如光参量振荡)，可产生中远红外激光。一般用技术较为成熟的 1~2 μm 近红外激光作为泵浦源，利用非线性晶体的光参量振荡技术，转换成 3~5 μm 中红外激光。红外非线性光学晶体应具有高的非线性光学系数、小的吸收损耗、高的热导率、宽的透光波段、高的激光损伤阈值、良好的机械加工性能等。光参量振荡技术具有波长连续宽调谐、结构紧凑、大功率、窄线宽等特点，是目前获得中红外激光的有效方式。

太赫兹波通常是指频率在 0.1～10 THz 之间的电磁波，其波长范围为 0.03～3 mm，位于红外波段和毫米波段之间，是电子学技术与光子学技术、宏观与微观的过渡区域。太赫兹波在电磁波谱中的位置如图 6-7 所示[38]。在电磁波谱中，位于太赫兹波段两端的红外和微波技术应用研究已较为成熟，但太赫兹波段的研究在相当长的时间内仍处于"空白"，也就是科学家们通常描述的"太赫兹间隙"（terahertz gap）。近年来随着超快激光技术的迅速发展，太赫兹波段光源设备的可靠性不断改善，太赫兹波的产生机理、检测技术和应用技术等方面的研究得到蓬勃发展，并已在物体成像、环境监测、医疗诊断、射电天文、宽带移动通信、军事及国防安全等方面显示出了重大的科学价值和广阔的应用前景[39]。

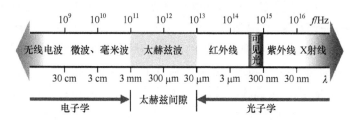

图 6-7　太赫兹波在电磁波谱中的位置

太赫兹波由于在电磁波谱中所处的特殊位置而拥有广泛性、瞬态性、低能性、宽带性、相干性、高透性和指纹性等独特性质。自 20 世纪 90 年代初至今，太赫兹辐射源及其探测技术迅速发展，使得太赫兹技术在许多重要领域得到了应用。例如，在生物医学上[40, 41]，太赫兹光谱和成像技术可用于研究生物分子的结构和功能信息，为疾病的诊断和治疗提供理论依据；在通信方面[42-44]，太赫兹波特别适合于宽带高速移动通信及空间通信，将是未来 6G 或者 7G 通信的基础；在军事方面[45-48]，太赫兹波雷达分辨率高，太赫兹波穿透烟雾、浮尘、沙土的能力强，可对军事目标进行侦查、识别及精确制导。

中红外和太赫兹辐射是电磁波谱中光学领域极具研究及实际应用价值的波段。利用非线性光学频率转换，如差频、光整流、光参量振荡等方法可实现中红外甚至太赫兹波段的频率转换。

利用两束频率相近的激光在非线性材料中的差频过程可以产生功率较高的相干宽带可调谐的单频太赫兹波。随着全固态激光技术及频率转换技术的发展，差频方法被广泛应用在产生中远红外及太赫兹辐射源中。首次利用差频方法获得太赫兹辐射的是美国 Perkin-Elmer 公司的 Zernike 和 Berman，他们于 1965 年利用钕玻璃激光器输出 1.059 μm 与 1.073 μm 的激光，激光通过石英晶体获得了差频太赫兹输出[49]。此后，差频方法产生太赫兹辐射逐渐被广泛研究。在差频材料方面，GaAs、GaP、GaSe、ZGP 和 MgO：LiNbO$_3$ 等无机晶体都是目前常见的差频产生太赫兹辐射的材料[50]，而有机晶体 DAST 由于较高的非线性光学系数和在太赫兹波段较宽的透过窗口，近些年获得了广泛的关注[51-53]，除了 DAST 晶体之外，DASC[54]、DASB[55]、DSTMS[56]、OH1[57]和 BNA[58, 59]等新型有机晶体因其良好的非线性光学特性被应用到差频产生太赫兹辐射源的研究中。光学差频法中特定频率的双波长光只能产生单一频率的太赫兹辐射，不能满足实际应用的需求，因此采用可调谐的光源作为泵浦光源，从而达到覆盖较宽太赫兹波段的目的。目前能够产生谐频光的技术主要有染料激光技术、可调谐掺钛蓝宝石激光技术和光参量振荡及放大技术。以光参量振荡及放大技术为例，基于 DAST 晶体差频法产生太赫兹波示意图如图 6-8 所示[60]，光参量泵浦光为 Nd：YAG 倍频激光器输出的532 nm 光，两个平面反射镜 M1 和 M2 构成光参量振荡谐振腔，泵浦光进入光参量振荡谐振腔，在两块 KTP 晶体的作用下，产生 1250～1450 nm 波段的双波长光，通过调节 KTP-II 的角度，实现双波长的改变，从而得到连续变化的差频，双波长泵浦光照射 DAST 晶体，在满足相位匹配条件下，共线差频产生太赫兹辐射。经白色聚乙烯透镜收集，黑色聚乙烯片滤波后，利用液氦冷却的辐射热测量计测量[53, 61]。差频方法产生太赫兹辐射的最大优点是没有阈值、实验设备简单、结构紧凑，其缺点是转换效率低。

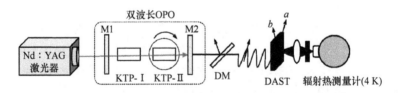

图 6-8　DAST 晶体基于差频法产生太赫兹辐射装置简图
DM：双色镜；DAST：[4-(4-二甲基氨基苯乙烯基)甲基吡啶对甲基苯磺酸盐]

光整流效应利用了非线性材料的二阶非线性光学效应，当激光脉冲与非线性材料相互作用而产生低频电极化场时，此电极化场向外辐射出频率位于太赫兹波段的电磁波，在本质上也属于差频过程。目前适合用光整流过程产生太赫兹辐射的材料主要有 LiNbO$_3$、LaTiO$_3$、闪锌矿半导体 GaAs、GaP、ZnTe、CdTe、InP 等和有机晶体 DAST、DSTMS、BNA、OH1 等[62]。用光整流法产生、探测太赫兹辐射最常用的材料是闪锌矿半导体 ZnTe，而利用有机材料的光整流效应产生太赫兹辐射最早报道于 1992 年[63]，美国学者 Zhang 等通过利用 150 fs@820 nm 的超短激光脉冲激发 DAST 晶体，产生亚皮秒-亚毫米波脉冲，从而开启了有机材料在太赫兹辐射源领域的应用基础，并由此应用于太赫兹辐射领域。随后，一些其他有机晶体如 DSTMS[64]、BNA[65]、OH1[57]、DAV1[66]、COANP[67]、MH2[68]、HMQ[69]等和一些主客体掺杂的聚合物材料[70-75]光整流产生太赫兹波相继被报道。基于有机 DAST 晶体通过光整流法产生和探测太赫兹脉冲装置简图如图 6-9 所示[76]，将飞秒激光作为光源，飞秒激光脉冲通过分束器分裂成探测光和泵浦光，通过改变半波片的偏振角度，控制两束偏振组分的能量，使泵浦光的能量高于探测光；然后通过改变泵浦和探测光束的相对路径，引入时间延迟；泵浦光直接作用于 DAST 晶体，通过 DAST 晶体的光整流效应产生脉冲宽度大于泵浦光的电磁瞬态，该状态并不稳定从而随之向外辐射太赫兹脉冲；利用半透膜使探测光束和太赫兹脉冲汇集到一起，最后通过特定的时间延迟，利用结构复杂的自由空间电光采样(electro-optic sampling，EOS)探测太赫兹脉冲的振幅[77]。光整流法产生太赫兹辐射的优点是具有较宽的波谱范围及较高的时间分辨率，实验调试也较为简单，但是相对而言难以获得相位匹配。

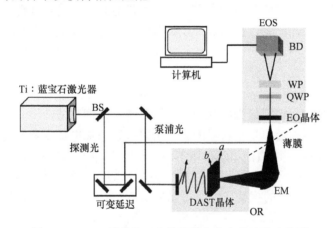

图 6-9　DAST 晶体基于光整流法产生太赫兹脉冲简图

BS：分束器；BD：均衡光电探测器；WP：沃拉斯顿棱镜；QWP：四分之一波片；EM：椭球镜；OR：光整流

激光频率转换材料在当代光电子技术中的应用占有重要地位，它们是固体激光技术、红外技术、光通信与信息处理等领域发展的重要支柱，在科研、工业、交通、国防和医疗卫生等方面发挥越来越重要的作用[4]。

总体来看，应用于频率转换的非线性光学材料，要想获得较高的转换效率以及高能量、宽频带辐射输出，应具备以下条件：具有较宽的透明波段、具有较高的损伤阈值、具有大的非线性光学系数及优秀的相位匹配能力；容易实现大尺寸、高质量晶体的生长，光损伤阈值高；具有良好的物理化学性质，易于加工、镀膜；价格低廉等。无机晶体具有较高的损伤阈值，可调谐窗口较窄，而有机晶体具有较高的非线性光学系数，以及较宽的可调谐波段范围，但有机晶体生长较为困难，熔点低、易潮解，限制了有机晶体材料在高中功率激光变频等方面的应用。因此，目前应用比较多的还是无机晶体，有机非线性光学晶体还大多处在实验室研究阶段。

6.4 电光波导器件

随着信息技术的飞速发展，非线性光学材料在高速光通信、光信息处理以及光学存储等领域有着广泛的应用前景。任何技术上的进步都是与材料的发展紧密联系在一起的。非线性光学对光电子、光子技术的发展起到了不可或缺的作用。利用具有不同非线性光学效应的材料可以制造出如调制、开关、存储和限幅等各种进行光信息处理的重要元器件，目前最常见的光电调制装置就是利用二阶非线性光学材料的线性电光效应设计而成的。作为光电子技术的关键研究领域，高性能二阶非线性光学材料的获得对技术的突破与创新起着至关重要的作用[78]。

二阶非线性光学材料的另一个重要应用就是对光信号进行处理，如进行控制、开关、偏转、放大、计算、存储等，以制备电光波导、开关、调制器等光通信器件。本节将重点介绍二阶非线性光学材料在电光调制器方面的应用。

6.4.1 电光效应

在光通信网络中应用最为广泛的调制器就是电光调制器，电光调制的物理基础是电光效应，电光效应是指材料的光学折射率因外加电场变化而发生变化的一种效应。在外部低频或者直流电场作用下，材料的光学折射率随电场的变化而变化，即 $n = n(E_0)$。电光效应是一个非线性过程，其导致的折射率变化可以视为对外电场强度 $E_0 = 0$ 时的折射率的扰动。因此可以将 $n(E_0)$ 在 $E_0 = 0$ 处作 Taylor 级数展开：

$$n(E_0) = n(E_0 = 0) + \frac{\mathrm{d}n}{\mathrm{d}E_0}\bigg|_{E_0=0} E_0 + \frac{1}{2}\frac{\mathrm{d}^2 n}{\mathrm{d}E_0^2}\bigg|_{E_0=0} E_0^2 + \cdots \tag{6-1}$$

右边第二项表明外电场导致的折射率变化与外电场大小 E_0 成正比，这就是线性电光效应，它最初是 Pockels 在 1893 年发现的，故又称为 Pockels 效应，电光调制器就是利用介质的线性电光效应（Pockels 效应）实现功能的；第三项说明折射率的变化与 E_0^2 成正比，是非线性的电光效应，它是由 Kerr 发现的，因此也称为 Kerr 效应。

6.4.2 电光调制器分类

基于电光调制原理设计出电光调制系统，可用以研究电场和光场相互作用的物理过程，实现对光信号的相位、幅度、强度以及偏振状态的调制，也适用于光通信与物理的实验研究。在各种不同种类的电光调制器中，使用最广泛的是 Mach-Zehnder(M-Z) 电光调制器，其结构如图 6-10[79] 所示。使用电光材料在 Mach-Zehnder(M-Z) 干涉仪的两臂 a、b 上制成条形波导，并在其中一臂上施加一个可控直流电场来调制两束光之间的相位差 $\Delta\Phi$，这样两束相干光在会合处发生干涉，适当设置器件参数，可以使得输出光的光强与 $\Delta\Phi$ 乃至电场强度呈线性关系，从而达到调制的目的。

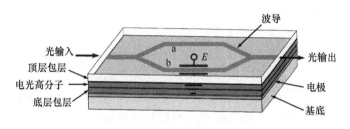

图 6-10　M-Z 型电光调制器示意图

人们可以通过改变外加电场来对光波进行信息加载，经长程光传输后，反过来又可以将携带信号的光波通过相应器件装置调制还原，光波的变化将作用于外电场，并通过外电场的变化而表现出来。这样，信息的调制、传输、还原等整个周期便得以完成[79]。

高性能二阶非线性光学材料的开发和利用主要是基于新型调制器结构以及对于材料的不同需求而发展的。目前，用于制作电光器件的非线性光学材料主要包括 LiNbO₃、III-V 族化合物半导体材料、有机聚合物材料等。

(1) LiNbO$_3$：LiNbO$_3$ 已广泛应用于制备光电子器件，如相位调制器、偏振调制器、Mach-Zehnder 电光调制器和定向耦合强度调制器。LiNbO$_3$ 晶体是无机材料中电光系数最大的铁电晶体，而且其光学损耗很低，是目前光通信主干线上高速长距离的主要外调制器[80]。但由于 LiNbO$_3$ 晶体的介电常数比较大，半波电压高，难以实现高速大容量的电光调制。LiNbO$_3$ 材料的优点在于材料成本低、制作工艺简单，在各类电光调制器中，LiNbO$_3$ 调制器仍然被认为是性能最好的器件之一，但也存在着体积大、难以与其他光学部件集成、批量生产制作成本高等缺点[81]。

(2) III-V 族化合物半导体材料：如 GaAs/GaAlAs、InGaAsP/InGaAs 等，III-V 族化合物半导体材料一般都是直接带隙材料，此类电光材料在激光光源、光放大器等有源器件方面得到广泛应用，而且利用其线性电光效应可以制作干涉仪、高速调制器、光开关/阵列等多种器件。III-V 族化合物半导体材料可以很好地实现性能特性高于体材料的多量子阱材料。另外，基于 III-V 族化合物半导体材料的微机电系统 (MEMS) 在光通信方面的应用也取得了一定进展。采用 III-V 族化合物半导体材料制作的器件具有体积小、速度快等优点,其最大的缺点是价格较高[81, 82]。由于大多数半导体材料的电光系数都很小,因此利用半导体制备的电光调制器相对较少。

(3)有机聚合物材料:与半导体材料和 LiNbO₃ 材料相比,有机聚合物材料因具有较快的电光响应速度、较高的电光系数、较高的激光损伤阈值、较低的介电常数、独特的分子可裁剪性、优良的成膜性和可加工性以及优异的基底兼容性等优点,受到研究者的广泛关注。特别是近年来在光损耗、折射率调控、热稳定性等关键特性方面取得突破性进展,因此在高速电光开关、电光调制器方面显示出极大的优势,成为极具开发和应用前景的实现低成本、高性能光子器件的非线性光学材料。从理论研究到应用开发,从材料的分子设计与合成到光学器件的制备与测试等各个方面,都得到了迅猛的发展。尽管如此,聚合物电光调制器目前仍然存在如稳定性差、损耗高等问题,目前这方面的研究还主要停留在实验室阶段。因此,开发出综合性能优异的有机聚合物材料以满足实用化要求一直是非线性光学材料研究的重点与难点。在各种调制器中,目前商用化的调制器中聚合物电光调制器还很少,大部分都是电吸收型的半导体调制器以及 Mach-Zehnder 干涉仪结构的 LiNbO₃ 电光调制器[83]。聚合物电光调制器是有希望实现市场化的下一代电光调制器。表 6-2 列举了聚合物电光材料几项关键的性能参数并提供了 LiNbO₃ 和 GaAs 的性能参数作对比[84]。

表 6-2　电光材料的性能参数对比

材料	电光系数 γ_{33}/(pm/V)	折射率 n	介电常数 ε	品质因子 $n^3\gamma_{33}$/(pm/V)	半波电压 V_π/V
LiNbO₃	32	2.29	30	340	3.5
GaAs	1.7	3.3	12.53	51	5~7
聚合物	1190	1.5~1.7	4	2601	0.25

经过几十年的发展,电光调制器的实用化主要朝着高速、低驱动电压、高效率、小封装等方向发展。电光材料包括无机材料、有机材料、有机-无机杂化材料等已应用到许多原型器件中,如有机单晶波导和调制器、聚合物电光调制器、有机-无机杂化/溶胶-凝胶波导电光调制器、硅-有机混合调制器等,研究者们采用不同的材料以及器件制造工艺,在提高效率的同时,尽量降低驱动电压、增加带宽,并使器件尽可能地紧凑和集成化。

6.4.3　电光调制器的器件参数

衡量电光调制器性能指标的主要参数有工作波长、半波电压、调制深度、调制带宽、插入损耗、驱动功率、消光比等。

半波电压 V_π:

$$V_\pi = \frac{\lambda h}{n^3 \gamma_{33} L \Gamma} \tag{6-2}$$

式中，λ 为工作波长；h 为电极间距；n 为光波有效折射率；γ_{33} 为材料的电光系数；L 为电极与波导相互作用长度；Γ 为电光重叠因子。从式(6-1)可以看出，改变其中的某些参数能够实现较低的半波电压。但是一些因素如减小电极间距或增加相互作用长度往往受到插入损耗和调制效率等需求的限制，因此最有效的方法是提高材料的电光系数 γ_{33}，而材料的电光系数又是与生色团分子的 $\mu\beta$ 值和线密度成正比的，因此，提高生色团 $\mu\beta$ 值以及如何有效地将微观分子二阶非线性光学系数转化为材料的宏观二阶非线性光学效应成为另一个研究重点。

$$\gamma_{33} = 2N\beta f_\omega \langle \cos^3\theta \rangle / n^4 \tag{6-3}$$

式中，N 为有效生色团线密度；β 为分子二阶非线性光学系数；f_ω 为局域场修正因子；$\langle \cos^3\theta \rangle$ 为取向因子。

光纤通信系统中器件的工作波长一般为 1310 nm 和 1550 nm。调制带宽是用以表征调制器能够携带信息量的指标，调制带宽通常取为调制深度降到最大值的 50%时上下两个频率之差，对于光开关通常可以用开关速度或开关时间来表示频率响应。对于聚合物电光调制器而言，常用 3 dB 带宽来定义器件的频率响应特性。插入损耗(L_s)是调制器和开关的另一个重要特性，是调制器输入光功率(单位为 dB)和输出光功率(单位为 dB)之差。对于聚合物电光调制器而言，器件的插入损耗主要是由材料的吸收损耗、波导的散射损耗和弯曲损耗引起的。驱动功率是用来描述调制器器件功耗的参量，驱动调制器所需的电功率随着调制频率的增加而增大。较好的聚合物电光调制器应满足半波电压、驱动功率和插入损耗尽可能低，调制带宽、调制深度和消光比尽可能大，同时应具备良好的温度和极化稳定性。

6.4.4 非线性光学材料在电光调制器中的应用

1. 有机单晶波导和调制器

常见的有机非线性光学材料可以是有机小分子、金属有机化合物，也可以是聚合物。其研究最早开始于 20 世纪 60 年代中期人们对一些有机分子，如六次甲基四胺等的非线性光学效应的观察，但是直到 1979 年 Levine 等发现 MNA(2-甲基-4-硝基苯胺)晶体具有非常大的二阶非线性光学系数之后，有机二阶非线性光学材料的研究才迅速发展起来。研究对象也逐渐从分子转向凝聚体(晶体、薄膜、纤维等)等新的具有应用价值的形态[85]。许多高性能的有机晶体，如 NPP、BNA、DAST、DSTMS、OH1 等被发现。研究者开发了许多将有机电光晶体集成于电光波导器件中的制作工艺，如光刻、飞秒激光烧蚀、离子注入、电子束辐射等[86]。有机晶体材料光化学稳定性较好，适用于高温等恶劣环境，且不需极化。但也存在熔点低、热稳定性差、硬度小、力学性能差、易潮解等缺点，其折射率较高不利于微波与光波间的速率匹配，不适用于宽带宽、高速率的调制器。

2. 聚合物电光调制器

二阶非线性光学材料的电光效应源自生色团分子的非中心对称排列，为此，研究人员已提出了一些不同的设想，如制备极化聚合物、制成 LB 膜和形成自组装多层结构等。其中制备极化聚合物是到目前为止研究最为广泛，也是最有实用化可能性的方法。自 1982 年美国科学家 Mereddith 等首先提出极化聚合物的概念之后，从 1986 年，人们就开始了对聚合物电光调制器的研究，在 90 年代初，其成为一大研究热点，直至 90 年代中期，聚合物器件的理论研究和制作工艺得到了飞速发展，聚合物电光材料的性能和聚合物电光调制器的实用性都得到了很大的提高。

1988 年，Thackara 等[87]报道了一种新的电光波导制造技术，几种原型波导器件随之问世；1990 年，Mohlmann 等[79]报道了集总电极结构的聚合物开关和调制器，包括相位调制器、M-Z 干涉仪以及定向耦合器；1991 年，美国加利福尼亚 Lockheed 研究发展部的 Girton 等发表论文，报道用含有 DANS 生色团侧链型的聚合物制备出 20 GHz 的 M-Z 型行波调制器[88]；紧接着 1992 年，美国 Hoechest Celanese 公司的 Teng 制备出 3 dB 带宽、频率达 40 GHz 的行波电极聚合物调制器[89]；1994 年，美国加利福尼亚大学洛杉矶分校的 Wang 等与南加利福尼亚大学的 Dalton 小组合作，共同制备出调制频率为 18 GHz 的行波电光相位调制器，所用的材料是热交联的聚氨酯-分散红 19(PUR-DR19)体系，器件的半波电压达到了 35 V，电光系数 γ_{33} 为 12 pm/V，波导损耗为 2 dB/cm[90]。

Dalton 的研究小组以及他们的器件方面的合作者加利福尼亚大学洛杉矶分校电子工程系的 H. R. Fetterman 小组、南加利福尼亚大学电子工程系的 W. H. Steier 的研究小组和 TACAN 公司的 Shi 小组在此领域做出了非常突出的成绩。1997 年，他们研制出了调制频率高达 110 GHz 的电光调制器[91]，又一次引起了世人的瞩目。同年，TACAN 公司的 Wang 等[92]将自己研制的聚合物电光调制器运用在商用的有线电视(cable television，CATV)外调制系统中，取得了与 LiNbO$_3$ 调制相当的效果。2002 年，美国贝尔实验室的 Lee 等又在 *Science* 上撰文报道调制带宽在 150 GHz 以上的聚合物电光调制器(结构如图 6-11 所示)[93]，并称在 1.6 THz 的调制频率时也观测到了调制信号，但是由于他们使用的材料是 DR1/PMMA 主客体掺杂体系，器件的电光系数不大，半波电压较高(11.3 V)。

在 20 世纪 90 年代初期这段时间里，聚合物电光调制器的调制带宽不断增大，其部分性能优于同期商用调制器，不少研究机构认为聚合物电光调制器将很快取

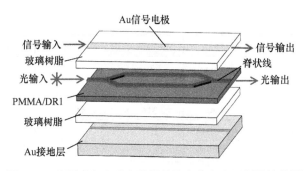

图 6-11　美国贝尔实验室报道的聚合物电光调制器结构图

代其他类型调制器,走向成熟化和产品化,而且不少科学家都预测,在 3~5 年内聚合物电光调制器将达到产业化的阶段[94]。然而,经过对聚合物电光调制器的深入研究,聚合物材料的热稳定性和损耗等问题逐渐凸显,因此,其实用化过程没有预测的那样顺利。经过一段时间的快速发展后,聚合物电光调制器的研究转向寻求具有更低的半波电压、更稳定的聚合物电光材料。

1997 年,韩国电子通信研究院的 Lee 等报道了一种在 1.3 μm 和 1.55 μm 波长处半波电压分别为 3.7 V 和 4.8 V 的高性能聚合物电光调制器,并指出包层材料的选择也是影响器件性能的一个重要因素[95]。1999 年,南加利福尼亚大学的 Chen 等对聚合物电光调制器采用了恒定的直流偏压操作,使生色团得到有效的取向,聚合物电光效应显著提高,制得了在 1.31 μm 波长处半波电压低至 1.5 V 的电光调制器,所得器件同时具有很高的热稳定性[96]。2000 年,TACAN 公司的 Shi 等在 *Science* 上发表文章[97],介绍了一种高极化率的非线性生色团分子 CLD-1,将其按比例掺杂到聚甲基丙烯酸甲酯(PMMA)中,获得了 γ_{33} 高达 65.6 pm/V、半波电压低至 0.77 V 的聚合物电光调制器,并且展望了聚合物材料作为下一代新型材料应用在电子通信和信息存储等领域的应用前景。

自 20 世纪末,随着非线性光学材料和器件结构的发展,聚合物电光调制器的半波电压与插入损耗不断降低,稳定性不断提高,其部分性能优于同期商用的无机电光调制器,达到了实用化的门槛,其总体研究趋势是向超高带宽和低半波电压以及改善插入损耗和热稳定性等方向发展。表 6-3 是近年来国际上具有代表性的极化聚合物电光调制器相关研究报道的汇总情况。

表 6-3　国际上具有代表性的极化聚合物电光调制器相关研究简列

年份	作者	材料	波长/μm	电光系数/(pm/V)	带宽/GHz	半波电压/V
1991[88]	D. G. Girton 等	DANS/侧链	1.3	18	20	9
1992[89]	C. C. Teng	侧链聚合物	1.3	16	40	10
1994[90]	W. Wang 等	PUR-DR19	1.064	12	18	35

续表

年份	作者	材料	波长/μm	电光系数/(pm/V)	带宽/GHz	半波电压/V
1997[95]	H. M. Lee 等	DANS/MMA 侧链型	1.3			3.7
			1.55			4.8
1999[96]	A. Chen 等	FTC/PMMA	1.31	83		1.5
2000[97]	Y. Shi 等	CLD-1/PMMA	1.318	65.6		0.77
2001[98]	H. Zhang 等	CLD-75/APC	1.31	47		1.2
			1.55	36		1.8
2002[93]	M. Lee 等	DR1/PMMA	1.31		150~200	11.3
2004[99]	S. Park 等	PI-DAIDC	1.55	35		9.8~10.2
2006[100]	R. J. Michalak 等	AJL8/APC	1.55		50	5.7
2008[101]	C. T. DeRose 等	AJLS102/PMMA	1.55	67		1.9

近年来，聚合物电光调制器的商用方面取得了一些突破性进展[102]。美国的PWI（Pacific Wave Industries）公司于2001在OFC展会上展出了他们第一代用于高速光传输系统的 40 GHz 宽带聚合物电光调制器[103]。美国 Lumera 公司（后与GigOptix 公司合并）与华盛顿大学联合开发出了高性能的电光聚合物，研究人员采用纳米加工的方法提高聚合物电光材料的电光系数，在工作波长为 1.55 μm 时电光系数达 160 pm/V，比现有材料约高出 20%。利用该电光材料制备出了 20 GHz/40 GHz 的高速聚合物电光调制器。2007 年，Lumera 公司推出了调制频率为100 GHz 的高速有机聚合物电光调制器[83]（图 6-12）。2009 年，光通信芯片供应商GigOptix 公司推出 40 G DPSK M-Z 调制器 LX8400，该产品基于 GigOptix 的电光聚合物薄膜技术制作，是第一款量产的电光聚合物调制器，主要面向 40 G 长途传输市场，其性能足以和市场主流的铌酸锂调制器相比[104]。该公司称其电光聚合物调制器具有制造简单、带宽高、尺寸小、质量轻、驱动电压低、不受辐射影响等优点。

图 6-12 Lumera 公司的 100 GHz 高速有机聚合物电光调制器

随着器件应用的不断发展和研究的不断深入，研究者发现有机二阶非线性光学聚合物也存在一些局限和不足，如材料及其器件的热稳定性较差等。在制作器件时还要考虑材料二阶非线性光学效应随着时间和温度的变化及稳定性的变化等。要使聚合物调制器真正得到实用，以下两方面性能还必须有较大幅度的改进：一是极化膜电光系数必须进一步提高，以降低器件驱动电压来满足器件集成要求，在提高聚合物的电光系数的同时，还必须做到其综合性能（如耐温性、透明性和可加工性等）的优化；二是光传播损耗进一步降低。显然，这些都必须由材料和器件领域两方面研究的共同努力才能解决。

3. 溶胶-凝胶波导电光调制器

纯聚合物电光调制器有较大的耦合损耗，器件的极化效率较低，而基于有机-无极杂化材料的溶胶-凝胶波导电光调制器因具有高的极化效率、低的半波电压、低的耦合损耗和更好的稳定性，引起了人们的关注，成为近年来的研究热点[105-110]。由于单层电光薄膜在高极化电场下易损坏，纯聚合物电光调制器难以实现驱动电压与插入损耗的平衡，而在电极和电光材料层中填入缓冲层能有效解决单层器件存在的问题，因此包层材料的选择对于器件性能至关重要。Eich 等使用无机包层材料聚甲基硅氧烷得到了高质量的极化膜[111]；Drummond 等使用导电聚合物包层制备了多层结构的电光调制器，并阐述了该导电聚合物包层是如何能够提高极化效率从而能产生高的电光效应的[112]；DeRose 等使用有机-无机杂化溶胶-凝胶包层材料得到了超高极化效率的电光聚合物，其电光系数增大了 2.5 倍[113]；Norwood 等提出了一种平衡驱动电压与插入损耗的解决方案，即在聚合物电光调制器中通过采用混合结构以实现低光耦合损失、电光聚合物有限传播损耗、高极化效率和低成本制造[114]。此种兼具无机材料和有机材料优点的溶胶-凝胶包层杂化结构引起研究者们的广泛关注，近年来相关研究也取得了显著进展。

1999 年，Min 等第一次报道了基于有机-二氧化硅溶胶-凝胶杂化材料制成的 Mach-Zehnder 电光调制器，由于器件制作时极化和固化过程没有充分优化，器件的总体性能一般，但仍为后来此类器件的应用打下了基础[115]。美国亚利桑那大学的 Enami 等在这方面做了相当出色的工作，他们接连报道了一系列关于电光调制器的研究成果。2003 年，他们最先报道了一种聚合物/溶胶-凝胶波导电光调制器，为提高聚合物电光调制器的性能开辟了一种新的方法[116]；2006 年，他们报道了一种基于 AJLS102/APC 掺杂体系的溶胶-凝胶波导电光调制器[117]，在 1550 nm 波长下电光系数高达 78 pm/V，半波电压为 4.2 V；2007 年，他们将生色团 AJC146（30%，质量分数）掺入 PMMA-AMA 共聚物中，利用双马来酰亚胺(BMI)作为交联剂合成具有优良特性的交联电光聚合物体系 AJ309，制成相应器件后，1550 nm 处电光系数 γ_{33}[118]高达 142 pm/V，半波电压达到了当时的最低值 0.65 V（结构示意图如图 6-13 所示）；同年，他们在另一篇文章中报道了一种具有 170 pm/V 超高电光系数的相位调制器[119]和在 1.55 μm 波长半波电压低至 1 V 的 M-Z 电光调制器，其关键在于杂化结构中溶胶-凝胶包层材料的使用赋予器件惊人的极化效率（将近 100 %），并且，该器件的电光系数超过当前无机材料的 5～6 倍。表 6-4 列举了一些国际上具有代表性的聚合物/溶胶-凝胶波导电光调制器的相关报道情况。

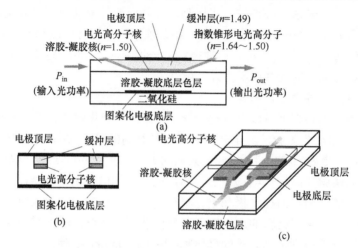

图 6-13 交联电光聚合物/溶胶-凝胶波导电光调制器

(a)侧面图；(b)截面图；(c)三维结构图

表 6-4 国际上具有代表性的聚合物/溶胶-凝胶波导电光调制器相关研究简列

年份	作者	材料	波长/μm	电光系数/(pm/V)	半波电压/V	插入损耗/dB
1999[115]	Y. H. Min 等	DASM	1.3	10	13	
2003[116]	Y. Enami 等	主客体系	1.55	25～30	22	7～8
2006[117]	Y. Enami 等	AJLS102/APC	1.55	78	4.2	15
2007[118]	Y. Enami 等	AJ309	1.55	142	0.65	18～20
2007[119]	Y. Enami 等	AJC146/PMMA/BMI	1.55	138	1.0	15～20
			1.55	170	2.5	15～20
2009[120]	C. T. DeRose 等	APLS102/APC	1.55	71	2.8	5.7
2010[121]	I. E. Araci 等	AJLY	1.34	50	16	5
2011[122]	Y. Enami 等	SEO100	1.55	160	6.5	12

4. 硅-有机混合电光调制器

硅基微纳光子学被认为是未来光电信息处理系统的核心动力，为高度集成的光电器件提供了平台。近年来，各种基于硅基的有源、无源光波导器件，如滤波器、光开关、光调制器、光学路由器等发展迅速。硅电子学和电光聚合物结合制得的集成光子器件能实现超高速信息的传输[123, 124]。硅材料具有较大折射率，能够将大部分光集中限制在波导芯层，而硅本身无电光效应，硅基电光调制器主要采用等离子色散效应来实现光的调制，但是载流子的注入和移除过程限制了电光调制器的速度，而且其吸收损耗较大，很难制成半波电压在 1V 以下具有实用价值的电光调制器。硅-有机混合(silicon-organic hybrid, SOH)电光调制器集成平台通过结合绝缘层上硅(silicon-on-insulator, SOI)波导和功能有机非线性材料的优势，可将横电(TE)模式的信号光限制在波导的槽型区，并与填充在槽型区的非线性有机材料相互作用实现线性电光调制。基于 SOI 的 SOH 电光调制器具有小尺寸、高调制速率、低损耗等优点，更能满足全球信息通信对高传输速率的要求，成为近几年国际上硅基平台高速调制器研究的热点。目前，基于 SOH 平台的电光调制器频率响应带宽可超过 100 GHz[125]，在能耗仅为 640 fJ/bit 时，数据传输速率可达 112 Gbit/s[126-129]。

华盛顿大学的 Baehr-Jones 等最先报道了基于电光聚合物体系的纳米级槽式波导结构，为实现超集成非线性光学器件提供有效的平台[130]；接着在 2008 年，他们报道了一种基于硅槽波导和聚合物包层的电光调制器，该器件半波电压降低至惊人的 0.25 V，所用的聚合物材料是含有 YLD-124 生色团的掺杂体系[131]；2010 年，Wülbern 和 Eich 等报道了一种调制频率高达 40 GHz 硅-有机混合的槽形波导电光调制器[132]；2014 年，德国卡尔斯鲁厄理工学院的 Alloatti 等报道了工作频率可超过 100 GHz 硅-有机混合电光调制器[125]，其器件结构示意图如图 6-14 所示。表 6-5 列出了近年来国际上具有代表性的硅-有机混合电光调制器相关研究报道情况。

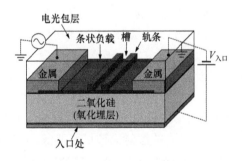

图 6-14 硅-有机混合电光调制器示意图

表 6-5 国际上具有代表性的硅-有机混合电光调制器相关研究简列

年份	作者	材料	波长/μm	电光系数/(pm/V)	半波电压/V	带宽/GHz
2008[131]	T. Baehr-Jones 等	YLD-124	1.55	30	0.25	
2010[133]	R. Ding 等	AJSP100	1.55	40	8	3
2010[134]	C. Y. Lin 等	AJ-CKL1/APC	1.55	132	1.8	

续表

年份	作者	材料	波长/μm	电光系数/(pm/V)	半波电压/V	带宽/GHz
2010[132]	J. H. Wülbern 等	AJ-CKL1/APC	1.55	12		40
2011[135]	X. Wang 等	AJ-CKL1/APC	1.539	735	1.3	
2013[136]	X. Zhang 等	SEO125	1.55	1190	0.97	
2014[125]	L. Alloatti 等	M3		18	22	100
2015[137]	S. Koeber 等	DLD164	1.55	180	0.5	

5. 等离子体-有机混合电光调制器

在现代信息技术飞速发展的今天,对于器件微型化和集成化的要求越来越高,如何在纳米尺寸的层面上实现信息传输处理成为科学研究的一个重要课题。表面等离激元能够突破衍射极限,并具有很强的局域场增强特点,可以实现纳米尺度的光信息传输与处理。基于表面等离激元技术和电光聚合物材料制成的等离子体-有机混合电光调制器成为近年来的研究新热点[138-145]。随着工艺技术的不断进步,制作纳米级、超集成高速器件已成为可能。

经过十几年的发展,电光调制器的调制频率、带宽和半波电压等方面都取得了很大的进步,器件的集成从平面集成到垂直集成,再到与超大规模集成电路的集成,聚合物电光调制器的波导和电极结构逐渐趋于实用化。当前实用化研究的关键集中在材料的热稳定性和器件的传输损耗等方面,优异的高温稳定性以及大的电光系数是对材料的基本要求。因此,从电光调制器的工作原理与器件的集成加工制作来看,有机二阶非线性光学材料的实用化必须达到一些基本要求[146]:

(1)材料的电光系数应该足够大,从而可以大幅度降低半波电压,达到调制效率的提高。

(2)材料的品质因子应该足够大,材料的介电常数 ε 要尽可能小,从而实现高的调制带宽需求。

(3)器件要有好的抗电磁干扰性能,因此要求材料的激光损伤阈值要高,另外,材料的光学质量要好,即材料对光的散射应该尽可能低,以减少材料的光学损失。

(4)材料必须具有较好的热稳定性以及加工性能,能够满足器件加工和使用的要求。材料的折射率和电光系数应该能满足在 100 ℃左右的操作温度下保持长时间的稳定,同时要求材料的稳定性较高,即使在高达 250 ℃的加工温度下,材料也能在短时间内(1~10 min)保持相对稳定。

6.4.5　电光调制器的应用

电光调制器是人们研究最多的一种光调制器,其优点是响应速度快、带宽高、易于集成、器件的半波电压较低,此外,电光调制器也无频率啁啾效应。基于上述优点，电光调制器已广泛应用于光纤通信系统、有线电视(CATV)系统、相控阵雷达(phased array radar)、计算机互连系统、光学陀螺仪、超快模拟数字转换器等方面[103, 147]，是不可或缺的光子学器件之一。

1. 高速光通信系统[148]

随着互联网的高速发展，人们对通信网络的带宽要求越来越高。在 1310 nm 和 1550 nm 的通信波段，一根单模光纤的潜在通信带宽能力是 10 THz，掺铒光纤放大器平坦响应的带宽也可以达到几个太赫兹量级，因此通信的瓶颈主要集中在电光信号的转换上。电光调制器的高速率、高带宽、低驱动电压等特点，正好符合现代高速、大容量、长距离骨干网络中电光信号转换、光路切换等应用。另外，电光调制器不存在频率啁啾现象，特别适合于 WDM 系统。因此，电光调制器将成为未来信息高速公路中的重要硬件之一。图 6-15[149]给出了应用于光纤通信系统中的各种电光调制器，图中黑色圆点代表调制器应用。从图中不难看出，电光调制器在构成光纤通信系统的很多重要环节都起着至关重要的作用。

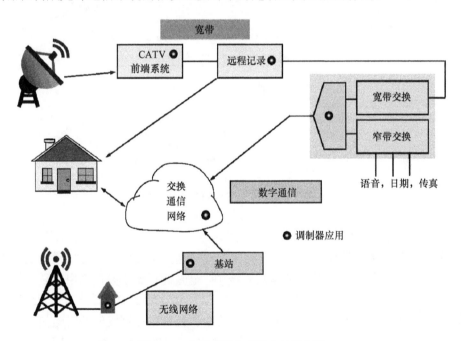

图 6-15　应用于通信系统中的调制器

2. 光纤连接的社区电视系统[148]

在社区电视传输中，电光调制器被广泛使用。CATV 传输系统的功能是将中心站各种电视信号转送到众多的用户或收集低带宽系统的信息并返回中心站或中间站，其间电光调制器是必不可少的器件之一，图 6-16 就是一个典型的 CATV 传输系统[149]。在主干线上的数据转发、集线器以及各节点处的信号分配中均有电光调制器的应用。

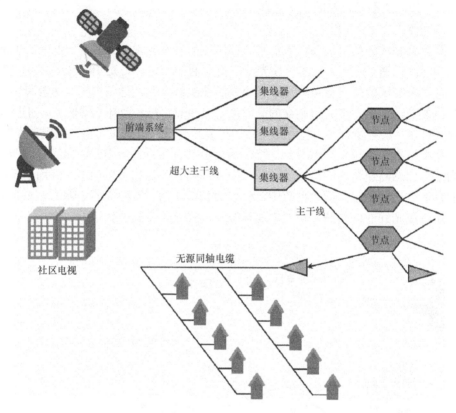

图 6-16 一个典型的 CATV 传输系统

3. 相控阵雷达[148]

相控阵雷达系统是通过由电光调制器构成的光控移相器而进行接收或发射雷达信号的天线阵列[150]。在相控阵雷达系统中，电光调制器主要是利用光波来控制射频(radio frequency，RF)信号的相位移动，产生相移后的 RF 信号到达天线阵列时彼此发生干涉，因此通过控制 RF 信号的相移就可以控制发射的雷达信号。与传统雷达和电控雷达相比，相控阵雷达具有好的方向性、高灵敏度、快速、易控、易维护以及体积小、质量轻的特点。同时，由于在 RF 信号—光—RF 信号转换过程中的损耗，通常需要在信号发射前用到价格昂贵的低噪声放大器来放大 RF 信号。如果调制器的半波电压能够达到 1 V 甚至小于 1 V 的程度，那么系统就可以避免使用放大器，因此，低驱动电压电光调制器在相控阵雷达系统中具有很大的优势。

4. 计算机互连系统[151]

随着计算机处理速度不断提升，现已超过 100 MHz，在信息处理机以及外部设备之间的数据传送，经常成为限制因素。近来，人们研究用激光二极管和调制器阵列来进行平行互连。由于低的电容、本能的高速和可高度集成的性能，聚合物调制器对于这种平行互连具有特别的吸引力。

6.5　总结与展望

21 世纪人类社会已经全面进入了信息时代，光电子技术正在蓬勃发展。现在的关键是解决如何进一步提高电光系数、增加热稳定性和降低光传播损耗的难题，进而实现材料的综合性能全面优化，为实用器件奠定物质基础；同时，技术和器件设计、工艺方面的研究也亟待加强。随着科学技术的发展，在材料和器件等不同领域科学家们的共同努力下，完全有理由相信，非线性光学材料及光波导器件将在不远的将来实现商业化，为人类的生产与发展做出巨大贡献。

在光电子技术飞速发展的今天，对光电材料的功能要求和需求日益增多。非线性光学材料作为一类具有光电功能的材料，已在许多领域得到应用，如光通信、光计算、光信息处理、光存储及全息术、激光技术以及太赫兹波的产生和检测等。但现在应用比较多的还是无机晶体材料，其中铌酸锂和三硼酸锂等已经显示出了广阔的市场前景。另外，一些有机二阶非线性光学聚合物由于其响应快速和具有较大电光系数而备受关注，而且其分子可剪裁性强、机械性能好、光损伤阈值高，还具有高容量、高速度、高密度和高带宽等潜力，因此也是很有希望得到实际应用的一类材料。相信在不久的将来，还会有大量新型性能优良的二阶非线性光学材料研制出来，进一步推动光电信息技术和材料科学技术的发展。

参 考 文 献

[1] 游效曾. 分子材料: 光电功能化合物. 上海: 上海科学技术出版社, 2001.
[2] 樊美公, 姚建年. 光功能材料科学. 北京: 科学出版社, 2013.
[3] 生瑜, 章文贡. 金属有机非线性光学材料. 功能材料, 1995, 26: 1-14.
[4] 张克从, 王希敏. 非线性光学晶体材料科学. 北京: 科学出版社, 1996.
[5] 胡小鹏, 祝世宁. 基于光学超晶格和全固态激光技术的准白光激光器. 物理学进展, 2008, 28: 204-213.
[6] 林哲帅, 吴以成. 紫外非线性光学晶体分子设计. 中国材料进展, 2015, 34: 257-263.
[7] 常新安, 陈丹, 臧和贵, 张玮. 非线性光学晶体的研究进展. 人工晶体学报, 2007, 36: 327-333.

［8］费逸伟, 王凡, 余从煊. 有机及高分子激光倍频材料. 材料科学进展, 1989, 3: 255-263.

［9］李淳飞. 非线性光学. 北京: 电子工业出版社, 2009.

［10］Giordmaine J A, Miller R C. Tunable coherent parametric oscillation in LiNbO₃ at optical frequencies. Phys Rev Lett, 1965, 14: 973-976.

［11］Smith R G, Geusic J E, Levinstein H J, Rubin J J, Singh S, Van Uitert L G. Continuous optical parametric oscillator in Ba₂NaNb₅O₁₅. Appl Phys Lett, 1968, 12: 308-310.

［12］Byer R L, Oshman M K, Young J F, Harris F, Visible C W. Parametric oscillator. Appl Phys Lett, 1968, 13: 109-111.

［13］Piskarskas A, Smilgyavichyus V, Umbrasas A. Continuous parametric generation of picosecond light pulses. Sov J Quantum Electron, 1988, 18: 155-156.

［14］Edelstein D C, Wachman E S, Tang C L. Broadly tunable high repetition rate femtosecond optical parametric oscillator. Appl Phys Lett, 1989, 54: 1728-1730.

［15］Myers L E, Miller G D, Eckardt R C, Fejer M M, Byer R L, Bosenberg W R. Quasi-phase-matched 1.064-μm-pumped optical parametric oscillator in bulk periodically poled LiNbO₃. Opt Lett, 1995, 20: 52-54.

［16］徐亮. 连续及飞秒激光的参量振荡研究. 西安: 西安电子科技大学硕士学位论文, 2012.

［17］牛跃. 飞秒光学参量振荡器及其在产生太赫兹波方面的应用研究. 天津: 天津大学硕士学位论文, 2015.

［18］魏星斌. 中红外 PPLN 光参量振荡技术研究. 绵阳: 中国工程物理研究院硕士学位论文, 2010.

［19］蒋旭东. 基于光参量振荡技术的纳秒脉冲中红外激光器的工程化研究. 南京: 南京大学硕士学位论文, 2016.

［20］Donaldson W R, Tang C L. Urea optical parametric oscillator. Appl Phys Lett, 1984, 44: 25-27.

［21］Josse D, Dou S X, Zyss J, Andreazza P, Périgaud A. Near-infrared optical parametric oscillation in a N-(4-nitrophenyl)-L-prolinolmolecular crystal. Appl Phys Lett, 1992, 61: 121-123.

［22］Meier U, Bosch M, Bosshard C, Gunter P. DAST a high optical nonlinearity organic crystal. Synth Met, 2000, 109: 19-22.

［23］彭跃峰, 谢刚, 王卫民, 武德勇. 1064 nm 激光抽运 PPMgLN 光参量振荡高效率 2.7 μm 激光器. 中国激光, 2009, 36: 1815-1818.

［24］董怡静, 马秀华, 李世光, 朱小磊. 3～5 μm 光参量振荡技术进展研究. 激光与光电子学进展, 2016, 53: 090004.

［25］马新发, 张希成. 亚皮秒光整流效应. 物理, 1994, 23: 390-393.

［26］孙博, 姚建铨. 基于光学方法的太赫兹辐射源. 中国激光, 2006, 33: 1349-1359.

［27］Armstrong J A, Bloembergen N, Ducuing J, Pershan P S. Interactions between light wave in a nonlinear dielectric. Phys Rev, 1962, 127: 1918-1939.

［28］Bass M, Franken P A, Hill A E. Optical mixing. Phys Rev Lett, 1962, 8: 18.

［29］Brienza M J, Demaria A J, Glenn W H. Optical rectification of mode-locked laser pulses. Phys Lett A, 1968, 26: 390-391.

［30］Rosencher E, Bois P, Nagle J, Costard E. Observation of nonlinear optical rectification at 10.6 μm in compositionally asymmetrical AlGaAs multiquantum wells. Appl Phys Lett, 1989, 16:

1597-1599.

[31] 冯振宇. 半导体量子点中的非线性光整流效应. 呼和浩特: 内蒙古大学博士学位论文, 2017.

[32] 苏旭, 刘涛, 张刚, 陈兴国, 秦金贵, 陈创天. 中红外波段二阶非线性光学晶体材料研究进展. 无机化学学报, 2006, 22: 1163-1169.

[33] 陈创天, 林哲帅, 王志中. 紫外、深紫外非线性光学晶体的最新进展. 功能材料, 2004, 35: 24-31.

[34] 董春明, 王善朋, 陶绪堂. 中红外非线性光学晶体的研究进展. 人工晶体学报, 2006, 35: 785-789.

[35] 张国栋, 王善朋, 陶绪堂. 红外非线性光学晶体研究进展. 人工晶体学报, 2012, 41: 17-23.

[36] 陈长水, 赵向阳, 徐磊, 胡辉, 刘颂豪. 中红外光源研究进展. 红外技术, 2015, 37: 625-634.

[37] 任刚. 中红外光参量振荡器及其应用技术的研究. 成都: 四川大学博士学位论文, 2006.

[38] 叶龙芳. 基于光整流的太赫兹源与新型太赫兹导波结构研究. 成都: 电子科技大学博士学位论文, 2013.

[39] 李德华. 光整流产生 THz 辐射及其转换效率的研究. 青岛: 山东科技大学博士学位论文, 2010.

[40] 何明霞, 陈涛. 太赫兹科学技术在生物医学中的应用研究. 电子测量与仪器学报, 2012, 26: 471-483.

[41] 齐娜, 张卓勇, 相玉红. 太赫兹技术在医学检测和诊断中的应用研究. 光谱学与光谱分析, 2013, 33: 2064-2070.

[42] 姚建铨, 迟楠, 杨鹏飞, 崔海霞, 汪静丽, 李九生, 徐德刚, 丁欣. 太赫兹通信技术的研究与展望. 中国激光, 2009, 36: 2213-2233.

[43] 洪伟, 余超, 陈继新, 郝张成. 毫米波与太赫兹技术. 中国科学: 信息科学, 2016, 46: 1086-1107.

[44] 杨鸿儒, 李宏光. 太赫兹波通信技术研究进展. 应用光学, 2018, 39: 12-21.

[45] 王瑞君, 王宏强, 庄钊文, 秦玉亮, 邓彬. 太赫兹雷达技术研究进展. 激光与光电子学进展, 2013, 50: 040001.

[46] 赵国忠, 申彦春, 刘影. 太赫兹技术在军事和安全领域的应用. 电子测量与仪器学报, 2015, 29: 1097-1101.

[47] 李树锋. 太赫兹技术及其在国防与安全领域的应用. 现代物理知识, 2017, 04: 40-44.

[48] 王宏强, 邓彬, 秦玉亮. 太赫兹雷达技术. 雷达学报, 2018, 7: 1-21.

[49] Zernike F, Berman P R. Generation of far infrared as a difference frequency. Phys Rev Lett, 1965, 15: 999-1001.

[50] Ding Y J. Progress in terahertz sources based on difference-frequency generation. J Opt Soc Am B, 2014, 31: 2696-2711.

[51] Kawase K, Mizuno M, Sohma S, Takahashi H, Taniuchi T, Urata Y, Wada S, Tashiro H, Ito H. Difference-frequency terahertz-wave generation from 4-dimethylamino-*N*-methyl-4-stilbazolium-tosylate, by use of an electronically tuned Ti：sapphire laser. Opt Lett, 1999, 24: 1065-1067.

[52] Kawase K, Hatanaka T, Takahashi H, Nakamura K, Taniuchi T, Ito H. Tunable terahertz-wave generation from DAST crystal by dual signal-wave parametric oscillation of periodically poled

lithium niobate. Opt Lett, 2000, 25: 1714-1716.

[53] Taniuchi T, Adachi H, Okada S, Sasaki T, Nakanishi H. Continuously tunable THz and far-infrared wave generation from DAST crystal. Electron Lett, 2004, 40: 549-551.

[54] Taniuchi T, Ikeda S, Mineno Y, Okada S, Nakanishi H. Terahertz properties of a new organic crystal, 4′-dimethylamino-N-methyl-4-stilbazolium p-chlorobenzenesulfonate. Jap J Appl Phys, 2005, 44: 28-32.

[55] Matsukawa T, Notake T, Nawata K, Inada S, Okaad S, Minamide H. Terahertz-wave generation from 4-dimethylamino-N′-methyl-4′-stilbazolium p-bromobenzenesulfonate crystal: Effect of halogen substitution in a counter benzenesulfonate of stilbazolium derivatives. Opt Mater, 2014, 36: 1995-1999.

[56] Mutter L, Brunner F D J, Yang Z, Jazbinšek M, Günter P. Linear and nonlinear optical properties of the organic crystal DSTMS. J Opt Soc Am B, 2007, 24: 2556-2561.

[57] Brunner F D J, Kwon O P, Kwon S J, Jazbinšek M, Schneider A, Günter P. A hydrogen-bonded organic nonlinear optical crystal for high-efficiency terahertz generation and detection. Opt Express, 2008, 16: 16496-16508.

[58] Miyamoto K, Minamide H, Fujiwara M, Hashimoto H, Ito H. Widely tunable terahertz-wave generation using an N-benzyl-2-methyl-4-nitroaniline crystal. Opt Lett, 2008, 33: 252-254.

[59] Miyamoto K, Ohno S, Fujiwara M, Minamide H, Hashimoto H, Ito H. Optimized terahertz-wave generation using BNA-DFG. Opt Express, 2009, 17: 14832-14833.

[60] 朱先立, 郝伦, 王淑华. 基于有机 DAST 晶体产生太赫兹辐射的研究进展. 青岛大学学报, 2016, 29: 25-29.

[61] Taniuchi T, Okada S, Nakanishi H. Widely-tunable THz-wave generation in 2~20 THz range from DAST crystal by nonlinear difference frequency mixing. Electron Lett, 2004, 40: 60-62.

[62] Hoffmann M C, Fülöp J A. Intense ultrashort terahertz pulses: Generation and applications. J Phys D: Appl Phys, 2011, 44: 083001.

[63] Zhang X C, Ma X F, Jin Y, Lu T M, Boden E P, Phelps P D, Stewart K R, Yakymyshyn C P. Terahertz optical rectification from a nonlinear organic crystal. Appl Phys Lett, 1992, 61: 3080-3082.

[64] Stillhart M, Schneider A, Günter P. Optical properties of 4-N,N-dimethylamino- 4′-N′-methyl-stilbazolium 2,4,6-trimethylbenzenesulfonate crystals at terahertz frequencies. J Opt Soc Am B, 2008, 25: 1914-1919.

[65] Shalaby M, Vicario C, Thirupugalmani K, Brahadeeswaran S, Hauri C P. Intense THz source based on BNA organic crystal pumped at Ti：sapphire wavelength. Opt Lett, 2016, 41: 1777-1780.

[66] Kwon O P, Kwon S J, Stillhart M, Jazbinsek M, Schneider A, Gramlich V, Günter P. New organic nonlinear optical verbenone-based triene crystal for terahertz applications. Cryst Growth Des, 2007, 7: 2517-2521.

[67] Brunner F D, Schneider J A, Günter P. Velocity-matched terahertz generation by optical rectification in an organic nonlinear optical crystal using a Ti：sapphire laser. Appl Phys Lett, 2009, 94: 061119.

［68］　Seo J Y, Choi S B, Jazbinsek M, Rotermund F, Günter P, Kwon O P. Large-size pyrrolidine-based polyene single crystals suitable for terahertz wave generation. Cryst Growth Des, 2009, 9: 5003-5005.

［69］　Kim P J, Jeong J H, Jazbinsek M, Choi S B, Baek I H, Kim J T, Rotermund F, Yun H, Lee S Y, Günter P, Kwon O P. Highly efficient organic THz generator pumped at near-infrared: Quinolinium single crystals. Adv Funct Mater, 2012, 22: 200-209.

［70］　Nahata A, Auston D H, Wu C, Yardley J T. Generation of terahertz radiation from a poled polymer. Appl Phys Lett, 1995, 67: 1358-1360.

［71］　Sinyukov A M, Hayden L M. Generation and detection of terahertz radiation with multilayered electro-optic polymer films. Opt Lett, 2002, 27: 55-57.

［72］　Zheng X, Sinyukov A, Hayden L M. Broadband and gap-free response of a terahertz system based on a poled polymer emitter-sensor pair. Appl Phys Lett, 2005, 87: 081115.

［73］　Zheng X, McLaughlin C V, Cunningham P, Hayden L M. Organic broadband terahertz sources and sensors. J Nanoelectron Optoelectron, 2007, 2: 58-76.

［74］　McLaughlin C V, Hayden L M, Polishak B, Huang S, Luo J, Kim T D, Jen A K Y. Wideband 15 THz response using organic electro-optic polymer emitter-sensor pairs at telecommunication wavelengths. Appl Phys Lett, 2008, 92: 151107.

［75］　Cunningham P D, Hayden L M. Optical properties of DAST in the THz range. Opt Express, 2010, 18: 23620-23625.

［76］　马玉哲, 钟德高, 曹丽凤, 纪少华, 郝伦, 唐捷, 滕冰. 有机非线性光学晶体 DAST 及其在太赫兹领域的应用研究进展. 中国科学: 技术科学, 2017, 47: 1165-1176.

［77］　Schneidera A, Biaggiob I, Günter P. Optimized generation of THz pulses via optical rectificationin the organic salt DAST. Opt Commun, 2003, 224: 337-341.

［78］　韩莉坤. 新型有机二阶非线性光学材料的设计制备与性能研究. 成都: 电子科技大学博士学位论文, 2008.

［79］　Mohlmann G R, Horsthuis W H G, Donach A M, Copeland J M, Duchet C, Fabre P, Diemeer M B J, Trommel E S, Suyten F M M, Tomme E V, Baqauero P, Daele P V. Optically nonlinear polymeric switches and modulators. Proc SPIE, 1990, 1337: 215-225.

［80］　刘子龙. 聚合物电光波导调制器的研究. 武汉: 华中科技大学博士学位论文, 2005.

［81］　田美强. 极化聚合物电光开关微波电极系统的基础研究. 长春: 吉林大学硕士学位论文, 2008.

［82］　侯阿临. 极化聚合物电光调制器的基础研究. 长春: 吉林大学博士学位论文, 2007.

［83］　朱桂华. 电光调制器行波电极系统及器件测试分析. 长春: 吉林大学硕士学位论文, 2008.

［84］　罗敬东, 詹才茂, 秦金贵. 极化聚合物电光材料研究进展. 高分子通报, 2000, 01: 9-19.

［85］　Levine B F, Bethea C G, Thurmond C D, Lynch R T, Bernstein J L. An organic crystal with an exceptionally large optical second-harmonic coefficient: 2-Methyl-4-nitroaniline. J Appl Phys, 1979, 50: 2523-2527.

［86］　Dalton L R, Günter P, Jazbinsek M, Kwon O P, Sullivan P A. Organic Electro-Optics and Photonics: Molecules, Polymers and Crystals. Cambridge: Cambridge University Press, 2015.

［87］　Thackara J I, Lipscomb G F, Stiller M A, Ticknor A J, Lytel R. Poled electro-optic waveguide formation in thin-film organic media. Appl Phys Lett, 1988, 52: 1031-1033.

[88] Girton D G, Kwiatkowski S L, Lipscomb G F, Lytel R S. 20 GHz electro-optic polymer Mach-Zehnder modulator. Appl Phys Lett, 1991, 58: 1730-1732.

[89] Teng C C. Traveling-wave polymeric optical intensity modulator with more than 40 GHz of 3-dB electrical bandwidth. Appl Phys Lett, 1992, 60: 1538-1540.

[90] Wang W, Chen D, Fetterman H R, Shi Y, Steier W H, Dalton L R. Traveling wave electro-optic phase modulator using cross-linked nonlinear optical polymer. Appl Phys Lett, 1994, 65: 929-931.

[91] Chen D, Fetterman H R, Chen A, Steier W H, Dalton L R, Wang W, Shi Y. Demonstration of 110 GHz electro-optic polymer modulators. Appl Phys Lett, 1997, 70: 3335-3337.

[92] Wang W, Shi Y, Olson D J, Lin W, Bechtel J H. Polymer integrated modulators for photonic data link applications. Proc SPIE, 1997, 2997: 114-125.

[93] Lee M, Katz H E, Erben C, Gill D M, Gopalan P, Heber J D, McGee D J. Broadband modulation of light by using an electro-optic polymer. Science, 2002, 298: 1401-1403.

[94] Marder S R, Perry J W. Nonlinear optical polymers: Discovery to market in 10 years? Science, 1994, 263: 1706-1707.

[95] Lee H M, Hwang W Y, Oh M C, Park H, Zyung T, Kim J J. High performance electro-optic polymer waveguide device. Appl Phys Lett, 1997, 71: 3779-3781.

[96] Chen A, Chuyanov V, Zhang H, Garner S M, Lee S S, Steier W H, Chen J, Wang F, Zhu J, He M, Ra Y, Mao S S, Harper A W, Dalton L R, Fetterman H R. DC biased electro-optic polymer waveguide modulators with low half-wave voltage and high thermal stability. Opt Eng, 1999, 38: 2000-2008.

[97] Shi Y, Zhang C, Zhang H, Bechtel J H, Dalton L R, Robinson B H, Steier W H. Low (sub-1-volt) halfwave voltage polymeric electro-optic modulators achieved by controlling chromophore shape. Science, 2000, 288: 119-122.

[98] Zhang H, Oh M C, Szep A, Steier W H, Zhang C, Dalton L R, Erlig H, Chang Y, Chang D H, Fetterman H R. Push-pull electro-optic polymer modulators with low half-wave voltage and low loss at both 1310 and 1550 nm. Appl Phys Lett, 2001, 78: 3136-3138.

[99] Park S, Ju J J, Do J Y, Park S K, Ahn J T, Kim S I, Lee M Y. 16-Arrayed electrooptic polymer modulator. IEEE Photonic Tech Lett, 2004, 16: 1834-1836.

[100] Michalak R J, Kuo Y H, Nash F D, Szep A, Caffey J R, Payson P M, Haas F, McKeon B F, Cook P R, Brost G A, Luo J, Jen A K Y, Dalton L R, Steier W H. High-speed AJL8/APC polymer modulator. IEEE Photonic Tech Lett, 2006, 18: 1207-1209.

[101] DeRose C T, Mathine D, Enami Y, Norwood R A, Luo J, Jen A K Y, Peyghambarian N. Electrooptic polymer modulator with single-mode to multimode waveguide transitions. IEEE Photonic Tech Lett, 2008, 20: 1051-1053.

[102] Li B, Dinu R, Jin D, Huang D, Chen B, Baklund A, Miller E, Moolayil M, Yu G, Fang Y, Zheng L, Chen H, Vemagiri J. Recent advances in commercial electro-optic polymer modulator. AOE 2007: Asia Optical Fiber Communication and Optoelectronic Exposition and Conference, Conference Proceedings, 2008:115-117.

[103] Dalton L. Nonlinear optical polymeric materials: From chromophore design to commercial applications. Adv Polym Sci, 2002, 158: 1-86.

[104] 张峰. 基于键合型有机/无机杂化材料的电光调制器的研究. 长春: 吉林大学硕士学位论文, 2012.

[105] Enami Y, Kawazu M, Jen A K Y, Meredith G, Peyghambarian N. Polarization-insensitive transition between sol-gel waveguide and electrooptic polymer and intensity modulation for all-optical networks. J Lightwave Technol, 2003, 21: 2053-2060.

[106] Enami Y, Meredith G, Peyghambarian N, Kawazu M, Jen A K Y. Hybrid electro-optic polymer and selectively buried sol-gel waveguides. Appl Phys Lett, 2003, 82: 490-492.

[107] Luo J, Huang S, Shi Z, Polishak B M, Zhou X, Jen A K Y. Tailored organic electro-optic materials and their hybrid systems for device applications. Chem Mater, 2011, 23: 544-553.

[108] Luo J, Jen A K Y. Highly efficient organic electrooptic materials and their hybrid systems for advanced photonic devices. IEEE J Sel Topics Quantum Electron, 2013, 19: 3401012.

[109] Liu J, Xu G, Liu F, Kityk I, Liu X, Zhen Z. Recent advances in polymer electro-optic modulators. RSC Adv, 2015, 5: 15784-15794.

[110] Himmelhuber R, Norwood R A, Enami Y, Peyghambarian N. Sol-gel material-enabled electro-optic polymer modulators. Sensors, 2015, 15: 18239-18255.

[111] Sprave M, Blum R, Eich M. High electric field conduction mechanisms in electrode poling of electro-optic polymers. Appl Phys Lett, 1996, 69: 2962-2964.

[112] Drummond J P, Clarson S J, Zetts J S, Hopkins F K, Caracci S J. Enhanced electro-optic poling in guest-host systems using conductive polymer-based cladding layers. Appl Phys Lett, 1999, 14: 368-370.

[113] DeRose C T, Enami Y, Loychik C, Norwood R A, Mathine D, Fallahi M, Peyghambarian N, Luo J, Jen A K Y, Kathaperumal M, Yamamoto M. Pockel's coefficient enhancement of poled electro-optic polymers with a hybrid organic-inorganic sol-gel cladding layer. Appl Phys Lett, 2006, 89: 131102.

[114] Norwood R A, DeRose C, Enami Y, Gan H, Greenlee C, Himmelhuber R, Kropachev O, Loychik C, Mathine D, Merzylak Y, Fallahi M, Peyghambarian N. Hybrid sol-gel electro-optic polymer modulators: Beating the drive voltage/loss tradeoff. J Nonlinear Optic Phys Mat, 2007, 16: 217-230.

[115] Min Y H, Mun J, Yoon C S, Kim H K, Lee K S. Mach-Zehnder electro-optic modulator based on organic-silica sol-gel hybrid films. Electron Lett, 1999, 35: 1770-1771.

[116] Enami Y, Meredith G, Peyghambarian N, Jen A K Y. Hybrid electro-optic polymer/sol-gel waveguide modulator fabricated by all-wet etching process. Appl Phys Lett, 2003, 83: 4692-4694.

[117] Enami Y, DeRose C, Loychik T, Mathine C D, Norwood R A, Luo J, Jen A K Y, Peyghambarian N. Low half-wave voltage and high electro-optic effect in hybrid polymer/sol-gel waveguide modulators. Appl Phys Lett, 2006, 89: 143506.

[118] Enami Y, Mathine D, DeRose C T, Norwood R A, Luo J, Jen A K Y, Peyghambarian N. Hybrid cross-linkable polymer/sol-gel waveguide modulators with 0.65 V half wave voltage

at 1550 nm. Appl Phys Lett, 2007, 91: 093505.

[119] Enami Y, Derose C T, Mathine D, Loychik C, Greenlee C, Norwood R A, Kim T D, Luo J, Tian Y, Jen A K Y, Peyghambarian N. Hybrid polymer/sol-gel waveguide modulators with exceptionally large electro-optic coefficients. Nat Photonics, 2007, 1: 180-185.

[120] DeRose C T, Himmelhuber R, Mathine D, Norwood R A, Luo J, Jen A K Y, Peyghambarian N. High deltan strip-loaded electro-optic polymer waveguide modulator with low insertion loss. Opt Express, 2009, 17: 3316-3321.

[121] Araci I E, Himmelhuber R, Derose C T, Luo J, Jen A K Y, Norwood R A, Peyghambarian N. Alignment-free fabrication of a hybrid electro-optic polymer/ion-exchange glass coplanar modulator. Opt Express, 2010, 18: 21038-21046.

[122] Enami Y, Luo J, Jen A K Y. Short hybrid polymer/sol-gel silica waveguide switches with high in-device electro-optic coefficient based on photostable chromophore. AIP Adv, 2011, 1: 042137.

[123] Baehr-Jones T, Hochberg M. Slot machine. Nature Photon, 2009, 3: 193-194.

[124] Reed G T, Mashanovich G, Gardes F Y, Thomson D J. Silicon optical modulators. Nature Photon, 2010, 4: 518-526.

[125] Alloatti L, Palmer R, Diebold S, Pahl K P, Chen B Q, Dinu R, Fournier M, Fedeli J M, Zwick T, Freude W, Koos C, Leuthold J. 100 GHz silicon-organic hybrid modulator. Light: Sci Appl, 2014, 3: e173.

[126] Korn D, Palmer R, Yu H, Schindler P C, Alloatti L, Baier M, Schmogrow R, Bogaerts W, Selvaraja S K, Lepage G, Pantouvaki M, Wouters J M D, Verheyen P, Campenhout J V, Chen B, Baets R, Absil P, Dinu R, Koos C, Freude W, Leuthold J. Silicon-organic hybrid (SOH) IQ modulator using the linear electro-optic effect for transmitting 16QAM at 112 Gbit/s. Opt Exp, 2013, 21: 13219-13227.

[127] 齐影, 安俊明, 王玥, 张家顺, 王亮亮. 硅-有机材料混合电光调制器的原理及研究进展. 激光与光电子学进展, 2015, 52: 070004.

[128] 李凯丽, 安俊明, 张家顺, 王玥, 王亮亮, 吴远大, 李建光, 尹小杰, 王红杰. 硅-有机物材料混合电光调制器的优化设计. 光子学报, 2016, 45: 0523001.

[129] 齐影, 安俊明, 王玥, 张家顺, 王亮亮. 基于 SOI 的 SOH 电光调制器设计. 半导体光电, 2016, 37: 7-12.

[130] Baehr-Jones T, Hochberg M, Wang G, Lawson R, Liao Y, Sullivan P A, Dalton L, Jen A K Y, Scherer A. Optical modulation and detection in slotted silicon waveguides. Opt Exp, 2005, 13: 5216-5226.

[131] Baehr-Jones T, Penkov B, Huang J, Sullivan P, Davies J, Takayesu J, Luo J, Kim T, Dalton L, Jen A K Y, Hochberg M, Scherer A. Nonlinear polymer-clad silicon slot waveguide modulator with a half wave voltage of 0.25 V. Appl Phys Lett, 2008, 92: 163303.

[132] Wülbern J H, Prorok S, Hampe J, Petrov A, Eich M, Luo J, Jen A K Y, Jenett M, Jacob A. 40 GHz electro-optic modulation in hybrid silicon-organic slottedphotonic crystal waveguides. Opt Lett, 2010, 35: 2753-2755.

[133] Ding R, Baehr-Jones T, Liu Y, Bojko R, Witzens J, Huang S, Luo J, Benight S, Sullivan P,

Fedeli J M, Fournier M, Dalton L, Jen A K Y, Hochberg M. Demonstration of a low $V_\pi L$ modulator with GHz bandwidth based on electro-optic polymer-clad silicon slot waveguides. Opt Exp, 2010, 18: 15618-15623.

[134] Lin C Y, Wang X, Chakravarty S, Lee B S, Lai W, Luo J, Jen A K Y, Chen R T. Electro-optic polymer infiltrated silicon photonic crystal slot waveguide modulator with 23 dB slow light enhancement. Appl Phys Lett, 2010, 97: 093304.

[135] Wang X, Lin C, Chakravarty S, Luo J, Jen A K Y, Chen R. Effective in-device γ_{33} of 735pm/V on electro-optic polymer infiltrated silicon photonic crystal slot waveguides. Opt Lett, 2011, 36: 882-884.

[136] Zhang X, Hosseini A, Chakravarty S, Luo J, Jen A K Y, Chen R. Wide optical spectrum range, subvolt, compact modulator based on an electro-optic polymer refilled silicon slot photonic crystal waveguide. Opt Lett, 2013, 38: 4931-4394.

[137] Koeber S, Palmer R, Lauermann M, Heni W, Elder D L, Korn D, Woessner M, Alloatti L, Koenig S, Schindler P C, Yu H, Bogaerts W, Dalton L R, Freude W, Leuthold J, Koos C. Femtojoule electro-optic modulation using a silicon-organic hybrid device. Light: Sci Appl, 2015, 4: e255.

[138] Sun X, Zhou L, Li X, Hong Z, Chen J. Design and analysis of a phase modulator based on a metal-polymer-silicon hybrid plasmonic waveguide. Appl Opt, 2011, 50: 3428-3434.

[139] Melikyan A, Alloatti L, Muslija A, Hillerkuss D, Schindler P C, Li J, Palmer R, Korn D, Muehlbrandt S, Thourhout D V, Chen B, Dinu R, Sommer M, Koos C, Hohl M, Freude W, Leuthold J. High-speed plasmonic phase modulators. Nat Photonics, 2014, 8: 229-233.

[140] Ren F, Li M, Gao Q, Cowell W, Luo J, Jen A K Y, Wang A X. Surface-normal plasmonic modulator using sub-wavelength metal grating on electro-optic polymer thin film. Opt Commun, 2015, 352: 116-120.

[141] Hsieh C H, Lin K P, Leou K C. Design of a compact high performance electro-optic plasmonic switch. IEEE Photonic Tech Lett, 2015, 27: 2473-2476.

[142] Zografopoulos D C, Swillam M A, Shahada L A, Beccherelli R. Hybrid electro-optic plasmonic modulators based on directional coupler switches. Appl Phys A, 2016, 122: 344.

[143] Ren F, Gao Q, Luo J, Jen A K Y, Wang A X. Hybrid plasmonic/electro-optic polymer modulator. Proc SPIE, 2016, 9745: 97450Q.

[144] Yu L, Zhao Y, Qian L, Chen M, Weng S, Sheng Z, Jaroszynski D A, Mori W B, Zhang J. Plasma optical modulators for intense lasers. Nat Commun, 2016, 7: 11893.

[145] 饶蕾. 基于金属表面等离子体激元的光调制器研究. 上海电机学院学报, 2013, 16: 177-182.

[146] 叶成, 朱培旺, 王鹏, 吴伟, 冯知明. 二阶非线性光学聚合物光波导与器件的现状与问题. 物理, 2000, 29: 147-151.

[147] 沈玉全, 潘裕斌, 锺宝璇. 有机/聚合物光电子学器件的应用与研究进展. 功能材料, 2000, 31: 1-4.

[148] 孙杰. 基于加载条形光波导的极化聚合物电光调制器的研究. 长春: 吉林大学博士学位论文, 2009.

[149] Forrest S R, Coldren L A, Esener S C, Keck D B, Leonberger F J, Saxonhouse G R, Shumate P W. Optoelectronics in Japan and the United States. Proceedings of the 16th IEEE/CPMT International Electronics Manufacturing Technology Symposium, 1996: 96-102.

[150] Lee S S, Udupa A H, Erlig H, Zhang H, Chang Y, Zhang C, Chang D H, Bhattacharya D, Tsap B, Steier W H, Dalton L R, Fetterman H R. Demonstration of a photonically controlled RF phase shifter. IEEE Microw Guided Wave Lett, 1999, 9: 357-359.

[151] 闫云飞. 聚合物高速电光调制器的研究. 长春: 吉林大学硕士学位论文, 2009.

索　引